战略性新兴领域"十四五"高等教育系列教材

智能图像处理及应用

主　编　李树涛

参　编　孙　斌　卢　婷　谢　婷

机械工业出版社

本书系统阐述了图像处理的基本理论与实现方法，重点论述了人工智能在图像处理领域的理论创新与实践应用。本书内容分为两大部分，第一部分主要介绍图像处理的基本理论、算法和技术，包括图像变换、图像增强、图像复原、图像融合、图像压缩、图像分割和图像识别等内容；第二部分主要介绍智能图像处理在多个领域的应用实例，包括智能遥感领域应用实例、智慧医疗领域应用实例和多源图像智能融合领域应用实例等内容。

本书可作为人工智能、电子信息工程、计算机科学与技术、自动化、机器人工程和生物医学工程等专业高年级本科生的教材，也可供相关专业研究人员和工程技术人员参考。

本书配有电子课件、源代码、习题答案、实验实践项目、微课视频等教学资源，欢迎选用本书作教材的教师登录 www.cmpedu.com 注册后索取。

图书在版编目（CIP）数据

智能图像处理及应用 / 李树涛主编. -- 北京：机械工业出版社，2024. 12. --（战略性新兴领域"十四五"高等教育系列教材）. -- ISBN 978-7-111-77481-5

Ⅰ. TP391.413

中国国家版本馆 CIP 数据核字第 2024XF3746 号

机械工业出版社（北京市百万庄大街 22 号　邮政编码 100037）

策划编辑：吉　玲　　　　　　责任编辑：吉　玲　章承林
责任校对：樊钟英　李　杉　　封面设计：张　静
责任印制：单爱军

北京虎彩文化传播有限公司印刷

2024 年 12 月第 1 版第 1 次印刷

184mm×260mm · 17.5 印张 · 427 千字

标准书号：ISBN 978-7-111-77481-5

定价：59.80 元

电话服务　　　　　　　　　　　网络服务

客服电话：010-88361066　　　　机　工　官　网：www.cmpbook.com
　　　　　010-88379833　　　　机　工　官　博：weibo.com/cmp1952
　　　　　010-68326294　　　　金　书　网：www.golden-book.com
封底无防伪标均为盗版　　　　机工教育服务网：www.cmpedu.com

人工智能和机器人等新一代信息技术正在推动着多个行业的变革和创新，促进了多个学科的交叉融合，已成为国际竞争的新焦点。《中国制造2025》《"十四五"机器人产业发展规划》《新一代人工智能发展规划》等国家重大发展战略规划都强调人工智能与机器人两者需深度结合，需加快发展机器人技术与智能系统，推动机器人产业的不断转型和升级。开展人工智能与机器人的教材建设及推动相关人才培养符合国家重大需求，具有重要的理论意义和应用价值。

为全面贯彻党的二十大精神，深入贯彻落实习近平总书记关于教育的重要论述，深化新工科建设，加强高等学校战略性新兴领域卓越工程师培养，根据《普通高等学校教材管理办法》（教材〔2019〕3号）有关要求，经教育部决定组织开展战略性新兴领域"十四五"高等教育教材体系建设工作。

湖南大学、浙江大学、国防科技大学、北京理工大学、机械工业出版社组建的团队成功获批建设"十四五"战略性新兴领域——新一代信息技术（人工智能与机器人）系列教材。针对战略性新兴领域高等教育教材整体规划性不强、部分内容陈旧、更新迭代速度慢等问题，团队以核心教材建设牵引带动核心课程、实践项目、高水平教学团队建设工作，建成核心教材、知识图谱等优质教学资源库。本系列教材聚焦人工智能与机器人领域，凝练出反映机器人基本机构、原理、方法的核心课程体系，建设具有高阶性、创新性、挑战性的《人工智能之模式识别》《机器学习》《机器人导论》《机器人建模与控制》《机器人环境感知》等20种专业前沿技术核心教材，同步进行人工智能、计算机视觉与模式识别、机器人环境感知与控制、无人自主系统等系列核心课程和高水平教学团队的建设。依托机器人视觉感知与控制技术国家工程研究中心、工业控制技术国家重点实验室、工业自动化国家工程研究中心、工业智能与系统优化国家级前沿科学中心等国家级科技创新平台，设计开发具有综合型、创新型的工业机器人虚拟仿真实验项目，着力培养服务国家新一代信息技术人工智能重大战略的经世致用领军人才。

这套系列教材体现以下几个特点：

（1）教材体系交叉融合多学科的发展和技术前沿，涵盖人工智能、机器人、自动化、智能制造等领域，包括环境感知、机器学习、规划与决策、协同控制等内容。教材内容紧跟人工智能与机器人领域最新技术发展，结合知识图谱和融媒体新形态，建成知识单元711个、知识点1803个，关系数量2625个，确保了教材内容的全面性、时效性和准确性。

（2）教材内容注重丰富的实验案例与设计示例，每种核心教材配套建设了不少于5节的核心范例课，不少于10项的重点校内实验和校外综合实践项目，提供了虚拟仿真和实操项目相结合的虚实融合实验场景，强调加强和培养学生的动手实践能力和专业知识综合应用能力。

（3）系列教材建设团队由院士领衔，多位资深专家和教育部教指委成员参与策划组织工作，多位杰青、优青等国家级人才和中青年骨干承担了具体的教材编写工作，具有较高的编写质量，同时还编制了新兴领域核心课程知识体系白皮书，为开展新兴领域核心课程教学及教材编写提供了有效参考。

期望本系列教材的出版对加快推进自主知识体系、学科专业体系、教材教学体系建设具有积极的意义，有效促进我国人工智能与机器人技术的人才培养质量，加快推动人工智能技术应用于智能制造、智慧能源等领域，提高产品的自动化、数字化、网络化和智能化水平，从而多方位提升中国新一代信息技术的核心竞争力。

中国工程院院士

2024 年 12 月

在数字信息技术日新月异的时代，图像作为一种直观、高效的信息载体，成为信息传递和解译的关键媒介，以及连接现实和数字世界的桥梁。从社交媒体上随手分享的日常照片，到科研实验中的缜密数据分析，再到医疗诊断中关乎健康的影像资料，图像几乎无处不在。然而，如何从这些海量的图像中高效、准确地提取有价值的信息，成为科学研究、工业生产、医疗健康等多个领域中的一个亟待解决的问题。

基于这样的背景，本书应运而生，旨在为读者提供一套完整的智能图像处理理论、技术和应用指南。本书从图像处理的基本概念入手，逐步深入到图像变换、增强、复原、融合、压缩、分割和识别等核心技术。同时，本书结合人工智能和机器学习的最新进展，探讨了智能图像处理在遥感、医疗、多源图像融合等领域的应用，通过系统而深入的讲解，帮助读者掌握图像处理的基本理论、核心技术和前沿应用，为图像处理领域的学习、研究与实践提供坚实的支撑。众所周知，图像处理不仅仅是技术层面的操作，更是思维方式的转变和解决问题能力的提升。因此，本书力求通过系统、全面的内容，激发读者对图像处理技术的兴趣与热情，培养读者在复杂信息环境中获取、分析和利用图像数据的能力。

本书注重理论与实践相结合，既深入阐述了图像处理的基本理论、算法和技术，又通过丰富的实例和实验展示了这些技术的实际应用效果。通过对本书的学习，希望读者能够构建扎实的图像处理基础理论体系，掌握图像处理的核心技能，为未来的学习、研究和实践打下坚实的基础。

希望本书能够使更多的读者对智能图像处理技术产生兴趣和热情，以推动这一领域的持续发展与创新。同时也期待本书能够成为从事图像处理、人工智能、机器学习等领域研究和开发人员的得力助手，将这些技术真正用于解决实际问题。

编者

VIII

XI

第1章　绪论

图像处理（Image Processing）是计算机科学的重要研究领域之一，一般是指数字图像处理，是使用数字计算机对数字图像执行操作的过程，这些操作使用设计的算法对图像进行分析处理，以实现图像增强、压缩和识别等功能。随着人工智能的快速发展与进步，图像处理越来越类人化与智能化，已成为人工智能技术的主要应用领域，在工业、农业、军事和医学等领域的重要性日益凸显，发挥着不可或缺的作用。

1.1　图像处理概述

图像是人们从自然界获取信息的主要载体，其表达的信息内容相较于其他信息载体表现得更为形象、直观和丰富。据统计显示，一个人所获取的外界信息大约有 3/4 来自视觉图像。图像处理的操作对象是由图像元素组成的数字图像。图像元素常称为像素，每个元素使用有限且离散的数值表示其亮度或灰度级别。

早期图像处理的目的是提高图像的质量和改善视觉效果。在处理过程中，输入的是低质量图像，而输出的是质量提高后的图像。美国喷气推进实验室在 1964 年首次成功应用图像处理技术，通过几何校正、渐变变换和噪声消除等技术，显著增强了航天探测器徘徊者 7 号发回的数千张月球照片，并成功绘制了月球表面地图。

然而，使用那个时代的计算设备进行图像处理，成本相当高。从 20 世纪 70 年代开始，随着更先进的计算机和专用硬件的出现，数字图像可以被实时处理，图像处理应用激增。随着计算机和信号处理器技术逐步成熟，数字图像处理已成为最常见的对图像进行分析、加工和处理的方法。常见的图像表示方法包括二值图像、灰度图像、RGB（三原色）图像和索引图像等。

1. 二值图像

二值图像也称为二进制图像，每个像素点的灰度值只由 0 和 1 两个值构成，0 代表黑色，1 代表白色，常用来记录文字、线条、边缘等信息。图 1-1 所示为二值图像及其数据表示。其优点是占用空间少，缺点是不能有效地表示丰富的图像纹理信息。二值图像一般用来对图像进行简化，以便进行图像分割和结构元素提取等操作。

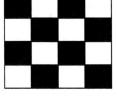

a）二值图像　　　　b）二值图像数据表示

图 1-1　二值图像及其数据表示

2. 灰度图像

灰度图像的每个像素的亮度由一个灰度值来表示，每个像素点有 2^k 个不同级别，用以表示从最暗黑色到最亮白色的颜色变化。常见的灰度图像使用 8 位二进制来表示灰度值，这意味着每个像素可以从 0（纯黑色）到 255（纯白色）的范围内取值。与二值图像相比，灰度图像在黑色和白色之间拥有更多的颜色深度。在实际应用中，灰度图像可以转换为二值图像，这一过程通常通过设置一个阈值 t 来实现。当图像中的像素灰度值高于这个阈值 t 时，像素值被设置为 255（白色）；当像素灰度值低于阈值 t 时，像素值被设置为 0（黑色）。通过调整阈值 t，可以控制二值图像中白色和黑色区域的分布，从而适应不同的图像处理需求。如图 1-2 所示，通过设置阈值 $t=100$，可将图 1-2a 所示的灰度图像转换为图 1-2b 所示的二值图像。

a) 灰度图像　　　　　　　　　　　b) 二值图像

图 1-2　灰度图像和二值图像

3. RGB 图像

RGB 图像是最常见的一种彩色图像，其包含红（R）、绿（G）、蓝（B）三个通道。RGB 图像的每个像素点由 R、G、B 三基色组合而成，因此也可以将其看作由三张分别包含红、绿、蓝信息的灰度图像组合而成。RGB 图像可以通过平均值法、加权平均法和最大值法等方法向灰度图像转换。具体地讲，平均值法是将同一个像素位置三个通道 R、G、B 的值进行平均；加权平均法是根据人眼对红、绿、蓝三种颜色敏感程度的不同调节权重系数，如 R、G、B 三通道的权重系数分别为 0.3、0.59、0.11，这是目前广泛使用的标准化参数；最大值法是取同一个像素位置 R、G、B 中亮度最大的值作为灰度图像的灰度值。同一场景对应的 RGB 图像、灰度图像和二值图像如图 1-3 所示。相对于灰度图像和二值图像，RGB 图像包含了色彩信息。

a) RGB 图像　　　　　　　b) 灰度图像　　　　　　　c) 二值图像

图 1-3　RGB 图像、灰度图像和二值图像

4. 索引图像

索引图像包含一个数据矩阵和一个调色板（颜色表）矩阵。数据矩阵每个像素点记录

了调色板矩阵的索引，将像素点映射为调色板数值；调色板矩阵中的每一行对应数据矩阵像素的灰度值。如果某一像素的灰度值为 200，则该像素与调色板中的第 200 行建立映射关系。该像素在屏幕上的实际颜色由第 200 行的 R、G、B 组合决定，即图像在屏幕上显示时，每个像素的颜色由存储在矩阵中的灰度值作为索引，通过检索调色板索引矩阵来确定。索引图像常用于对图像像素和大小有特殊要求的情况。

图像处理一般用于对数字图像进行操作和处理，以改变其外观、提高其质量或提取其有用信息。图像处理的主要研究内容包括图像变换、图像增强、图像复原、图像融合、图像压缩、图像分割和图像识别等。目前，图像处理逐渐从低空间和低光谱分辨率图像向高空间和高光谱分辨率图像发展、从静态图像向动态图像发展、从单模态图像向多模态图像发展等。

1.2 智能图像处理概述

人工智能（Artificial Intelligence，AI）是计算机科学的一个重要分支，它涉及使计算机系统能够模拟人类智能的各种技术和方法。人工智能最早于 1956 年在达特茅斯会议上被正式提出，这次会议标志着人工智能作为一门独立学科的诞生。人工智能领域的研究和应用非常广泛，它不仅涉及计算机科学，还与心理学、语言学、哲学、数学、统计学、神经科学等多个学科交叉融合。人工智能的具体目标随着科学技术的发展而不断变化。在早期，人工智能的目标主要集中在模拟人类的推理能力、知识表示、规划和自然语言处理等方面。随着技术的进步，人工智能的目标变得更加广泛和深入，包括但不限于推理、知识表示、规划、学习和自然语言处理等任务。人工智能的长期目标是实现通用人工智能（Artificial General Intelligence，AGI），即机器能够执行任何人类智能任务，具有广泛的理解、学习、适应和创造能力。

人工智能可以分为弱人工智能（Narrow AI 或 Weak AI）和强人工智能（Artificial General Intelligence，AGI 或 Strong AI）。其中，弱人工智能专注于执行特定的、预定义的任务。它通常在特定的领域或问题上表现出色，如语音识别、图像识别、推荐系统等。弱人工智能不具备真正的理解能力或自我意识，它只是按照预先编程的算法或通过机器学习模型来执行任务。强人工智能是指一种具有广泛认知能力的机器智能，能够在任何智能任务上与人类相媲美或超越人类。强人工智能不仅能够执行特定的任务，而且能够理解、学习和应用知识，具有自我意识和情感意识等人类特征。目前，大多数商业和研究中使用的人工智能系统都属于弱人工智能，强人工智能仍然是一个理论概念，科学家和研究人员正在努力探索如何达到这一目标，但尚未在现实中实现。强人工智能的实现面临着巨大的技术挑战，包括如何构建能够进行广泛学习和适应的系统，以及如何处理意识和情感等复杂问题。此外，强人工智能的实现还引发了关于伦理、法律和社会等方面的广泛讨论。在 20 世纪 50 年代和 60 年代，人工智能的研究主要集中在模拟人类大脑和解决问题上。这些早期的尝试包括逻辑推理、专家系统和知识库的构建。1952 年，Arthur Samuel 设计了一款能够通过自我对弈来学习改进其走法的西洋跳棋程序。这个程序能够记录并学习好的走棋，从而提高棋艺。Samuel 的这一工作为机器学习奠定了基础，并在 1959 年正式提出了"机器学习"（Machine Learning，ML）这一概念。随着计算能力的提高和数据量的增加，机器学习在 21 世纪得到了快速发展，成为人工智能的一个重要分支，帮助人们解决工业界和学术界中许多具有挑战性的问题。机器学习使计算机系统能够模拟人类的学习机制和挖掘大数据的有效信息等，通过分析大量数据来识别模式，并使用这些模式来做出预测或决策。

根据学习方法的不同，机器学习算法可以分为监督学习（Supervised Learning）、无监督学习（Unsupervised Learning）、半监督学习（Semi-Supervised Learning）和强化学习（Reinforcement Learning）四大类。一般需要根据已有样本数据的不同选择合适的机器学习算法，以便得到更优的结果。

监督学习利用一对输入和输出训练集学习得到一个函数，然后利用这个函数对新的数据进行输出预测。监督学习的训练集一般由专家进行标注。常见的监督学习算法包括支持向量机、线性回归、逻辑回归、朴素贝叶斯和线性判别分析等。

无监督学习与监督学习相反，是一种从未标注的数据中学习模式的算法。例如，对于聚类，其目的在于把同类目标聚在一起，而并不关心具体类别是什么。无监督学习常用于难以进行人工标注或人工标注成本过高的场合。两种常用的无监督学习的方法是神经网络和概率方法。

半监督学习介于监督学习与无监督学习之间。半监督学习的训练集中同时包括了已标注的样本和未标注的样本，通常未标注的样本占据多数。半监督学习结合监督学习和无监督学习进行相互增强。

强化学习是以行为和评价的方式进行学习，当某个行为导致环境出现正的奖赏时，就让以后产生这个行为的概率增大，通过最大化"奖励函数"来学习一个最优或近乎最优的策略。强化学习适合处理长期与短期奖励权衡的问题，已成功应用于机器人控制、电梯调度和棋类竞技等领域。

深度学习（Deep Learning）是机器学习的重要分支，本质上是一个具有三层或更多层的神经网络。深度学习试图利用多层神经网络模拟人脑的行为和能力，允许从大量的数据中学习。使用多层神经网络有助于提升对数据的表征学习能力。深度学习常用的学习框架包括卷积神经网络（Convolutional Neural Network，CNN）、深度置信网络（Deep Belief Network，DBN）和循环神经网络（Recurrent Neural Network，RNN）等，被广泛应用于图像处理领域，并取得了巨大的成功。深度学习在众多的图像处理应用上都表现优异，产生了与人类专家相当甚至更好的结果。

深度学习强调"深度"主要体现在网络的层数多，特别是包含了多个隐藏层。深度学习网络能够通过多层结构模拟更为复杂的非线性系统。它利用逐层抽象的方式，从低级特征中学习高级特征。网络由多层节点构成，每一层都基于前一层进行数据处理，形成更高级别的数据表示，这个过程称为前向传播。网络中的输入层和输出层是直接与数据交互的可见层，分别用于数据输入和最终结果的输出。为了训练模型，深度学习采用反向传播算法，通过计算预测误差并调整网络权重和偏差来优化模型性能。前向传播和反向传播相互协作，使网络能够做出预测并不断改进。随着训练的进行，深度学习网络对数据的拟合能力逐渐增强，预测精度也随之提高。

卷积神经网络是深度学习领域中图像处理应用的核心网络结构。这种网络的设计灵感源于生物过程，特别是模拟了动物视觉皮层中神经元间的连接方式。在生物视觉系统中，每个神经元仅对视野中特定的受限区域（即感受野）内的刺激产生反应，而不同的神经元感受野之间存在部分重叠，以覆盖整个视野。卷积神经网络的基本结构如图 1-4 所示，它包括输入层、卷积层、池化层、全连接层和输出层。在处理图像分类任务时，输出层扮演分类器的角色，这些分类器可以采用不同的算法，如支持向量机（SVM）或 Softmax 等。

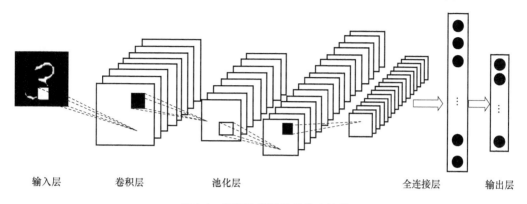

图 1-4 卷积神经网络的基本结构

卷积层是卷积神经网络的核心组件，它由多个滤波器（也称为卷积核）组成。这些滤波器的作用是从输入数据中提取出关键的特征信息。不同的卷积核大小意味着它们能够捕捉和提取到不同尺度和类型的特征，从而丰富对输入数据的理解和表征。严格来说，卷积层是个错误的叫法，因为它表述的运算其实是互相关运算（Cross-Correlation），而不是卷积运算。在卷积层中，输入张量和

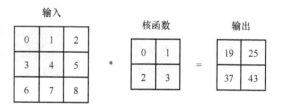

图 1-5 简单的卷积操作

核张量通过互相关运算产生输出张量。简单的卷积操作如图 1-5 所示，当输入特征图大小为 $n_h \times n_w$，卷积核大小为 $k_h \times k_w$，步长为 1 时，若不采用边界填充，则输出特征图大小为 $(n_h - k_h + 1) \times (n_w - k_w + 1)$。

池化层通常在连续卷积层之后连接，以减小特征的大小，并在一定程度上维持特征的旋转、尺度、平移不变，平均池化和最大池化是两种常见的方法。图 1-6 所示为池化操作示意图。通过多次池化以及卷积后，网络与几个全连接层相连接以得到全局语义信息，在进行分类任务时将提取的特征分类以得到根据输入图像的概率分布，最后将分类器连接到输出层，返回输入图像对应于给定类别的概率。在训练卷积神经网络过程中经常会遇到梯度消失、过拟合

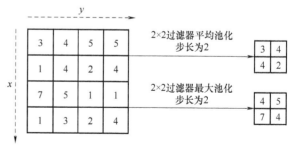

图 1-6 池化操作示意图

和梯度爆炸等问题，这会降低网络收敛性。针对这些问题，已有一些实用的改进方法，例如：使用 Dropout（随机失活）技术来减少网络的过拟合；使用批量归一化（BN）技术来改变梯度下降后的权重因子，以确保后一层网络数据具有恰当的分布；使用预训练的网络初始化网络参数，使得学习过程加快，提高网络泛化能力。

总结来说，卷积层用于提取图像的特征，池化层主要用于降维和扩大感受野等，全连接

5

层用于将前面提取到的特征进行综合。增加层数也会使得卷积神经网络的复杂性增加，从而识别图像的更大部分。较早的网络层侧重于简单要素，如颜色和边缘，较后的网络层开始识别对象的较大元素或形状，直到最终识别出目标对象。例如，在人脸识别应用中，原始输入图像是图像像素矩阵，网络第一层可以抽象像素和编码边缘，第二层可以组成和编码边缘的排列，第三层可能编码鼻子和眼睛，最后第四层识别图像（包含人脸）。卷积神经网络可以避免显式的特征抽取，而是从训练数据中进行隐式学习，但同时也降低了网络的可解释性。

近年来，随着人工智能产业化的应用，机器视觉技术得到了快速发展。机器视觉是通过光学装置、传感器等视觉硬件将特定目标转换为图像数据信号，然后传送给图像处理系统，图像处理系统对图像数据信号进行运算和分析来获取特定任务的结果，进而根据结果来控制设备。

智能图像处理则是利用智能算法对图像进行分析和处理的过程，帮助计算机识别图像中的对象、场景、颜色、形状等元素，并根据这些信息对图像进行自动化处理，如分类、分割、修复、增强等，以实现更加智能化、自动化的图像处理效果。智能图像处理是机器视觉领域的核心技术之一，它通过将人工智能技术与图像处理技术相结合，实现了对图像的自动化分析和处理。具备智能图像处理功能的机器视觉系统相当于为机器赋予了"眼睛"，使其能够像人一样"看得见""看得准"，实现了对图像的高精度测量和判断。与人眼相比，机器视觉系统具有更高的分辨率和更快的处理速度。此外，机器视觉系统与被检测对象无接触，不仅可以提高安全性，还可以减少操作误差，从而提高检测的可靠性。

1.3 智能图像处理应用

智能图像处理技术已广泛应用于遥感、医疗、制造和军事等诸多领域，给人类的生产生活方式带来颠覆性改变，展现出良好的应用前景，具有十分重要的应用价值。

1. 智能遥感

智能遥感技术是一种结合了遥感、地理信息和人工智能等技术的综合技术。智能遥感技术通过高效获取和智能处理地球表面遥感数据，可以有效提升对遥感图像中目标的解析和识别能力，为智慧农业、资源调查和环境监测等领域提供强大的支持。在智慧农业领域，智能遥感技术可用于农作物的精细识别，长势、品质与病虫害的监测，农业变量施肥的精确指导；在资源调查领域，智能遥感技术可用于地矿调查，加深对地质作用过程的理解，提供信息性更强的地质分布图，使矿物勘探更经济合理，甚至实现直接探测矿物的目的；在环境监测领域，智能遥感技术可用于火灾检测与预警、海洋生态环境保护、内陆河流与湖泊水质调查、地面沉陷与山体滑坡分析、城市土地与能源利用监测、环境污染调查等。

2. 智慧医疗

近年来，智能图像处理技术与医疗健康领域的融合不断加深，并在医疗影像智能诊断技术中得到广泛应用。医疗影像智能诊断一方面是通过智能图像处理技术对医学影像进行数据感知、智能化分析挖掘、快速阅片并获取有效信息和智能诊断，以辅助医师解读医学影像；另一方面则是通过学习海量的临床诊断和影像数据，不断训练提升模型，实现对医学影像的精准分析，从而帮助医生进行准确诊断。例如，某医疗科技股份有限公司开发的肺炎智能辅助筛查和疫情监测系统，该系统使用 NVIDIAV100 GPU 分析了患者的 2000 多幅 CT 图像，因在世界权威医学杂志《柳叶刀》系列文章中被多次提及而受到关注。

3. 智能物流

智能物流利用人工智能技术智能化地处理运输、存储、包装、装卸等各个环节的问题。在物流行业中，人工智能技术得到了广泛应用，主要包括深度学习、计算机视觉技术、自动驾驶技术等。深度学习在多个关键场景中，如运输路径规划、运力资源优化和配送智能调度，扮演着核心角色。同时，计算机视觉技术在物流领域展现出了广泛的适用性，从智能仓储机器人、无人配送车到无人配送机，这些智能设备都依赖于计算机视觉技术。此外，计算机视觉技术还具有运单识别、体积测量、装载率测定和分拣行为检测等功能。自动驾驶技术作为运输环节智能化的关键，尽管目前的应用受限，但一些领先企业的无人卡车已在特定路段进行了实地测试和运行。

4. 军事领域

智能图像处理在军事领域的应用日益广泛，能大幅提高武器装备、情报搜集分析、敌我目标识别的自动化与智能化水平，充分发挥其高效、精准、快速、智能的优势。从遥感测绘、敌情侦察、目标探测、敌我识别到武器制导、无人作战装备控制，处处都有智能图像处理技术的身影。智能图像处理可对敌我目标、战场地形、周围环境等图像信息实现自主识别、分类和信息处理。智能化决策催生新的战斗力，大大增加了部队和武器的作战效能。智能图像处理是实现智能化军事不可或缺的关键技术，随着性能的提升和成本的下降，其在军事领域的应用必然增多。例如，随着数字图像处理技术的进步和军事技术的飞速发展，武器装备与智能数字图像处理的融合日益显著，成为未来军事发展的主流趋势。构建动态化作战体系、实现战场感知的泛在化和智能化指挥决策以及集群化作战运用，是构建智能军事作战系统的关键，并将在未来战争中发挥决定性作用。嵌入智能化数字图像处理技术的智能化武器装备集人工智能、高速处理、光电传感于一体，具备与人类相似的分析能力及超越人类的记忆能力，更能适应复杂多变的战场环境，并能够根据实时情况做出反应，实现对敌人有生力量的精准打击。另外，在敌我目标识别方面，基于深度学习的图像识别技术能通过雷达、照相机等传感器有效提取目标特征，快速、精准地识别敌方伪装的坦克、装甲车、舰船、飞机等作战单元类型，为后续决策分析及火力打击提供可靠的信息。智能化图像处理为敌我目标识别提供了智能化解决方案，能减少作战中人力、物力的投入，提高作战效率。

本章小结

本章主要介绍图像处理的发展过程和重要意义、智能图像处理技术的发展历史、机器学习的各种算法及应用。学习本章内容，需要重点掌握图像表示方法，了解人工智能与图像处理的结合及应用范围。

图像处理，简而言之，就是运用数字计算机对数字图像进行一系列操作的过程。这一过程主要服务于两个核心目标：一是通过优化图像信息，使其更易于人类解读和理解；二是通过改善图像的存储、传输和表示方式，使其更易于被机器自动识别和解析。人工智能与图像处理的深度融合，不仅极大地改变了人们的生产和生活方式，也为多个行业带来了前所未有的创新机会和发展潜力。后续章节将系统地阐述图像处理的理论基础和实际应用，以便读者能够全面、深入地理解图像处理技术的核心内容和实际应用场景。

第 2 章　图像变换

图像变换（Image Transformation）是指通过各种算法和数学手段来操纵图像数据，实现从基本的像素修改到复杂的几何和视觉效果的转变。自数字图像处理诞生起，图像变换就已经是其不可或缺的一部分，早期主要用于基本的图像调整，如亮度和对比度的改变。随着计算技术的发展，图像变换的方法也逐渐复杂化，涵盖了从简单的线性变换（如平移、旋转和缩放）到更复杂的非线性变换（如透视变换和形态变换）。这些方法在多个领域都有广泛应用，包括但不限于医学成像、卫星图像处理、图像增强、动画和特效制作等。

2.1　图像变换概述

在数字图像处理与计算机视觉领域，图像变换发挥着关键作用。它不仅是连接原始图像与高级视觉处理之间的桥梁，还是图像增强、特征提取和信息压缩等技术的基石。图像变换通过数学和计算机科学的方法，对图像进行空间域或频域的转换，从而揭示图像的内部结构和特征，为后续的图像分析与应用提供有力支持。

基本图像变换通过对图像数据进行简单的算术运算来获取不同的信息。例如，图像减法运算通常用于识别在不同日期收集的图像之间发生的变化。此外，图像变换常常涉及处理多个波段的数据，无论是来自单个多光谱图像，还是来自在不同时间获取的同一区域的两个或多个图像（即多时相图像数据），图像变换都会从两个或多个源生成"新"图像，这些图像会突出显示感兴趣的特定特征或属性，方便后续处理。

2.2　基本算术运算

图像算术运算是将数学算术运算应用于两幅或多幅图像。这些运算以逐像素的方式进行计算，输出图像中像素的灰度值仅取决于输入图像中相应像素的值。因此，输出图像通常需要具有与输入图像相同的大小。虽然图像算术是图像处理中最简单的形式，但其应用范围广。算术运算具有过程简单、计算效率高的优点。例如，通过叠加同一场景的连续图像来减少随机噪声，或通过计算两个连续图像的差来进行运动检测等。

2.2.1　加法运算

加法运算将两幅大小相同的图像作为输入，并生成与两幅输入图像大小相同的第三幅图像作为输出，其中输出图像的每个像素值是两幅输入图像的对应像素值之和。

两幅图像做加法运算后的输出像素值为

$$g(i,j)=f_1(i,j)+f_2(i,j) \tag{2.2.1}$$

式中，f_1 和 f_2 表示两个输入图像；g 表示输出图像；i 和 j 表示图像像素的水平和垂直方向位置。

另外，如果希望对单幅图像进行整体亮度增强，可将某常数值 C 加到单幅图像上，即

$$g(i,j)=f_1(i,j)+C \tag{2.2.2}$$

对于彩色图像，其输入图像中的像素值实际上是向量而不是标量值，因此只需将对应分量（如红色、蓝色和绿色分量）分别相加即可。

当相加结果大于图像允许的最大像素值时，会产生灰度值溢出问题，其最终结果将取决于加法运算的具体实现方式。例如，可以将溢出的像素值设置为最大允许值。

2.2.2　减法运算

减法运算将两幅大小相同的图像作为输入，并生成与两幅输入图像大小相同的第三幅图像作为输出，其中输出图像的每个像素值是两幅输入图像的对应像素值之差；也可以只使用单幅图像作为输入，并将所有像素减去一个常数值。减法运算有时只输出像素值之间的绝对差，而不带正负号。

两幅图像做减法运算后的输出像素值为

$$g(i,j)=f_1(i,j)-f_2(i,j) \tag{2.2.3}$$

如果使用减法运算计算两个输入图像之间的绝对差，则有

$$g(i,j)=\left| f_1(i,j)-f_2(i,j) \right| \tag{2.2.4}$$

另外，如果只是希望从单个图像中减去某常数值 C，则有

$$g(i,j)=f_1(i,j)-C \tag{2.2.5}$$

如果输入图像中的像素值实际上是向量而不是标量值（例如，对于彩色图像），那么只需将对应分量（例如红色、蓝色和绿色分量）分别相减即可。

当输出的像素值为负时，其最终结果将取决于减法运算的具体实现方式。当图像格式不支持负像素值时，通常会将这些像素值置零（即通常为黑色）。当减法运算计算绝对差，并且两个输入图像使用相同的像素类型时，输出像素值不可能超出输入像素类型可表示的范围，也不会出现像素值为负的情况，这是使用绝对差的一个优点。

2.2.3　乘法运算

乘法运算将两幅大小相同的图像作为输入，并生成与两幅输入图像大小相同的第三幅图像作为输出，其中输出图像的每个像素值是两幅输入图像的对应像素值之积；也可以只使用单幅图像作为输入，并将所有像素乘以一个常数值。

两幅图像做乘法运算后的输出像素值为

$$g(i,j)=f_1(i,j)\times f_2(i,j) \tag{2.2.6}$$

另外，如果希望通过单幅图像像素乘以某常数值 C 来达到提升对比度的效果，则有

$$g(i,j)=f_1(i,j)\times C \tag{2.2.7}$$

9

如果输入图像中的像素值实际上是向量而不是标量值（例如，对于彩色图像），那么只需将对应分量（例如红色、蓝色和绿色分量）分别相乘即可。

2.2.4　除法运算

除法运算将两幅大小相同的图像作为输入，并生成与两幅输入图像大小相同的第三幅图像作为输出，其中输出图像的每个像素值是两幅输入图像的对应像素值之商；也可以只使用单幅图像作为输入，并将所有像素除以一个常数值。

两幅图像做除法运算后的输出像素值为

$$g(i,j) = f_1(i,j) \div f_2(i,j) \tag{2.2.8}$$

另外，如果只是希望从单个图像中除以某常数值 C（C 非零），则有

$$g(i,j) = f_1(i,j) \div C \tag{2.2.9}$$

如果输入图像中的像素值实际上是向量而不是标量值（例如，对于彩色图像），那么只需将对应分量（例如红色、蓝色和绿色分量）分别相除即可。

2.3　基本几何运算

图像几何运算是通过改变输入图像中像素的位置，并将其映射到新的位置，从而实现改变原始图像显示效果的目的。这些操作包括平移、旋转、镜像和缩放等。通过对像素位置进行变换，可以改变图像的位置、大小和方向，进而影响图像的外观和呈现方式。这些几何运算可以单独使用，也可以组合使用，以满足更复杂的图像处理需求。

2.3　基本几何运算

2.3.1　平移变换

平移变换是沿 x 轴或 y 轴方向平移相应的距离，即将图像的像素位置 (x_1, y_1) 的强度值映射到输出图像中的另一个位置 (x_2, y_2)。具体可以采用以下一阶多项式表示：

$$\begin{bmatrix} x_2 \\ y_2 \end{bmatrix} = \begin{bmatrix} x_1 \\ y_1 \end{bmatrix} + \boldsymbol{B} \tag{2.3.1}$$

平移变换通过 $\boldsymbol{B}$ 矩阵来完成。图 2-1 所示为一个图像平移变换示例。

a) 原图像　　　　　　　　b) 平移变换后的结果

图 2-1　图像平移变换示例

Matlab 参考程序如下：

```
%读取图像
img=imread('images/2.1.jpg');

%获取图像的大小
[height,width,channels]=size(img);

%创建一个仿射变换矩阵,用于向右平移 10 个像素,向下平移 30 个像素
tform=affine2d([1 0 0;0 1 0;10 30 1]);

%应用仿射变换
outputView=[1 0 0;0 1 0;0 0 1];%输出视图,通常与原始图像相同
outputSize=[width height];%输出图像的大小
shifted = imwarp (img,tform,'OutputView',outputView,'OutputSize',
outputSize);

%保存平移后的图像
imwrite(shifted,'images/shift_right_10_down_30.jpg');
```

2.3.2　旋转变换

图像旋转变换是以图像中心点为原点进行的，该变换使整张图像的像素点顺时针或逆时针旋转一定的角度。具体可以采用以下多项式表示：

$$\begin{bmatrix} x_2 \\ y_2 \end{bmatrix} = \begin{bmatrix} \cos\theta & -\sin\theta \\ \sin\theta & \cos\theta \end{bmatrix} \begin{bmatrix} x_1 \\ y_1 \end{bmatrix} \tag{2.3.2}$$

图 2-2 所示为一个图像旋转变换示例。

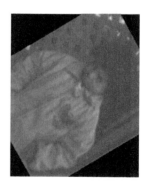

a) 原图像　　　　　　　　　b) 逆时针旋转30°　　　　　　　　c) 顺时针旋转60°

图 2-2　图像旋转变换示例

Matlab 参考程序如下：

```
%读取图像
img=imread('images/2.1.jpg');

%逆时针旋转 30°
img_rotated_ccw=imrotate(img,-30,'bilinear','crop');
%'bilinear'是插值方法,用于计算旋转后图像中缺失的像素值
%'crop'选项确保旋转后的图像不会包含任何额外的背景或空白区域

%保存逆时针旋转后的图像
imwrite(img_rotated_ccw,'images/rotate_ccw_30.jpg');

%顺时针旋转 60°
img_rotated_cw=imrotate(img,60,'bilinear','crop');

%保存顺时针旋转后的图像
imwrite(img_rotated_cw,'images/rotate_cw_60.jpg');
```

12

2.3.3　缩放变换

缩放变换是利用 x 方向与 y 方向的两个缩放系数控制图像缩小或放大一定的比例。具体可以采用以下多项式表示：

$$\begin{bmatrix} x_2 \\ y_2 \end{bmatrix} = \begin{bmatrix} a_{11} & 0 \\ 0 & a_{22} \end{bmatrix} \begin{bmatrix} x_1 \\ y_1 \end{bmatrix} \tag{2.3.3}$$

图 2-3 所示为一个图像缩放变换示例。

　　a）原图像　　　　　　b）x、y 方向各放大 1.2 倍

图 2-3　图像缩放变换示例

Matlab 参考程序如下：

```
%读取图像
img=imread('images/2.1.jpg');
```

%在 x 和 y 方向上各放大 1.2 倍
%注意:imresize 的第二个参数是一个放大因子数组,用于指定 x 和 y 方向的缩放比例
img_scaled=imresize(img,[1.2,1.2],'bilinear');
%'bilinear' 是插值方法,用于计算放大后图像中新增像素的值

%保存放大后的图像
imwrite(img_scaled,'images/scaled_1_2x.jpg');

2.3.4　仿射变换

仿射变换是一种重要的线性二维几何变换,它通过应用平移、旋转、缩放和剪切(即在某些方向上的非均匀缩放)操作的线性组合,将变量[如输入图像中位于位置(x_1,y_1)的像素强度值]映射到新的变量[如输出图像中位于位置(x_2,y_2)的像素强度值],适用于多种应用场景,如校正由透视不规则而引入的图像几何失真。

一般的仿射变换通常写成齐次坐标的形式

$$\begin{bmatrix} x_2 \\ y_2 \end{bmatrix} = A \begin{bmatrix} x_1 \\ y_1 \end{bmatrix} + B \tag{2.3.4}$$

如果 A 为单位矩阵,通过定义 B 矩阵可实现纯平移操作,即

$$A = \begin{bmatrix} 1 & 0 \\ 0 & 1 \end{bmatrix}, B = \begin{bmatrix} b_1 \\ b_2 \end{bmatrix} \tag{2.3.5}$$

单旋转操作需要使用 A 矩阵,并定义为

$$A = \begin{bmatrix} \cos\theta & -\sin\theta \\ \sin\theta & \cos\theta \end{bmatrix}, B = \begin{bmatrix} 0 \\ 0 \end{bmatrix} \tag{2.3.6}$$

另外,单缩放操作可定义为

$$A = \begin{bmatrix} a_{11} & 0 \\ 0 & a_{22} \end{bmatrix}, B = \begin{bmatrix} 0 \\ 0 \end{bmatrix} \tag{2.3.7}$$

需要注意的是,几个不同的变换通常组合在一起执行,变换执行的顺序很重要,例如,平移后旋转的操作结果不一定与相反的操作结果等价。图 2-4 所示为一个仿射变换示例。

13

a) 原图像　　　　　　　　　　b) 仿射变换后的结果

图 2-4　仿射变换示例

Matlab 参考程序如下：

```
I=imread('pout.tif');%读入图像
T=[2 0.33 0;0 1 0;0 0 1];%定义仿射变换矩阵
tform=affine2d(T);
J=imwarp(I,tform);%仿射变换
figure;
imshow(I);%显示原图像
figure;
imshow(J);%显示仿射变换后的结果
```

由于一般仿射变换由六个常量决定，因此可以根据任意三对输入图像坐标(x_1, y_1)和对应输出图像坐标(x_2, y_2)来计算此变换。实际应用中，通常会测量更多的点，并使用最小二乘法来找到最佳拟合变换。

2.4 离散傅里叶变换

傅里叶变换（Fourier Transform）是一种重要的图像处理工具，用于将图像表示为不同幅值、频率和相位的复指数之和。傅里叶变换在广泛的图像处理应用中起着至关重要的作用，包括图像增强、图像分析、图像还原和图像压缩等。针对数字图像处理，这里主要介绍离散傅里叶变换（Discrete Fourier Transform，DFT）。离散变换是一种输入和输出值均为离散样本的变换，便于计算机操作。

离散傅里叶变换是采样的傅里叶变换，因此不包含形成图像的所有频率，仅包含一组足够多的以完整描述时域图像的样本。频率数对应于时域图像中的像素数，即时域和傅里叶空间中的图像大小相同。

2.4.1 一维离散傅里叶变换

一维离散傅里叶变换将 N 点复数序列 $x_0, \cdots, x_{N-1}$ 转换到另一复数序列 $X_0, \cdots, X_{N-1}$，定义为

$$
\begin{aligned}
X_k &= \sum_{n=0}^{N-1} x_n \mathrm{e}^{-\frac{\mathrm{i}2\pi}{N}kn} \\
&= \sum_{n=0}^{N-1} x_n \left[\cos\left(\frac{2\pi}{N}kn\right) - \mathrm{i}\sin\left(\frac{2\pi}{N}kn\right) \right], k=0, \cdots, N-1
\end{aligned}
\tag{2.4.1}
$$

式中，e 是自然常数；i 是虚数单位。

一维离散傅里叶变换的逆变换为

$$
x_n = \frac{1}{N} \sum_{k=0}^{N-1} X_k \mathrm{e}^{\mathrm{i}\frac{2\pi}{N}kn}, n=0, \cdots, N-1
\tag{2.4.2}
$$

2.4.2 二维离散傅里叶变换

二维离散傅里叶变换为

$$F(u,v)=\sum_{x=0}^{M-1}\sum_{y=0}^{N-1}f(x,y)\,\mathrm{e}^{-\mathrm{i}2\pi\left(\frac{ux}{M}+\frac{vy}{N}\right)} \qquad (2.4.3)$$

式中，f 表示二维矩阵；F 表示 f 的二维离散傅里叶变换结果，且 $u=0,1,\cdots,M-1$，$v=0$，$1,\cdots,N-1$。值 $F(u,v)$ 是 $f(x,y)$ 的离散傅里叶变换系数，其中零频率系数 $F(0,0)$ 代表直流分量。

用类似的方式，傅里叶变换结果可以重新逆转换到时域。二维离散傅里叶变换的逆变换为：

$$f(x,y)=\frac{1}{MN}\sum_{u=0}^{M-1}\sum_{v=0}^{N-1}F(u,v)\,\mathrm{e}^{\mathrm{i}2\pi\left(\frac{ux}{M}+\frac{vy}{N}\right)} \qquad (2.4.4)$$

图 2-5 所示为一个二维离散傅里叶变换示例。

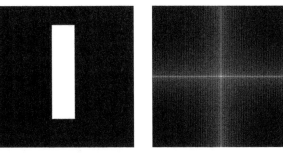

a) 原图像　　　　　　　　　　b) 离散傅里叶变换后的结果

图 2-5　二维离散傅里叶变换示例

Matlab 参考程序如下：

```
f=zeros(30,30);
f(5:24,13:17) = 1;
f=imresize(f,16,'nearest');%创建原图像
F=fft2(f);%二维离散傅里叶变换
F=abs(fftshift(F));%将零频分量移到频谱中心
F=log(F);%增强结果细节便于观察
figure;
imshow(f);%显示原图像
figure;
imshow(F,[]);%显示仿射变换后的结果
```

2.5　离散余弦变换

离散余弦变换（Discrete Cosine Transform，DCT）由 Nasir Ahmed 于 1972 年首次提出，是信号处理和数据压缩中广泛使用的转换技术。离散余弦变换将图像表示为不同幅值和频率的余弦函数之和。它用于大多数数字媒体，包括数字图像（如 JPEG 和 HEIF）、数字视频（如 MPEG 和 H.26x）和数字电视（如 SDTV、HDTV 和 VOD）等。

与离散傅里叶变换一样，离散余弦变换在有限数量的离散数据点处对函数进行操作。离散余弦变换相当于一个长度大约是它两倍的离散傅里叶变换。离散余弦变换和离散傅里叶变换之间的明显区别在于前者仅使用余弦函数，而后者同时使用余弦和正弦函数（以复指数的形式）。

2.5.1 一维离散余弦变换

一维离散余弦变换有八种变体，其中四种是常见的，对应于 DCT-Ⅰ~Ⅳ。一维离散余弦变换将 N 点实数序列 $x_0, \cdots, x_{N-1}$ 转换到另一实数序列 $X_0, \cdots, X_{N-1}$，下面介绍几种常用形式。

（1）DCT-Ⅰ

$$X_k = \frac{1}{2} \left[x_0 + (-1)^k x_{N-1} \right] + \sum_{n=1}^{N-2} x_n \cos \left[\frac{\pi}{N-1} nk \right], k = 0, \cdots, N-1 \qquad (2.5.1)$$

需要注意的是，DCT-Ⅰ 不适用于 $N<2$ 的情况，而其他的离散余弦变换类型都适用于任何正整数 N。

（2）DCT-Ⅱ

$$X_k = \sum_{n=0}^{N-1} x_n \cos \left[\frac{\pi}{N} \left(n + \frac{1}{2} \right) k \right], k = 0, \cdots, N-1 \qquad (2.5.2)$$

DCT-Ⅱ 是最常用的一种离散余弦变换，通常所说的离散余弦变换指的就是它。

（3）DCT-Ⅲ

$$X_k = \frac{1}{2} x_0 + \sum_{n=1}^{N-1} x_n \cos \left[\frac{\pi}{N} \left(k + \frac{1}{2} \right) n \right], k = 0, \cdots, N-1 \qquad (2.5.3)$$

因为这是 DCT-Ⅱ 的逆变换（再乘一个系数的话），所以这种形式通常被简称为逆离散余弦变换。

一些学者进一步地将 DCT-Ⅰ 中的 x_0 和 x_{N-1} 乘以 $\sqrt{2}$，相应地将 X_0 和 X_{N-1} 乘以 $\frac{1}{\sqrt{2}}$，在 DCT-Ⅱ 中，将 X_0 乘以 $\frac{1}{\sqrt{2}}$，在 DCT-Ⅲ 中，将 x_0 再乘以 $\sqrt{2}$，以使得离散余弦变换矩阵正交，但这会打破和实偶离散傅里叶变换的直接对应关系。

（4）DCT-Ⅳ

$$X_k = \sum_{n=0}^{N-1} x_n \cos \left[\frac{\pi}{N} \left(n + \frac{1}{2} \right) \left(k + \frac{1}{2} \right) \right], k = 0, \cdots, N-1 \qquad (2.5.4)$$

DCT-Ⅳ 矩阵是正交矩阵。

上面提到的四种离散余弦变换是和偶数阶的实偶离散傅里叶变换对应的。原则上，还有四种离散余弦变换是和奇数阶的实偶离散傅里叶变换对应的，但是在实际应用中很少被用到。

2.5.2 二维离散余弦变换

二维离散余弦变换是在一维离散余弦变换的基础上再进行一次离散余弦变换。对于大小为 $M×N$ 的二维矩阵 f，二维离散余弦变换为

$$F_{pq} = \alpha_p \alpha_q \sum_{m=0}^{M-1} \sum_{n=0}^{N-1} f_{mn} \cos\frac{\pi(2m+1)p}{2M}\cos\frac{\pi(2n+1)q}{2N} \begin{array}{l} 0 \leqslant p \leqslant M-1 \\ 0 \leqslant q \leqslant N-1 \end{array}$$

$$\alpha_p = \begin{cases} 1/\sqrt{M}, & p=0 \\ \sqrt{2/M}, & 1 \leqslant p \leqslant M-1 \end{cases}, \alpha_q = \begin{cases} 1/\sqrt{N}, & q=0 \\ \sqrt{2/N}, & 1 \leqslant q \leqslant N-1 \end{cases} \qquad (2.5.5)$$

式中，值 F_{pq} 称为 f 的离散余弦变换系数。

二维离散余弦变换的逆变换为

$$f_{mn} = \sum_{p=0}^{M-1} \sum_{q=0}^{N-1} \alpha_p \alpha_q F_{pq} \cos\frac{\pi(2m+1)p}{2M}\cos\frac{\pi(2n+1)q}{2N} \begin{array}{l} 0 \leqslant m \leqslant M-1 \\ 0 \leqslant n \leqslant N-1 \end{array}$$

$$\alpha_p = \begin{cases} 1/\sqrt{M}, & p=0 \\ \sqrt{2/M}, & 1 \leqslant p \leqslant M-1 \end{cases}, \alpha_q = \begin{cases} 1/\sqrt{N}, & q=0 \\ \sqrt{2/N}, & 1 \leqslant q \leqslant N-1 \end{cases} \qquad (2.5.6)$$

二维离散余弦变换的逆变换方程可以理解为任意 $M \times N$ 的二维矩阵 f 可以表示为以下形式的函数之和：

$$\alpha_p \alpha_q F_{pq} \cos\frac{\pi(2m+1)p}{2M}\cos\frac{\pi(2n+1)q}{2N} \begin{array}{l} 0 \leqslant m \leqslant M-1 \\ 0 \leqslant n \leqslant N-1 \end{array}$$

$$(2.5.7)$$

这些函数称为二维离散余弦变换的基函数，二维离散余弦变换的 F_{pq} 可视为每个基函数的权重。

图 2-6 所示为一组用于 JPEG 编码的二维离散余弦变换基函数，其水平频率从左到右递增，垂直频率从上到下递增。

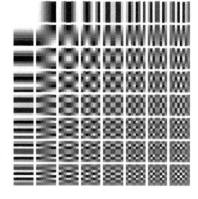

图 2-6　一组用于 JPEG 编码的二维离散余弦变换基函数

17

2.6　离散小波变换

小波变换（Wavelet Transform）与基函数为正弦函数的傅里叶变换不同，小波变换基于一些小型波，故称为“小波”，它具有变化的频率和有限的持续函数。小波变换提供了一个可以调变的时频窗口，窗口的宽度随着频率的变化而变化，当频率增高时，时间窗口的宽度就会变窄，以提高分辨率。小波在整个时间范围内的振幅平均值为 0，具有有限的持续时间和突变的频率与振幅，可以是不规则或不对称的信号。针对数字图像处理，这里主要介绍离散小波变换（Discrete Wavelet Transform）。

2.6.1　一维离散小波变换

首先定义一些需要用到的信号及滤波器：

1）$x[n]$：离散的输入信号，长度为 N。

2）$g[n]$：低通滤波器，可以将输入信号的高频部分滤掉而输出低频部分。

3）$h[n]$：高通滤波器，与低通滤波器相反，滤掉输入信号的低频部分而输出高频部分。

4）$\downarrow Q$：降采样滤波器，如果以 $x[n]$ 作为输入，则输出 $y[n]=x[Q_n]$。此处举例 $Q=2$。

明确规定以上符号之后，下面介绍如何将一个离散信号进行离散小波变换。图 2-7 所示为两层一维离散小波变换示意图。

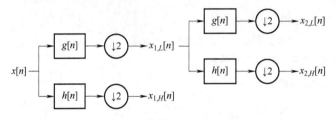

图 2-7 两层一维离散小波变换示意图

架构中的第一层为

$$x_{1,L}[n] = \sum_{k=0}^{K-1} x[2n-k] g[k] \qquad (2.6.1)$$

$$x_{1,H}[n] = \sum_{k=0}^{K-1} x[2n-k] h[k] \qquad (2.6.2)$$

架构中的第二层为

$$x_{2,L}[n] = \sum_{k=0}^{K-1} x_{1,L}[2n-k] g[k] \qquad (2.6.3)$$

$$x_{2,H}[n] = \sum_{k=0}^{K-1} x_{1,H}[2n-k] h[k] \qquad (2.6.4)$$

上述两层一维离散小波变换可继续延伸进行更多层数变换。

2.6.2 二维离散小波变换

二维离散小波变换的输入信号变为 $x[m,n]$，其变换过程比一维离散小波变换复杂得多。

首先对 n 方向进行高通、低通以及降频处理：

$$v_{1,L}[m,n] = \sum_{k=0}^{K-1} x[m,2n-k] g[k] \qquad (2.6.5)$$

$$v_{1,H}[m,n] = \sum_{k=0}^{K-1} x[m,2n-k] h[k] \qquad (2.6.6)$$

接着对 $v_{1,L}[m,n]$ 与 $v_{1,H}[m,n]$ 沿着 m 方向进行高通、低通及降频操作：

$$v_{1,LL}[m,n] = \sum_{k=0}^{K-1} v_{1,L}[2m-k,n] g[k] \qquad (2.6.7)$$

$$v_{1,HL}[m,n] = \sum_{k=0}^{K-1} v_{1,L}[2m-k,n] h[k] \qquad (2.6.8)$$

$$v_{1,LH}[m,n] = \sum_{k=0}^{K-1} v_{1,H}[2m-k,n] g[k] \qquad (2.6.9)$$

$$v_{1,HH}[m,n] = \sum_{k=0}^{K-1} v_{1,H}[2m-k,n] h[k] \qquad (2.6.10)$$

经过上面两个步骤才算完成二维离散小波变换的一层变换。更高层级的变换可依次类推。图 2-8 所示为一个两层二维离散小波变换示例。

a) 原图像   b) 二维离散小波变换的结果

图 2-8 两层二维离散小波变换示例

Matlab 参考程序如下：

```
N=2;%定义变换层数
f=double(imread('cameraman.tif'))/255;%读入图像
[height,width,channels] = size(f);%获取图像大小
F=zeros(height,width,channels);
for c=1:channels
    [C,S]=wavedec2(f(:,:,c),N,'haar');%二维离散小波分解
    for i=1:N
        [H,V,D]=detcoef2('all',C,S,i);%获取水平、垂直和对角线细节
        系数
        A=appcoef2(C,S,'haar',i);%获取近似系数
        Vimg=wcodemat(V,255,'mat',1);%根据系数的绝对值重新调整到指
        定的显示范围
        Himg=wcodemat(H,255,'mat',1);
        Dimg=wcodemat(D,255,'mat',1);
        Aimg=wcodemat(A,255,'mat',1);
        F(1:height/2^i,1:width/2^i,c) = Aimg;%拼接系数矩阵用以显示
        F(1:height/2^i,width/2^i+1:width/2^(i-1),c) = Himg;
        F(height/2^i+1:height/2^(i-1),1:width/2^i,c) = Vimg;
        F(height/2^i+1:height/2^(i-1),width/2^i+1:width/2^(i-1),c) =
        Dimg;
    end
    minV=min(min(F(:,:,c)));
    maxV=max(max(F(:,:,c)));
    F(:,:,c) = (F(:,:,c)-minV)/(maxV-minV);%归一化
end
figure;
```

19

```
imshow(f);%显示原图像
figure;
imshow(F);%显示二维离散小波变换的结果
```

2.7 稀疏表示

稀疏表示（Sparse Representation）旨在通过超完备字典中尽可能少的原子来表示信号。超完备字典中原子总数一般远大于一个原子的长度。在稀疏表示理论未提出前，正交字典和双正交字典因其数学模型的简洁性而广受青睐。然而，它们的一个主要局限在于缺乏足够的自适应性，难以灵活且全面地捕获信号的各种特征。实际上，自然界中许多重要的信号都具备稀疏特性，这意味着它们可以由相对较少的非零元素或系数来有效表示。稀疏表示正是利用了这一性质，通过选择字典中的少数关键原子来简洁地重构信号。这种表示方式不仅有助于更直观地理解信号的结构和内容，还便于完成后续的信号处理任务，如压缩、编码等。因此，稀疏表示技术为信号处理领域带来了新的视角和解决方案。

考虑一个线性方程组 $x = D\alpha$，其中 D 是一个不确定的 $m \times p$ 矩阵 $(m<p)$，即超完备字典（通常假定为满秩）；x 是一个感兴趣的信号且 $x \in \mathbb{R}^m$；$\alpha \in \mathbb{R}^p$ 为表示系数。稀疏表示问题的核心被定义为寻求尽可能稀疏的表示系数 α，使其满足 $x = D\alpha$。由于 D 的不确定性，这个线性系统通常允许有无限多的可能解决方案，而在这些解决方案中，需要寻找具有最少非零值的最佳解决方案，即表示为

$$\min_{\alpha \in \mathbb{R}^p} \|\alpha\|_0 \text{ subject to } x = D\alpha \qquad (2.7.1)$$

式中，$\|\alpha\|_0 = \#\{i : \alpha_i \neq 0, i = 1, \cdots, p\}$ 是个 l_0 范数，用于计算 α 中非零分量的数量。这个问题是 NP-hard 问题。

α 的稀疏性意味着只有少数 k 个 $(k \ll m < p)$ 分量不为零，这种稀疏分解的潜在动机是希望通过尽可能少的字典原子线性组合来解释 x。这样，信号 x 可以看作由 D 的几个基本元素组成。图 2-9 所示为稀疏表示示意图。

虽然上面提出的问题确实是 NP-Hard，但通常可以使用近似算法进行求解。一种方法是对问题进行凸松弛，可使用 l_1 范数近似替代 l_0 范数，其中计算 $\|\alpha\|_1$ 即可简单地将 α 各项的绝对值进行相加，这种方式称为基追踪（Basis Pursuit，BP）算法，它可以使用任何线性规划求解器进行处理。另一种近似求解方法是贪婪技术，如 Mallat 等人提出的匹配追踪（Matching Pursuit，MP）算法，一次找到一个非零值的位置。Pati 等人进一步改进了匹配追踪

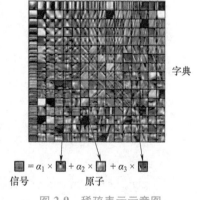

字典

信号　　　　原子

图 2-9　稀疏表示示意图

算法，提出了正交匹配追踪（Orthogonal Matching Pursuit，OMP）算法，OMP 算法相较于 MP 具有更快的收敛速度，从而提高了处理效率。

1993 年，Mallat 基于小波分析提出了使用超完备字典来稀疏表示信号，为稀疏表示领域

开辟了新的道路。研究表明，信号经过稀疏表示后，其稀疏性越高，重建信号的精度也相应提高。此外，稀疏表示能根据信号的特性自适应地选择最合适的超完备字典，以实现信号的最稀疏表达。简而言之，稀疏表示的目标是通过寻找自适应字典，以最小化信号表示中的非零元素数量。

信号稀疏表示主要涵盖两个核心任务：字典生成和信号稀疏分解。在字典选择方面，可以分为分析字典和学习字典两类。常用的分析字典包括小波字典、曲波字典和超完备离散余弦变换字典等，这类字典简单易用但表达形式固定，缺乏自适应性。相比之下，学习字典因其强大的自适应能力，能更好地适应不同的图像数据。在目前的研究中，如 Elad 等人于 2006 年提出的基于超完备字典稀疏分解的 K-SVD 算法是一个经典案例。该算法基于超完备字典的稀疏分解，收敛速度快，在图像去噪中表现良好。然而，随着噪声的增加，K-SVD 算法去噪后的图像可能会因纹理细节丢失而显得模糊。

2.8 基于深度学习的图像变换

随着互联网的兴起，大规模数据集相继出现，为深度学习提供了学习材料。数据增强是在机器学习和深度学习中使用的一项重要技术，它通过对原始数据进行多样性扩充来提高模型的性能和鲁棒性。数据增强的常见操作包括图像旋转、翻转、剪裁、缩放、亮度调整、对比度调整和颜色调整等。在 PyTorch 中，torchvision. transforms 模块提供了一系列用于图像处理和数据增强的方法，以帮助准备和预处理图像数据，从而更好地应用于深度学习任务。以下是一些常见的图像增强方法及其使用示例：

```
import torchvision. transforms as transform
from PIL import Image
import matplotlib. pyplot as plt
import numpy as np
import torch
img=Image. open('/mnt/disk16T/zhangfuhua/Learning/Image/rotated_
30. jpg')
#读取图像
#将 transforms. Compose 类看作一种容器,它能同时对多种数据变换进行组合。传
入的参
#数是一个列表,列表中的元素就是对载入的数据进行的各种变换操作
transformer = transform. Compose([
    transform. ToPILImage(),
    transform. Resize(256),
    transform. transforms. RandomResizedCrop((224),scale=(0.5,1.0)),
    transform. RandomHorizontalFlip(),
])
```

```
Image1=transformer(img)
```

```
#标准化是把图片三个通道中的数据整理到规范区间 x = (x - mean(x))/stddev(x)
#[0.485,0.456,0.406]这一组平均值是从 imagenet 训练集中计算出来的
normalize=transform.Normalize(mean=[0.485,0.456,0.406],std=
[0.229,0.224,0.225])
```

```
#等比缩放
#对载入的图片数据按照需要进行缩放,传递给这个类的 size 可以是一个整型数据,
也可以是一个类似于(h,w)的序列
#如果输入是个(h,w)的序列,h 代表高度,w 代表宽度,h 和 w 都是 int,则直接将输入
图像 resize 到这个(h,w)尺寸
#如果使用的是一个整型数据,则将图像的短边 resize 到这个 int 数,长边则根据对
应比例调整,图像的长宽比不变
```

```
Resize=transform.Resize((224,224))
# Resize=transform.Resize(224)
ResizeImage=Resize(img)
```

```
#对载入的图片数据按照需要进行缩放,用法和 torchvision.transforms.Resize
类似
#传入的 size 只能是一个整型数据,size 是指缩放后图片最小边的边长
#如果原图的 height>width,那么改变大小后的图片大小是(size * height/
width,size)
Scale=transform.Scale(224)
ScaleImage=Resize(Scale)
```

```
#裁剪
#中心裁剪:以输入图的中心点为参考点,按需要的大小进行裁剪
#传递给这个类的参数可以是一个整型数据,也可以是一个类似于(h,w)的序列,如果
输入的是一个整型数据,那么裁剪的长和宽都是这个数值
CenterCrop=transform.CenterCrop((500,500))
CenterCropImage=CenterCrop(img)
```

```
#随机裁剪:传递给这个类的参数可以是一个整型数据,也可以是一个类似于(h,w)的序列
#如果输入的是一个整型数据,那么裁剪的长和宽都是这个数值
RandomCrop=transform.RandomCrop(224)
RandomCropImage=RandomCrop(img)
```

#先将给定图像随机裁剪为不同的大小和宽高比,然后缩放所裁剪得到的图像为 size 的大小

#即先随机采集,然后对裁剪得到的图像按照要求缩放,默认 scale=(0.08,1.0)

#scale 是一个面积采样的范围,假如是一个 100×100 的图片,scale=(0.5,1.0),采样面积最小是 0.5×100×100=5000,最大面积就是原图大小 100×100=10000

#先按照 scale 将给定图像裁剪,然后再按照给定的输出大小进行缩放

```
RandomResizedCrop= transform. RandomResizedCrop(224)
RandomResizedCropImage = RandomResizedCrop(img)
```

#图像翻转

#水平翻转:用于对载入的图片按随机概率进行水平翻转,可以通过传递给这个类的参数自定义随机概率,如果没有定义,则使用默认的概率值 0.5

```
RandomHorizontalFlip = transform. RandomHorizontalFlip()
RandomHorizontalFlipImage = RandomHorizontalFlip(img)
```

#垂直翻转

```
RandomVerticalFlip = transform. RandomVerticalFlip()
RandomVerticalFlipImage=RandomVerticalFlip(img)
```

#图像旋转

```
#transforms. RandomRotation(
#    degree,#degree 参数表示可以是整型数据,也可以是一个类似于 (h,w) 的序
```

列。如果输入的是一个整型数据 a,即表示在 $(-a,a)$ 之间随机旋转角度进行旋转,如果输入是 (a,b),则在 (a,b) 之间随机选择角度旋转

```
#    resample=False,#resample 参数表示重采样的方法
#    expand=False,#expand 参数表示是否扩大图片以保持原图信息,因为旋转
```

后有些信息可能因被遮挡而丢失,如果扩大尺寸则可以显示完整图片信息

```
#    center=None,# center 参数表示旋转点的设置,默认沿着中心旋转
#)
test10=transform. RandomRotation((30,60))(img)
# transform. ToTensor 将图片数据进行类型转换,将之前构成 PIL 图片的数据转
```

换成 Tensor 数据类型的变量,让 PyTorch 能够对其进行计算和处理

```
image = transform. ToTensor(img)
```

离散傅里叶变换（Discrete Fourier Transform, DFT）和离散余弦变换（Discrete Cosine Transform, DCT）通常不是深度学习任务中的直接技术,但在某些情况下常与深度学习结合使用。DFT 和 DCT 主要用于频域分析,它将一个信号或图像从时域转换为频域,可以帮助分析信号或图像中的频率成分。

离散小波变换（Discrete Wavelet Transform, DWT）和深度学习在信号处理、图像处理和数据分析领域之间有一定的联系,尤其是在特定应用中可以相互结合。以下是关于离散小

波变换和深度学习之间的关系：

1）特征提取：DWT可以用于提取信号或图像的频域和空间域特征。这些特征可以用作深度学习模型的输入，从而帮助模型更好地理解数据。例如，可以使用DWT将图像或信号分解成不同尺度和方向的小波系数，然后将这些系数用作深度学习模型的输入特征。

2）降维和压缩：DWT可以用于数据降维和压缩。通过保留最重要的小波系数，来减少数据的维度，同时保持大部分数据信息。这可以用于在深度学习之前减少数据的复杂性和计算成本，同时保持数据质量。

3）去噪：DWT在信号和图像去噪中有广泛应用。深度学习模型可以与DWT结合使用，以改进去噪性能。例如，可以使用DWT将信号或图像分解成不同尺度的小波系数，然后使用深度学习模型来学习噪声的特征并去除噪声。

4）图像处理：在图像处理中，小波变换可以用于分析图像的纹理、边缘和特定频率成分。这些小波系数可以用作深度学习模型的输入特征，以提高图像分类、目标检测和图像生成任务的性能。

5）领域转换：DWT可以用于领域转换任务，如将图像转换为小波域，然后再转换回空间域。这在某些图像增强和重建任务中可能有用，如超分辨率图像重建。

综上所述，DFT、DCT和DWT通常用于预处理数据或提取特征，而深度学习模型用于学习高级特征表示和解决复杂的任务。因此，DFT、DCT、DWT和深度学习可以相互补充，结合使用可以获得更好的性能和效果。

本章小结

本章介绍了基本的图像变换方法，包括常用的空间域变换方法和频域变换方法等。图像变换不仅是图像处理和分析的基石，还是理解图像基本操作的重要工具，为后续学习高级图像处理技术奠定了坚实的基础。后续的章节将把图像处理划分为若干个类别详细进行介绍，并在最后提供一些典型的实例，以进一步理解图像处理技术及其应用。

习题

2-1 图像变换指的是什么？按照自己的理解给出一个简单的定义。

2-2 为什么在图像处理中需要进行图像变换？

2-3 为什么在图像变换中需要考虑坐标系统的变化？

2-4 什么是图像平移？它在图像处理中有何作用？

2-5 为什么图像变换在图像增强中是一个重要的步骤？

2-6 编写代码实现图像的仿射变换。

2-7 图像频域变换方法有哪些？

2-8 比较离散傅里叶变换、离散余弦变换和离散小波变换。

2-9　编写代码实现图像傅里叶变换。

2-10　编写代码实现图像一维离散小波变换。

2-11　编写代码实现图像二维离散小波变换。

2-12　稀疏表示有哪些特点和优势？

2-13　图像变换在深度学习中有何应用？能否提供一些示例？

2-14　什么是图像旋转？如何在计算机视觉中实现图像旋转？

2-15　在图像变换中，旋转和缩放的顺序会影响最终的结果吗？为什么？

第3章 图像增强

图像增强（Image Enhancement）是数字图像处理领域的一项重要技术，其核心目标在于通过应用各种算法和方法来改善和优化图像的质量、清晰度、视觉效果，以便更好地满足各种应用领域的需求。图像增强的目标是提高图像的对比度、清晰度、色彩鲜艳度，或者去除图像中的噪声和失真，使得人类观察者或计算机系统能够更容易地分析和理解图像中的信息。图像增强技术的应用范围广泛，包括但不限于医学影像、计算机视觉、遥感图像分析、工业生产和公共安全等领域。

3.1 图像增强概述

在图像获取、压缩、编码、存储、传输和显示等各个环节，图像质量可能会受到影响，导致无法准确读取和识别图像信息。例如，在图像采集阶段，光照条件的变化或物体表面反光等原因，可能会导致图像亮度分布不均，同时采集设备也可能因为机械误差而引入噪声；在图像显示时，显示设备的性能限制可能导致图像层次感减弱或颜色失真。为了改善这些图像降质的情况，图像增强技术被广泛应用，它通过增强图像中感兴趣的特征，提取目标物的关键参数，从而提升图像质量或增强细节，帮助识别、跟踪和理解图像内容。图像增强的主要目标是强调图像的重要部分，同时减少或消除不必要的干扰信息，以便获得更适合人类视觉感知或机器分析的图像。因此，研究和开发高效快速的图像增强算法对于推动图像分析和理解技术的发展至关重要。

根据处理空间的不同，图像增强的方法可以分为空间域增强和频域增强两种类型。空间域增强是在原始图像的像素级别上进行操作的方法，它通过直接使用原始图像的像素值来改变图像的对比度、亮度和清晰度，可以将运算公式表示为

$$g(x,y) = T[f(x,y)] \tag{3.1.1}$$

式中，f 是输入图像；g 是输出图像；T 是定义在坐标位置 (x,y) 某个邻域上的运算。

频域图像增强方法通过将图像从空间域转换到频域，对频域图像进行操作，然后再将其逆变换回空间域来实现图像增强。频域图像增强方法的核心是利用图像的频谱特性来改善图像质量。在图像的频域进行操作以增强图像的方式有多种，如使用离散傅里叶变换在频域中执行二维卷积。卷积操作在空间域上可表示为

$$g(x,y) = f(x,y) * h(x,y) \tag{3.1.2}$$

在频域上为

$$G(u,v)=F(u,v)H(u,v) \tag{3.1.3}$$

式中，G、F 和 H 分别对应 g、f 和 h 的离散傅里叶变换；$*$ 是卷积运算符。

3.2　图像平滑滤波

3.2　图像平滑滤波

　　平滑滤波是一种低频增强的空间域滤波技术，其主要目的是通过对图像进行滤波操作，以减少或抑制图像中的噪声、细节和不规则变化，从而使图像变得更加平滑和连续。在这个过程中，滤波器被用来处理图像中的每个像素，通常考虑像素周围的邻域像素值，然后应用一定的数学运算计算出新的中心像素值，用以替代原始图像中的像素值。

　　图像平滑滤波通常用于减少噪声和模糊处理。实际获得的图像一般都会受到各种因素的影响而含有噪声，这些噪声会降低图像质量，使图像变得不清晰和难以解释，给后续的图像处理和分析任务带来困难。平滑滤波可以有效地抑制这些噪声，从而改善图像的可视化效果。对于需要弱化或模糊图像中的细微纹理、高频噪声或过于复杂的细节情况，平滑处理可以实现图像的整体模糊效果，图像中的关键特征将更容易提取和分析。此外，在图像压缩领域，平滑滤波有助于减少图像中的冗余信息，如高频分量，实现更有效的图像压缩，降低存储和传输的成本。

　　图像平滑滤波虽然能够有效降低噪声和提高图像的视觉质量，但它也会导致图像失去一些细节信息，特别是边缘和纹理成分。因此，在选择和应用平滑滤波方法时，需要根据具体的应用需求和图像特性来权衡噪声抑制与细节保留之间的取舍，以确保达到最佳的图像处理效果。下面介绍几种常用的图像平滑滤波方法。

3.2.1　均值滤波

　　均值滤波是最常用的线性滤波算法，它使用图像中目标像素点邻域（包括自身）的平均灰度值来替换原始像素值。均值滤波操作一般可以用滤波模板来实现，借助模板和滑动操作依次对全部目标像素执行均值滤波处理，滤波模板的尺寸表示均值计算时要采样邻域的大小。假定邻域的大小为 $M×N$，则均值滤波操作的计算公式为

$$g(i,j)=\frac{1}{MN}\sum_{m=1}^{M}\sum_{n=1}^{N}f(m,n) \tag{3.2.1}$$

式中，$g(i,j)$ 是某一像素 (i,j) 处理后的值；$f(m,n)$ 是一个与选定模板 $w(m,n)$ 同样大小的窗口。例如，使用 3×3 的邻域大小，则模板为

$$w(m,n)=\frac{1}{9}\begin{bmatrix}1 & 1 & 1\\1 & 1 & 1\\1 & 1 & 1\end{bmatrix} \tag{3.2.2}$$

　　滤波后图像的各个像素值为其对应原图像 3×3 邻域中 9 个像素点的平均灰度值。

　　均值滤波算法具有简单和高效的特点，可有效去除图像中的噪声，使图像变得更加模糊和平滑。邻域的大小直接影响着平滑效果，采用较大的邻域作为滤波模板可以更有效地降低噪声，但会导致图像的边缘和细节信息严重丢失，输出的图像过度模糊且计算复杂度增加；选择较小的邻域则可以更好地保留细节，但对噪声抑制效果较差。因此，在应用均值滤波时，需要根据特定任务需求和图像特性，选择适当的邻域大小以获得最佳的图像平滑和噪声

抑制效果。图 3-1 所示为一个均值滤波示例。

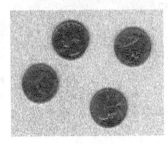
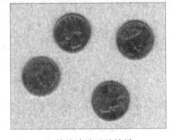

a) 噪声图像　　　　　　　　　　　b) 均值滤波后的结果

图 3-1　均值滤波示例

参考程序如下：

```
I=imread('eight.tif');%读入图像
J=imnoise(I,'gaussian',0,0.01);%添加均值为0,方差为0.01的高斯噪声
h=fspecial('average',3);%创建3×3大小的均值滤波模板
K=imfilter(J,h);%均值滤波
figure;
imshow(J);%显示噪声图像
figure;
imshow(K);%显示均值滤波后的结果
```

均值滤波的显著缺陷在于不能很好地保持图像的细节，去噪的同时会损坏图像的部分细节，导致图像变得模糊。为了在去噪的同时保持图像的边缘和细节信息，减小平滑处理后的模糊效果，除了合理选择邻域大小外，还可以采用以下两种方法来改进均值滤波。

1）改变滤波模板：采用权重不等的加权模板，在滤波过程中根据像素与中心像素的距离分配不同的权重。这种方法有助于保留图像的细节，减小模糊效果，同时能更有效地去除噪声。例如：

$$w(m,n)=\begin{bmatrix} 0.25 & 0.50 & 0.25 \\ 0.50 & 1.00 & 0.50 \\ 0.25 & 0.50 & 0.25 \end{bmatrix} \tag{3.2.3}$$

$$w(m,n)=\begin{bmatrix} 1.00 & 1.00 & 1.00 \\ 1.00 & 2.00 & 1.00 \\ 1.00 & 1.00 & 1.00 \end{bmatrix} \tag{3.2.4}$$

2）改进均值滤波算法：引入阈值 T，将原图像素值 $f(i,j)$ 和平滑后像素值 $g(i,j)$ 之差的绝对值与选定阈值进行比较，根据比较结果决定平滑后的像素值 $G(i,j)$。算法表达式为

$$G(i,j)=\begin{cases} g(i,j), & |f(i,j)-g(i,j)|>T \\ f(i,j), & |f(i,j)-g(i,j)|\leq T \end{cases} \tag{3.2.5}$$

这种方法被称为阈值均值滤波（Threshold Mean Filter），它可以有效地减少均值滤波对图像细节的破坏，同时保持图像的平滑特性。需要注意的是，选择适当的阈值 T 非常重要，过

大或过小的阈值都会导致失去平滑的效果或者无法去除噪声。因此，在具体应用中需要根据图像特性和噪声程度进行调整。

3.2.2　中值滤波

中值滤波是一种非线性平滑技术。中值滤波通常用于减少图像中的脉冲噪声，相比均值滤波，它能在滤除噪声的同时保留图像中更多的有用细节。与均值滤波一样，中值滤波依次考虑图像中的每个像素，并查看其附近邻域的像素，然后将邻域内的所有像素按数值大小进行排序，最后用序列中间像素的像素值来替换目标像素值。例如，一个 3×3 邻域内包含一系列像素值（10,60,50,200,30,20,90,150,120），对其进行排序后得到（10,0,30,50,60,90,120,150,200），那么该邻域的中值即为 60。如果所考虑的邻域包含偶数个像素，则使用序列中间两个像素值的平均值作为中值。邻域中的中值不受个别噪声毛刺的影响，因此中值滤波能够很好地消除冲击噪声。由于中值滤波能够实现不明显的模糊边缘，因此可以迭代使用它来增强图像平滑效果。图 3-2 所示为一个中值滤波示例。

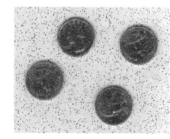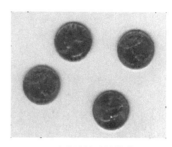

a) 噪声图像　　　　　　　　　b) 中值滤波后的结果

图 3-2　中值滤波示例

参考程序如下：

```
I=imread('eight.tif');%读入图像
J=imnoise(I,'salt & pepper');%添加脉冲噪声
K=medfilt2(J);%中值滤波
figure;
imshow(J);%显示噪声图像
figure;
imshow(K);%显示中值滤波后的结果
```

中值滤波能有效避免图像中孤立噪声点对中值计算的影响，因而对脉冲噪声和椒盐噪声有良好的滤除作用。特别是在滤除噪声的同时，它能够保护信号的边缘不被模糊。这些优良特性是线性滤波方法所不具有的。此外，中值滤波的算法简单，易于硬件实现，已在数字信号处理领域得到了广泛应用。

中值滤波的主要问题在于其相对较高的计算代价。这是因为中值滤波需要对图像中的每个像素都进行邻域窗口内的像素值排序，以找到中值。排序操作通常需要使用一种排序算法，如快速排序，而这种操作在大型图像或需要实时处理的应用中可能会导致性能问题。因此，中值滤波在计算方面相对较慢，需要在图像质量和计算成本之间进行权衡。

3.2.3　高斯模糊

高斯模糊是一种图像模糊滤波，用于平滑图像并去除细节和噪声。高斯模糊类似于均值滤波，但它输出的是像素邻域的加权平均值，靠近窗口中心的像素往往具备更大的权重。从这个意义上说，高斯模糊是一种特殊的加权平均滤波，与均值滤波相比，高斯模糊能提供更温和的平滑处理，并更好地保护边缘。

高斯模糊用正态分布计算滤波窗口内每个像素的权重。其正态分布方程在二维空间定义为

$$G(x,y) = \frac{1}{2\pi\sigma^2} e^{-\frac{x^2+y^2}{2\sigma^2}} \tag{3.2.6}$$

式中，σ 是正态分布的标准差；$\sqrt{x^2+y^2}$ 是模糊半径。根据定义，标准差 σ 越大，滤波后的结果将越模糊。

图 3-3 所示为一个高斯模糊示例。

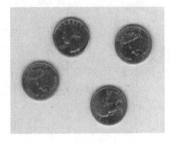 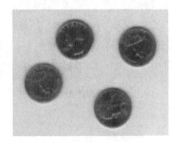

a) 原图像　　　　　　　　　　　　b) 高斯模糊后的结果

图 3-3　高斯模糊示例

参考程序如下：

```
I=imread('eight.tif');%读入图像
K=imgaussfilt(I,1);%高斯模糊,标准差为1
figure;
imshow(I);%显示原图像
figure;
imshow(K);%显示高斯模糊后的结果
```

实际应用中，在计算高斯函数的离散近似时，为了减少计算量，在 3σ 距离之外的像素都可以看作不起作用，并忽略这些像素的计算。因此，图像处理程序只需要计算 $(6\sigma+1)\times(6\sigma+1)$ 的矩阵即可。对于边界上的点，通常采用复制周围的点到另一面再进行计算处理的方法。

3.3　图像锐化滤波

图像锐化通过增强图像的边缘、轮廓和细节信息来提高图像的清晰度和视觉质量。这一过程通常应用特定的滤波器或卷积核来强调图像中的高频分量，从而增加像素值之间的差异，尤其是图像边缘与背景信息的反差会更加明显，因此图像锐化也称为边缘增强。

前述的图像平滑滤波会将图像边缘部分变得模糊，在视觉效果上看起来更平滑和连续，图像锐化则使图像边缘更突出。图像锐化滤波分为空间域和频域两类处理方式。从空间域来看，图像边缘一般是指图像内容变化剧烈的地方，而非边缘则为图像的缓变区域。一般地，图像可由一个函数来描述，若对该函数求微分，则图像缓变区域的微分值较小，而图像边缘突变区域的微分值较大。由此可见，通过对图像进行微分处理，可以获得图像的边缘信息。从频谱域来看，图像边缘对应图像空间频谱的高频信息，而非边缘则为对应空间频谱的低频部分。由此可见，通过对图像的频谱进行调控或选择，也可以使图像的边缘信息增强。下面介绍几种常用的图像锐化滤波方法。

3.3.1　梯度法

梯度法是基于一阶微分的图像增强方法。对于图像 $f(x,y)$ 在其坐标 (x,y) 处的梯度定义为一个二维向量：

$$\nabla f = \begin{bmatrix} g_x \\ g_y \end{bmatrix} \tag{3.3.1}$$

其水平和垂直方向的离散表达为

$$g_x = \frac{\partial f(x,y)}{\partial x} = f(x+1,y) - f(x,y) \tag{3.3.2}$$

$$g_y = \frac{\partial f(x,y)}{\partial y} = f(x,y+1) - f(x,y) \tag{3.3.3}$$

梯度幅值表示为

$$(x,y) = \sqrt{g_x^2 + g_y^2} \tag{3.3.4}$$

为了便于计算，实际使用时常常用绝对值的和来近似，即

$$M(x,y) \approx |g_x| + |g_y| \tag{3.3.5}$$

从梯度的定义及数学运算可知，梯度反映了相邻像素之间像素值的变化率。即图像边缘处的像素值变化较大，则对应的梯度值也较大；图像较为平滑部分的像素值变化较小，则对应的梯度值也较小。故通过计算的梯度值来代替原始像素值的方式可以突出边缘部分，实现边缘增强。

对于前面的梯度计算，可以通过构造滤波模板来近似实现，常用的水平、垂直方向的梯度模板有：

$$\begin{bmatrix} -1 & 0 \\ 0 & 1 \end{bmatrix}, \begin{bmatrix} 0 & -1 \\ 1 & 0 \end{bmatrix}, \begin{bmatrix} -1 & -2 & -1 \\ 0 & 0 & 0 \\ 1 & 2 & 1 \end{bmatrix}, \begin{bmatrix} -1 & 0 & 1 \\ -2 & 0 & 2 \\ -1 & 0 & 1 \end{bmatrix} \tag{3.3.6}$$

式中，后面两个模板称为 Sobel 算子。

3.3.2　拉普拉斯算子

拉普拉斯算子利用二阶微分检测图像灰度快速变化的区域，因此经常被用于边缘检测。将拉普拉斯算子处理得到的边缘检测图像与原始图像叠加即可得到锐化后的图像。对于连续图像 $f(x,y)$，拉普拉斯算子定义为

$$\nabla^2 f = \frac{\partial^2 f}{\partial x^2} + \frac{\partial^2 f}{\partial y^2} \tag{3.3.7}$$

其离散形式为

$$\frac{\partial^2 f}{\partial x^2} = f(x+1,y) + f(x-1,y) - 2f(x,y) \tag{3.3.8}$$

$$\frac{\partial^2 f}{\partial y} = f(x,y+1) + f(x,y-1) - 2f(x,y) \tag{3.3.9}$$

可以得到二维拉普拉斯算子的离散表达形式为

$$\nabla^2 f(x,y) = f(x+1,y) + f(x-1,y) + f(x,y+1) + f(x,y-1) - 4f(x,y) \tag{3.3.10}$$

式（3.3.10）可以由滤波模板来实现，即使用中心像素的上、下、左、右四个相邻像素的值的总和减去中心像素值的四倍：

$$\begin{bmatrix} 0 & 1 & 0 \\ 1 & -4 & 1 \\ 0 & 1 & 0 \end{bmatrix} \tag{3.3.11}$$

类似地，还可以得到其他拉普拉斯滤波模板，如

$$\begin{bmatrix} 1 & 1 & 1 \\ 1 & -8 & 1 \\ 1 & 1 & 1 \end{bmatrix} \tag{3.3.12}$$

拉普拉斯算子检测的是像素亮度变化率的变化，因此它不会对图像上均匀的亮度变化产生响应。这使得拉普拉斯算子处理后的图像更加突出亮度值的突变位置，特别是图像中的边缘。

若直接使用拉普拉斯算子的结果生成新图像，虽然能够有效突出边缘，但可能会导致原始图像信息丢失。为了解决这一问题，可以将原始图像的值减去拉普拉斯算子计算结果的整数倍，以此作为最终的锐化图像。具体公式为

$$g(x,y) = f(x,y) - kl(x,y) \tag{3.3.13}$$

式中，$g(x,y)$ 是边缘增强后的图像；$f(x,y)$ 是原始图像；$l(x,y)$ 是拉普拉斯算子计算的结果；k 是一个正整数。通过这样的处理，计算结果不仅保留了原图像作为背景，还在边缘处增加了对比度，从而更加突出了边界的位置。

此外，由于上述滤波模板实质上近似于对图像进行二阶导数测量，因此它们对噪声特别敏感。为了缓解这个问题，通常在应用拉普拉斯算子之前先对图像进行高斯平滑处理。这种预处理步骤有助于在进行微分之前减少图像中的高频噪声分量，从而在增强边缘的同时，抑制了因噪声引起的不必要的边缘响应。通过这种方法，图像在保持边缘特征的同时，整体的噪声水平得以降低，从而改善了图像锐化的效果。图 3-4 所示为一个拉普拉斯算子锐化示例。

a) 原图像　　　　　　　　b) 拉普拉斯算子锐化后的结果

图 3-4　拉普拉斯算子锐化示例

参考程序如下：

```
I=double(imread('riceblurred.png'))/255;%读入图像
h=[0 1 0;1 -4 1;0 1 0];%创建拉普拉斯滤波模板
K=I - imfilter(I,h,'symmetric');%拉普拉斯算子锐化
figure;
imshow(I);%显示原图像
figure;
imshow(K);%显示拉普拉斯算子锐化后的结果
```

3.3.3　频域滤波

频域滤波即在频域中处理图像，图像经过傅里叶变换从空间域转换到频域，再乘以滤波函数，然后重新变换到空间域。滤波器衰减高频会在时域中产生更平滑的图像，衰减低频则会增强图像边缘。

频域滤波基于傅里叶变换，通常先获取图像和滤波函数的频域信号，然后将图像以逐像素的方式与滤波函数相乘：

$$G(u,v)=F(u,v)H(u,v) \tag{3.3.14}$$

式中，$F(u,v)$ 是频域中的输入图像；$H(u,v)$ 是滤波函数；$G(u,v)$ 是滤波后的图像。为了获得真实空间中的结果图像，必须对 $G(u,v)$ 使用逆傅里叶变换对。

由于频域中的乘法与时域中的卷积相同，因此所有频率滤波器理论上都可以实现为空间滤波器。然而，在实践中，频域滤波函数可以通过真实空间中的滤波模板来近似。

滤波函数的形式决定了算子的效果。在图像处理中，通常有三种常见的滤波器：低通滤波器、高通滤波器和带通滤波器。低通滤波器通过允许低频信号通过并抑制高频信号来模糊和平滑图像，适用于噪声去除和图像平滑；高通滤波器则强调高频信号，抑制低频信号，用于增强图像的边缘和细节，以提高图像的清晰度；带通滤波器允许一定频率范围内的信号通过，通常用于选择和突出特定频率范围内的特征或结构，如在图像中突出特定纹理或模式。

最简单的滤波器是低通滤波器。它抑制所有高于截止频率 D_0 的频率，并使较小的频率保持不变。使用高斯形状的滤波函数可以获得更好的滤波结果，因为高斯函数在实空间和傅里叶空间具有相同的形状，所以不会在滤波图像的实空间中产生振铃效应。一种常用的高斯离散近似是巴特沃思滤波器。在频域中应用此滤波器将显示出与实空间域中高斯平滑类似的结果。其主要区别是空间滤波器的计算代价随着标准差的增加而增加（即与滤波器模板的大小有关），而频率滤波器的计算代价与滤波函数无关。因此，空间高斯滤波器更适合窄低通滤波器，而巴特沃思滤波器更适合宽低通滤波器。

相同的原理适用于高通滤波器。该滤波器通过将相应的低通滤波器反相来获得高通滤波函数，如理想的高通滤波器阻止所有小于 D_0 的频率并且保持其他频率不变。带通滤波器是低通滤波器和高通滤波器的组合。它衰减所有小于 D_0 的频率和大于 D_1 的频率，而两个截止频率之间的频率则保留在输出结果中。

3.4　直方图均衡化

直方图均衡化（Histogram Equalization）是一种利用图像灰度直方图来调整对比度，以获得一幅具有近似均匀直方图分布图像的方法。图像的直方图通常是指像素灰度频数的直方图，此直方图显示图像中不同灰度值的像素个数。对于 8 位灰度图像，由于有 256 种不同的强度，因此直方图可以图形方式显示 256 个灰度值中像素的分布情况。

考虑一个离散的灰度图像 f，让 n_r 表示灰度 r 出现的次数，这样图像中灰度为 r 的像素的出现概率为

$$p_f(r) = p(f=r) = \frac{n_r}{n}, r = 0, 1, \cdots, L-1 \tag{3.4.1}$$

式中，L 是图像的灰度等级（通常为 256）；n 是图像的像素数；$p_f(r)$ 实际上是像素值为 r 的图像的直方图，归一化到 $[0,1]$。

直方图均衡化后的图像 g 定义为

$$g_{x,y} = \text{floor}\left((L-1)\sum_{r=0}^{f_{x,y}} p_f(r)\right) \tag{3.4.2}$$

式中，floor( ) 是向下舍入到最接近的整数；x、y 是位置索引。其等价于通过函数变换 f 的像素强度 k：

$$T(k) = \text{floor}\left((L-1)\sum_{r=0}^{k} p_f(k)\right) \tag{3.4.3}$$

这种转换的动机来自将 f 和 g 的强度视为在 $[0,L-1]$ 上为连续随机变量的情况，其中

$$T(r) = (L-1)\int_0^r p_f(r)\,dr \tag{3.4.4}$$

式中，p_f 是 f 的概率密度函数。为简单起见，假设 T 是可微和可逆的，然后可以看出，由 T 定义的 g 均匀分布在 $[0,L-1]$ 上，即 $p_g(r) = \frac{1}{L-1}$。

直方图均衡化是增强图像对比度的一种常用方法，在彩色图像上，尽管可以对 RGB 的三个分量分别应用此方法，但可能导致色彩失真。为避免这一问题，更推荐先转换到 HSL 或 HSV 色彩空间，仅对"亮度"分量进行均衡化。

直方图均衡化的目的是通过重新分配亮度级别来增强图像的整体对比度，尤其是当图像

中有用信息的对比度相近时，它能有效扩展常见亮度值的范围，提高局部对比度，使图像更加清晰。该方法在处理背景和前景亮度过高或过低的图像时特别有效，如 X 光图像和曝光不当的照片。它的优点是操作简单、可逆，并且计算量适中。然而，该方法在处理图像内容时可能缺乏选择性，导致背景噪声的对比度被不当地增强，而有用信号的对比度却相应减弱。图 3-5 所示为一个直方图均衡化示例。

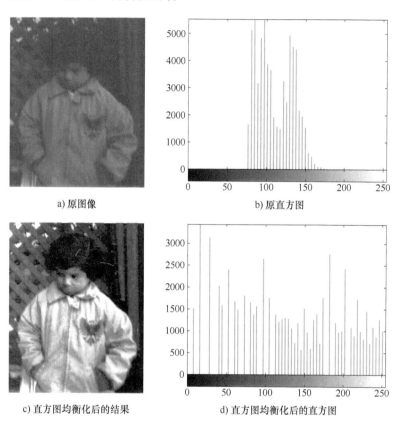

a) 原图像　　　　　　　　　　　b) 原直方图

c) 直方图均衡化后的结果　　　　d) 直方图均衡化后的直方图

图 3-5　直方图均衡化示例

参考程序如下：

```
I=imread('pout.tif');%读入图像
figure;
subplot(1,2,1);
imshow(I);%显示原图像
subplot(1,2,2);
imhist(I,64);
J=histeq(I);%显示原直方图
figure;
subplot(1,2,1);
imshow(J);%显示直方图均衡化后的结果
```

```
subplot(1,2,2);
imhist(J,64);%显示直方图均衡化后的直方图
```

3.5 伪彩色图像增强

人类的肉眼可以分辨出 10~20 种灰度级，但却能区分数千种不同的色度和亮度。因此，人眼对颜色的分辨能力比对灰度的分辨能力高出百倍以上。将灰度图像转换为彩色图像或改变现有的颜色分布来改善图像的可视效果，是从视觉角度实现图像增强的一种有效方法。

伪彩色图像增强是一种通过将灰度图像映射到伪彩色图像来改善图像的视觉质量的方法。在伪彩色图像增强中，通常会将灰度图像 $f(x,y)$ 的不同灰度级按照线性或非线性映射成不同的彩色，从而使得图像更加鲜明、清晰，提高图像的可视化效果。下面介绍几种常用的伪彩色图像增强方法。

3.5.1 密度分割法

密度分割法是一种基于灰度图像的像素密度分布进行颜色增强的方法。该方法对原图像在不同灰度区间的像素赋予不同的彩色，以增强图像的可视化效果和信息表达能力，具体公式为

$$f(x,y) = C_i, r_{i-1} \leqslant f(x,y) \leqslant r_i, i = 1, 2, \cdots, n \tag{3.5.1}$$

式中，$f(x,y)$ 代表图像中位于 (x,y) 坐标处的像素灰度值；(r_{i-1}, r_i) 是伪彩色级数所对应的区间；C_i 是被赋予的彩色值；n 是目标伪彩色级数，即分割的不同灰度区间层数，层数越多，细节越丰富，色彩过渡越柔和。图 3-6 所示为一个密度分割法示例。

a) 原图像

b) 密度分割法增强后的结果

图 3-6　密度分割法示例

图 3-6 彩图

参考程序如下：

```
I=imread('img.tif');%读入图像
imshow(I);
title('originalimage')
X=grayslice(I,16);          %原灰度图像灰度分 16 层
figure,imshow(X,hot(16));   %显示伪彩色处理图像
```

3.5.2　灰度变换法

灰度变换法是伪彩色技术中较常用的方法，该方法对原图像中像素的灰度等级用不同的映射函数映射到 R、G、B 通道，然后再把三个颜色通道合成以生成一张彩色图像。对原始灰度图像 $f(x,y)$ 像素点的灰度值进行的独立变换可分别表示为

$$R(x,y) = T_R[f(x,y)] \tag{3.5.2}$$
$$G(x,y) = T_G[f(x,y)] \tag{3.5.3}$$
$$B(x,y) = T_B[f(x,y)] \tag{3.5.4}$$

式中，T_R、T_G、T_B 分别是对应于 R、G、B 三个颜色通道的不同映射函数。

适当地选择映射函数，使不同的灰度值映射成不同的 R、G、B 三基色的组合，即可产生对应的彩色显示。例如，将一幅灰度图像 $f(x,y)$ 按照以下的映射函数来实现三个独立的变换：

$$R(x,y) = \begin{cases} 0, & 0 \leqslant f < 64 \\ 0, & 64 \leqslant f < 128 \\ 4f(x,y)-510, & 128 \leqslant f < 192 \\ 255, & 192 \leqslant f \leqslant 255 \end{cases} \tag{3.5.5}$$

$$G(x,y) = \begin{cases} 254-4f(x,y), & 0 \leqslant f < 64 \\ 4f(x,y)-254, & 64 \leqslant f < 128 \\ 255, & 128 \leqslant f < 192 \\ 1022-4f(x,y), & 192 \leqslant f \leqslant 255 \end{cases} \tag{3.5.6}$$

$$B(x,y) = \begin{cases} 255, & 0 \leqslant f < 64 \\ 510-4f(x,y), & 64 \leqslant f < 128 \\ 0, & 128 \leqslant f < 192 \\ 0, & 192 \leqslant f \leqslant 255 \end{cases} \tag{3.5.7}$$

经过以上的伪彩色处理，将灰度图像中的一些细节添加颜色，提高了图像细节的灰度值并将其映射到彩色空间中，使得灰度图像中的一些细节和信息可以通过颜色来展示，从而提高人眼对图像细节的辨别能力，实现了图像增强。此外，结合边缘检测方法，还可以在图像的边缘部分赋予额外的颜色，使物体边缘更加鲜明突出，为图像识别和检测方法提供更丰富的信息。通过这样的处理方式，不仅可以提升图像的视觉效果，还有助于改善物体边缘的可见性，为后续的图像识别和检测任务提供更多的辅助信息。图 3-7 所示为一个灰度变换法示例。

a) 原图像　　　　　　　　b) 灰度变换法增强后的结果

图 3-7　灰度变换法示例　　　　　　　　　　图 3-7 彩图

37

参考程序如下:

```
I=double(rgb2gray(imread('img.tif')));%读入图像
[M N]=size(I);
I2=zeros(M,N,3);        %初始化三通道
for x=1:M
    for y=1:N
        if I(x,y) <= 127        %R通道
            I2(x,y,1)=0;
        elseif I(x,y) <= 191
            I2(x,y,1)=4 * I(x,y) - 510;
        else
            I2(x,y,1)=255;
        end

        if I(x,y) <= 63        %G通道
            I2(x,y,2)=254 - 4 * I(x,y);
        elseif I(x,y) <= 127
            I2(x,y,2)=4 * I(x,y) - 254;
        elseif I(x,y) <= 191
            I2(x,y,2)=255;
        else
            I2(x,y,2)=1022 - 4 * I(x,y);
        end

        if I(x,y) <= 63        %B通道
            I2(x,y,3)=255;
        elseif I(x,y) <= 127
            I2(x,y,3)=510 - 4 * I(x,y);
        else
            I2(x,y,3)=0;
        end
    end
end
imshow(uint8(I2));
```

3.5.3 频域伪彩色增强

频域伪彩色增强是基于频域分析和伪彩色映射的图像处理方法。它的核心思想是将原始

图像从空间域转换到频域，通过增强或突出特定频率成分来改善图像的可视化效果，然后将处理后的频域图像映射到伪彩色空间，以提高图像的视觉对比度和可分辨性。

原始灰度图像通常是在空间域表示的，即每个像素具有特定的亮度值。为了进行频域处理，通常使用傅里叶变换等频域处理技术将灰度图像转换到频域。在频域中，图像被分解成不同的频率成分，其中包含了图像中各种细节和特征的信息。接下来，通过在频域中应用三个不同传递特性的滤波器，将图像分离成三个独立分量。这三个分量通常是低频、中频和高频分量，分别对应于图像的整体结构、细节和边缘信息。这一步的目标是突出显示图像中的不同频率特征。完成频域分析和分离后，对这三个独立分量进行逆傅里叶变换转换回空间域，可产生三幅单色图像。然后，对它们做进一步的处理，如直方图均衡化，以增强图像的对比度和可视化效果，这有助于突出显示每个频率分量中的细节和特征。最后，这三幅图像作为红、绿和蓝通道分别加到彩色显示器中，即可实现频域分段的伪彩色增强，得到最终的彩色图像。图 3-8 所示为一个频域伪彩色增强示例。

a) 原图像

b) 频域伪彩色增强后的结果

图 3-8 频域伪彩色增强示例

图 3-8 彩图

参考程序如下：

```
I=imread('img.tif');%读入图像
I=rgb2gray(I);
figure(1),imshow(I);
[M,N]=size(I);
F=fft2(I);
fftshift(F);
REDcut=100;
GREENcut=200;
BLUEcenter=150;
BLUEwidth=100;
BLUEu0=10;
BLUEv0=10;
for u=1:M
        for v=1:N
```

```
        D(u,v)=sqrt(u^2+v^2);
        REDH(u,v)=1/(1+(sqrt(2)-1)*(D(u,v)/REDcut)^2);%红色
        滤波器为低通
        GREENH(u,v)=1/(1+(sqrt(2)-1)*(GREENcut/D(u,v))^2);
        %绿色滤波器为高通
        BLUED(u,v)=sqrt((u-BLUEu0)^2+(v-BLUEv0)^2);
        BLUEH(u,v)=1-1/(1+BLUED(u,v)*BLUEwidth/((BLUED(u,v))^
2-(BLUEcenter)^2)^2);%蓝色滤波器为带通
        end
    end
    RED=REDH.*F;
    REDcolor=ifft2(RED);
    GREEN=GREENH.*F;
    GREENcolor=ifft2(GREEN);
    BLUE=BLUEH.*F;
    BLUEcolor=ifft2(BLUE);
    REDcolor=real(REDcolor)/256;
    GREENcolor=real(GREENcolor)/256;
    BLUEcolor=real(BLUEcolor)/256;
    for i=1:M
        for j=1:N
            OUT(i,j,1)=REDcolor(i,j);
            OUT(i,j,2)=GREENcolor(i,j);
            OUT(i,j,3)=BLUEcolor(i,j);
        end
    end
    OUT=abs(OUT);
    figure,imshow(OUT);
```

3.6 基于 Retinex 的图像增强

Edwin H. Land 于 1963 年 12 月 30 日在俄亥俄州首次描述了 Retinex 思想。Retinex 算法基于视网膜成像原理，模拟了人类视觉系统对图像真实颜色的判断，即不受光照条件显著影响的视觉恒常性。该算法的优势在于其色感一致性，能确保图像色彩在外部不利因素下保持稳定。因此，Retinex 算法常被用于改善低质量的彩色图像，尤其适用于动态范围低、曝光不足、有雾或水下拍摄的图像，它能显著提升这些图像的视觉效果。

Retinex 理论假设一幅观测图像 S 可以分解为反射分量 R 和光照分量 L，具有以下形式：

40

$$S(x,y) = R(x,y)L(x,y) \tag{3.6.1}$$

基于 Retinex 理论的图像增强的目的就是从图像 S 中估计出分量 R，R 即消除了光照不均影响后的增强图像。在处理中，通常将图像转至对数域，从而将乘积关系转换为相加关系，即

$$\log(S(x,y)) = \log(R(x,y)) + \log(L(x,y)) \tag{3.6.2}$$

实际中，一般可以先从图像 S 中估测 L，再去除 L，得到 R，即

$$L(x,y) = f(S(x,y)) \tag{3.6.3}$$

$$\log(R(x,y)) = \log(S(x,y)) - \log(f(S(x,y))) \tag{3.6.4}$$

使用函数 f 实现对 L 的估计，可以被定义为如下形式：

$$f(S(x,y)) = S(x,y) * F(x,y) \tag{3.6.5}$$

式中，

$$F(x,y) = \lambda e^{-\frac{x^2+y^2}{c^2}} \tag{3.6.6}$$

且满足

$$\iint F(x,y)\,\mathrm{d}x\mathrm{d}y = 1 \tag{3.6.7}$$

一般先输入合适的高斯环绕尺度 c（取值范围为 $80 \sim 100$），将积分运算离散化，计算确定尺度 λ，从而得到 $F(x,y)$。

上述为单尺度 Retinex 算法。为了得到更好的效果，还可以基于单尺度 Retinex 算法改进为多尺度 Retinex 算法，最为经典的就是三尺度 Retinex 算法，既能实现图像动态范围的压缩，又能保持色感的良好一致性。三尺度 Retinex 算法即进行三次单尺度 Retinex，分别选取合适的高斯环绕尺度，如 15、80、250，再对三次结果进行加权平均。

应用 Retinex 算法增强彩色图像时，一般是先将图像分解为 R、G、B 通道并分别进行处理，但这种方法耗时且易导致颜色比例失衡，造成失真。为改善这一问题，研究者们探索了颜色空间转换方法。H. A. Munseu 于 1915 年提出了 HSI 颜色空间模型，其中 H、S、I 三个特征分别对应图像的色度（Hue）、饱和度（Saturation）和亮度（Intensity）信息。具体来说，在图像增强中，保持 H 和 S 不变，仅对 I 进行 Retinex 处理，可避免颜色失真，减少处理时间。这种方法在保持图像颜色属性的同时，有效地提高了增强效果。

3.7　基于深度学习的图像增强

深度学习在计算机视觉的多个基础任务中，如图像超分辨率、去模糊、去雾、去噪和图像增强等，已经取得了显著的进步。相较于传统的图像处理方法，深度学习技术能更深入地理解和分析图像内容，进而执行更为复杂的图像转换和增强操作，从而显著提高图像的整体质量。当前，众多现有技术均依赖于有监督学习范式，这意味着它们需要成对的原始图像与目标图像作为训练数据，以学习两者间的映射规则，进而实现图像增强的目的。然而，这样的数据集在实际应用中相对稀缺，且很多数据集是通过人为调整得到的，因此限制了有监督学习方法的广泛应用。为了克服这一限制，研究者们开始探索弱监督或无监督的学习方法。这些方法在数据标注有限或没有标注的情况下，依然能够训练出有效的图像增强模型。在基于深度学习的图像增强中，两个核心挑战是网络结构的设计和损失函数的定义。合适的网络

结构能够确保模型准确地捕捉图像中的关键信息，而准确的损失函数则能够指导模型在训练过程中不断优化，以达到更好的增强效果。综上所述，尽管深度学习在图像增强领域已经取得了显著的成果，但仍有许多挑战需要克服，包括如何设计更有效的网络结构和损失函数，以及如何更好地利用有限的标注数据或无须标注数据来训练模型。

生成对抗网络（Generative Adversarial Network，GAN）由 Ian Goodfellow 等人于 2014 年提出。它是一种深度学习模型，主要用于生成数据，其基本思想是通过两个神经网络——生成器（Generator）和判别器（Discriminator）的对抗学习来生成数据。生成器的任务是生成尽可能真实的数据，它接收一个随机噪声作为输入，通过神经网络转换成一个数据实例。判别器的任务是判断输入的数据是真实的还是由生成器生成的，它接收一个数据实例作为输入，输出这个实例是真实数据的概率。生成器和判别器在训练过程中不断对抗，生成器试图生成越来越真实的数据，而判别器试图越来越准确地区分真实数据和生成数据。这个过程相当于一个博弈游戏，最终目标是达到纳什均衡，此时判别器无法区分生成器生成的数据是否是真实的。

生成对抗网络因其强大的图像生成能力和灵活性，在基于深度学习的图像增强中得到了广泛应用。它通过对抗训练学习图像的复杂分布，能够生成高质量的增强图像，同时减少对大量标注数据的依赖。此外，生成对抗网络支持端到端的训练，简化了处理流程，且能轻易结合先验知识进行多任务学习，最终在视觉效果和性能上超越了许多传统方法。这些优势使得生成对抗网络成为图像增强领域的一种重要和有效的工具。下面将阐述结合生成对抗网络，基于卷积神经网络（CNN）、弱监督、无监督的深度学习图像增强方法。

3.7.1 基于卷积神经网络的图像增强

卷积神经网络在图像增强领域中发挥了至关重要的作用，通过其深层结构和卷积操作能有效捕捉图像的层次特征和局部依赖，实现从低质量到高质量的图像转换。它能够自动学习复杂映射关系，免去了传统方法中对特征的手动设计和选择，大大提高了图像增强效果和效率。卷积神经网络还能够端到端地进行训练和优化，简化了增强过程，提高了效率。

Ignatov 等人在 2017 年提出了一种深度卷积神经网络模型，通过学习手机照片和相应单反照片之间的映射关系，将手机照片转换为高质量的图片。这种转换不仅包括提升分辨率和色彩质量，还包括改善动态范围和纹理细节等方面。该模型实现了端到端的训练，其框架结构如图 3-9 所示。

整个图像增强网络通过一种对抗性的训练过程来优化。在这个过程中，生成器网络持续产生看似真实的图像，以欺骗判别器网络。而判别器网络则不断提升其鉴别能力，以区分输入图像是真实的单反拍摄照片还是由生成器网络生成的。两者在相互竞争与学习中逐渐达到一个平衡状态。在此场景中，输入图像特指由手机拍摄的照片，而目标图像则是相应地由单反相机拍摄的高质量照片，两者之间形成了明确的一一对应关系。

在卷积神经网络生成器结构中，输入图像首先经过一个 9×9 卷积层预处理，然后是四个残差块，每个残差块由两个 3×3 卷积层和批量归一化层交替组成。在残差块之后，使用两个核大小为 3×3 的卷积层和一个核大小为 9×9 的卷积层，得到增强后的图像。网络中的所有层都有 64 个通道，除了最后一层的输出应用了按比例缩放的 tanh 激活函数外，其后都

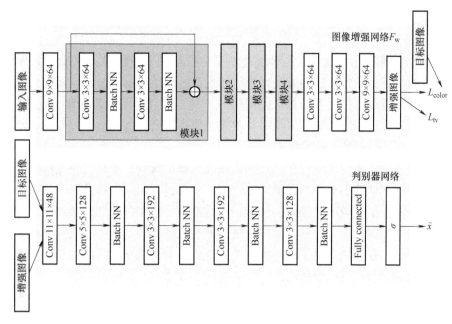

图 3-9　基于卷积神经网络的图像增强模型的框架结构

有 ReLU 激活函数。

卷积神经网络判别器用于判断增强后的图像和目标图像的真假,它由五个卷积层组成,每个层后跟一个 LeakyReLU 非线性和批量归一化。第一、第二和第五卷积层的步长分别为 4、2 和 2。sigmoid 激活函数应用于最后一个全连接层(包含 1024 个神经元)的输出,并产生输入图像被目标单反相机拍摄的概率。图 3-10 所示为基于卷积神经网络的图像增强效果,增强图像在视觉效果上有了很大的改进。

a) 输入图像

b) 增强图像

图 3-10　基于卷积神经网络的图像增强效果

图 3-10 彩图

由于增强过程完全自动化,因此一些缺陷是不可避免的。在处理后的图像上可能出现的两个典型伪影是颜色偏差和过高的对比度水平。虽然它们通常会产生相当合理的视觉效果,但在某些情况下,这可能会导致内容变化,看起来像是人为的。此外,由于生成对抗网络的性质,图像中的高频成分可以被有效地恢复,导致低质量图像经过处理后的噪声会被明显放大。

3.7.2 基于弱监督学习的图像增强

基于卷积神经网络的图像增强技术通过学习一种从低质量图像到高质量图像的映射关系，来提升图像的视觉效果。这种方法通常需要大量的训练数据，包括成对的低质量和高质量图像样本，为此需要收集由不同相机拍摄的对齐的地面真实图像数据集。在实际应用中，获取大量成对的、精确标注的训练数据非常困难且成本较高。此外，这种方法通常需要大量的计算资源进行训练，导致训练时间较长。

弱监督学习的优点体现在其对标注数据依赖的大幅度减少，使得在缺乏精确成对训练样本的情况下仍然能够训练出有效的图像增强模型。它通过利用大量可获取的未标注数据或者部分标注数据，降低了图像增强任务的门槛，并且增加了模型训练的灵活性。这种学习策略在提高数据利用效率的同时，还有助于模型更好地泛化到各种各样的真实世界场景中。弱监督学习不仅为图像增强领域提供了新的可能性，还通过其高效和灵活的特点，在实际应用中显示出强大的竞争力和广泛的应用前景。

Ignatov 等人在前人工作的基础上，提出了弱监督网络模型并解决了图像增强方法通用性不足的问题。该模型接收低质量图像作为输入，并输出高质量图像，无须要求两者在内容上严格一一对应。它借助一种创新的传递性 CNN-GAN（卷积神经网络-生成对抗网络）架构来学习两者间的映射关系，其框架结构如图 3-11 所示。

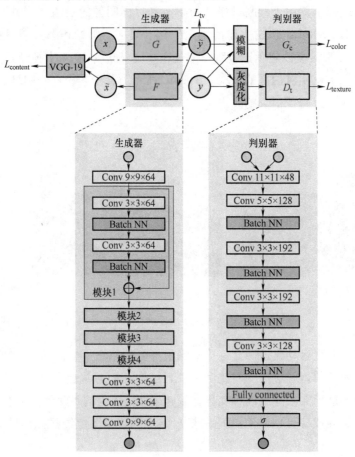

图 3-11　弱监督网络模型的框架结构

该模型的目标是学习从源域 X（由低端数码相机定义）到目标域 Y（由捕获或抓取的高质量图像集合定义）的映射。输入是未配对的训练图像样本 $x \in X$ 和 $y \in Y$。如图 3-11 所示，弱监督网络模型由一个生成映射 $G : X \rightarrow Y$ 和一个逆生成映射 $F : Y \rightarrow X$ 组成。为了测量映射 $G(x)$ 和输入图像 x 之间的内容一致性，在原始图像和重建图像 x 与 $\hat{x} = (F \cdot G)(x)$ 之间分别定义了一个基于 VGG-19 特征的内容损失。在输入图像域中定义内容损失，克服了需要成对数据集的局限，允许输入和输出图像在内容上不完全一致。它利用两个判别器 D_c 和 D_t 分别专注于检测增强后图像在颜色和纹理上与目标图像的差异。最后，通过计算总变差（TV）损失来确保生成的图像更为平滑。

图 3-12 所示为基于弱监督学习的图像增强效果。在没有以对齐的原始-增强照片对的大型注释数据集的形式进行强监督的情况下，处理后的图像质量显著提升。

a) 输入图像

b) 增强图像

图 3-12　基于弱监督学习的图像增强效果

图 3-12 彩图

3.7.3　基于无监督学习的图像增强

基于弱监督学习的图像增强方法通过利用不完全或不精确的标签信息来引导模型学习如何改善图像质量。这种方法在一定程度上减轻了对大量精确标注数据的需求，从而降低了数据准备的成本和时间。此外，通过引入一些监督信号，它能够提供比纯无监督方法更为可靠和准确的增强效果。然而，其性能往往受限于不完整标签的质量，并且在处理不确定标注信息时可能需要较为复杂的模型设计和训练策略。

为了进一步探索从数据中自动学习图像增强映射关系的可能性，研究者将视野转向了基于无监督学习的图像增强方法。这种方法完全依赖于输入图像本身的信息，不需要任何外部的标注信息。它通过自学习的方式，尝试发现图像数据中内在的结构和规律，从而实现图像质量的提升。

2018 年，有研究者提出使用无监督学习来实现高质量的照片增强，通过生成对抗网络从未配对的低质量和高质量图像中学习图像增强映射关系，而不依赖于成对的图像作为训练数据。基于无监督学习的图像增强框架结构如图 3-13 所示。

整个生成器网络基于 U-Net 进行设计，并在此基础上添加了全局特征。全局特征可以揭示高层次信息，如场景类别、主体类别或整体照明条件等，这些信息对于单个像素确定其局部调整非常有用。为了优化模型的效率，U-Net 的收缩路径被设计为能够同时捕捉全局特征以及来自前五个层次的局部细节特征。每个收缩步骤包括步长为 2 的 5×5 滤波，然后是

图 3-13 基于无监督学习的图像增强框架结构

SELU 激活和批量归一化。给定第五层的 32×32×128 特征图，对于全局特征，通过执行上述收缩步骤，将特征图进一步缩小为 16×16×128，再缩小为 8×8×128；接着，两个全连接层和一个 SELU 激活层将特征图进一步压缩至 1×1×128 的全局特征；然后，提取的 1×1×128 全局特征被复制 32×32 份，并在 32×32×128 低层特征图之后进行串联，形成 32×32×256 的特征图，将局部特征和全局特征融合在一起；最后在融合特征图上执行 U-Net 的扩展路径，并通过残差学习促进模型更快收敛。

生成器只学习输入图像和标签图像之间的差异，其中全局特征提取的设计是十分新颖的，它不需要一个额外的监督网络训练，而是使用 U-Net 本身来编码一个隐式特征向量。判别器实质上是一个二分类的网络，由几层卷积构成，其主要作用是进行真假图片的判断。从图 3-14 所示的结果中可以看出，增强后的图像具有更好的色彩表现力和清晰度，视觉效果上看起来更自然。

a) 输入图像　　　　　　b) 增强图像

图 3-14 基于无监督学习的图像增强效果

图 3-14 彩图

3.7.4 常用损失函数

1）内容损失。内容损失函数是用于衡量图像之间内容相似度的一种方法，特别是在基于深度学习的图像增强任务中。其主要目标是确保增强后的图像在内容上与原始图像保持一致，同时允许在颜色、纹理等方面进行改变。

2）纹理损失。纹理损失函数的目标是确保输出图像在纹理和细节上与目标图像或风格参考图像相似。这对于生成视觉上令人满意的结果非常重要，尤其是在那些对细节敏感的应用中。

3）颜色损失。颜色损失函数通过最小化颜色差异，确保在图像增强过程中颜色信息的准确传递和重建，使得增强后的图像在颜色上尽可能接近目标或参考图像。这对于提升图像的视觉质量和感知一致性非常重要。

4）总变差损失。在图像增强的过程中，很多增强算法都会对噪声进行放大，但是，图像中的噪声会对增强结果产生非常大的负面影响。总变差（TV）损失能有效抑制噪声，提高生成图像的空间平滑度。

本章小结

图像增强是智能图像处理领域中的一个重要研究方向，其目的是通过各种技术手段改善图像的视觉效果和信息质量。本章首先介绍了图像增强的基本概念和研究意义，然后详细探讨了多种图像平滑滤波和锐化滤波方法，包括均值滤波、中值滤波、拉普拉斯算子和频域滤波等。这些滤波通过不同的数学处理方式实现图像的去噪和平滑，以及增强图像的边缘和细节。此外，本章还介绍了直方图均衡化技术，强调其在改善图像对比度方面的作用。伪彩色图像增强技术的讨论包括密度分割法、灰度变换法和频域伪彩色增强，这些方法通过将灰度图像转换为彩色图像或调整现有彩色分布来提升图像的可视效果。基于 Retinex 的图像增强则利用光照归一化技术，提升图像在不同光照条件下的视觉效果。

随着深度学习的发展，本章还介绍了基于卷积神经网络、弱监督和无监督学习的图像增强方法，这些方法通过学习大量数据的特征，实现了端到端的图像质量提升。最后，本章总结了图像增强过程中常用的损失函数，为读者提供了选择和设计图像增强算法时的重要参考。总体而言，本章涵盖了从传统方法到现代深度学习方法的多种图像增强技术，旨在帮助读者全面理解并应用这些技术来解决实际图像处理问题。

习题

3-1　解释什么是图像增强，以及在图像处理中的作用是什么。

3-2　图像增强通常分为哪两类方法？简要描述它们。

3-3　简述图像平滑的原理，并解释为什么平滑操作一般会模糊图像。

3-4　在图像增强中，高通滤波器和低通滤波器各自的应用场景是什么？

3-5　解释直方图均衡化的原理，并举例说明在哪些实际应用场景中，直方图均衡化可以显著提高图像质量。

3-6 解释伪彩色图像增强技术的工作原理，以及它的实际应用价值。

3-7 阐述基于 Retinex 理论的图像增强方法及其在实际应用中的优点。

3-8 基于卷积神经网络的图像增强技术相较于传统方法的优势是什么？

3-9 简述弱监督学习在图像增强中的作用及其潜在的应用领域。

3-10 无监督学习技术在图像增强中的优势是什么？可能存在的挑战有哪些？

3-11 在图像增强过程中怎样解决颜色失真或恢复真实颜色的问题？

3-12 选择一张清晰的图像，编写代码实现不同类型的模糊效果（如高斯模糊），然后尝试使用图像锐化技术恢复图像的清晰度。探讨模糊和锐化处理在实际应用中的平衡和效果。

3-13 编写代码实现图像直方图均衡化，展示处理前后的图像和直方图，探讨均衡化如何改善图像的视觉效果。

3-14 编写代码实现将图像转换到频域（使用傅里叶变换），进行频域增强处理，然后再转换回空间域，并分析其效果。

3-15 选择两种或更多不同的图像增强算法（如自适应直方图均衡化、Retinex 算法），应用于同一图像，并比较它们的效果和适用性。

3-16 利用深度学习框架（如 TensorFlow 或 PyTorch）实现一个简单的图像增强模型。

第4章　图像复原

图像复原（Image Restoration）旨在从已经退化或损坏的图像中恢复出尽可能接近原始场景的图像。这种退化可能是由各种原因造成的，如噪声干扰、运动模糊、焦点失准，或者传感器缺陷、环境条件和信号传输错误等。图像复原的过程不仅仅是简单地提高图像的视觉质量，而是要尽可能地从退化图像中恢复出真实的、未受损的内容和细节。这涉及一系列复杂的技术和算法，包括但不限于噪声去除、模糊去除、颜色校正和细节增强。

与图像增强不同，图像复原更多地依赖于对退化过程的深入理解和数学建模。它通常首先对造成图像退化的原因进行分析，然后基于原因分析结果构建一个数学模型来逆转这些退化效果。例如，在去除由相机抖动造成的运动模糊时，复原算法会尝试估算出相机的运动路径，然后利用这些信息来构建运动模糊核函数，从而逆转模糊效果。

图像复原技术在许多领域都有广泛的应用，如在医学领域恢复模糊的 X 射线图像，在天文观测领域复原天文望远镜获取的遥远星系照片，或在刑侦领域恢复受损的监控录像画面。随着计算机视觉和机器学习技术的发展，图像复原已经成为一个高度活跃和快速发展的领域，不断推动着图像处理技术的发展。

4.1　图像复原概述

图像复原的主要过程：一般先在图像退化过程中根据先验知识建立退化模型，然后使用求逆处理方法将原始图像复原，如图 4-1 所示。假设输入图像是 $f(x,y)$，经过退化函数 H 和加性噪声 $n(x,y)$ 作用生成退化图像 $g(x,y)$。复原过程依赖于退化函数 H 和加性噪声 $n(x,y)$ 的先验知识，以获得原始图像 $f(x,y)$ 的估计。一般来说，这个估计应尽可能接近原图，由此可知退化函数 H 和加性噪声 $n(x,y)$ 的先验知识越丰富，$\hat{f}(x,y)$ 就越接近原始图像 $f(x,y)$。

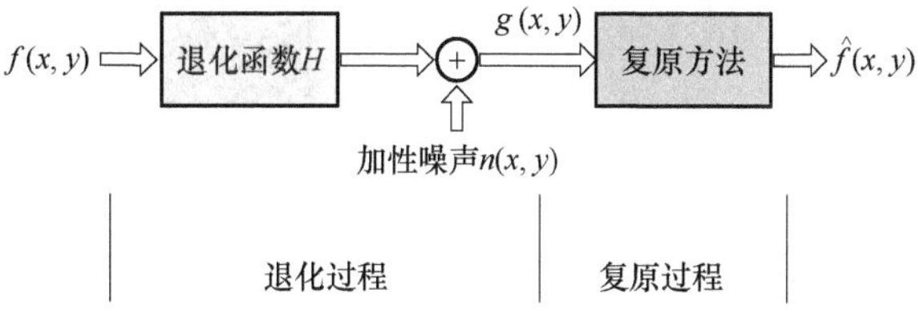

图 4-1　图像复原过程模型

如果退化过程为线性非移变系统，则退化图像在空间域可以表示为

$$g(x,y) = h(x,y) * f(x,y) + n(x,y) \tag{4.1.1}$$

式中，$f(x,y)$ 是退化函数 H 的空间域表示；$*$ 表示空间卷积。上述退化模型可以表示成矩

阵-向量形式：

$$g = Hf + n \tag{4.1.2}$$

式中，g、H、f 和 n 分别表示矩阵或向量形式的观测退化图像、退化函数、原始图像和加性噪声。

根据图像变换理论，空间域的卷积等价于频域的乘积。由此，式（4.1.1）在频域可表示为

$$G(u,v) = H(u,v)F(u,v) + N(u,v) \tag{4.1.3}$$

式中，G、H、F、N 是式（4.1.1）中对应项的傅里叶变换。式（4.1.1）~式（4.1.3）是本章内容的基础，下面介绍几种常见的图像复原问题。

1. 图像去噪

图像去噪是对受噪声污染的原始输入图像，通过某种信息处理技术分离出噪声信号，得到无噪的图像信号，如图 4-2 所示。图像去噪有利于其后续的处理、分析和显示。对于图像去噪，式（4.1.2）中 H 是单位矩阵，其退化模型可表示为

$$g = f + n \tag{4.1.4}$$

式中，f 表示原始干净的图像；n 表示加性噪声。根据式（4.1.4）所表示的模型，图像去噪可描述

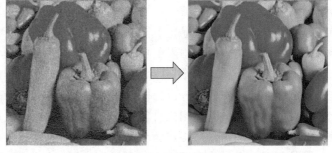

图 4-2　图像去噪

为通过设计复原方法，尽可能从噪声图像中恢复出原始的干净图像 f。

2. 图像修复

图像修复主要是填充图像中的信息缺陷区域，以恢复缺损位置的信息，如图 4-3 所示。在图像修复中，退化函数 H 是一个只含 0 或 1 的对角矩阵（一般地，位置为 0 的像素代表该处图像信息缺失，反之 1 代表该处信息无缺失）。因此，图像修复过程通常利用已知的退化先验信息复原输入图像 g 中的缺失信息。

图 4-3　图像修复

3. 图像去模糊

在图像捕捉的过程中，相机设备的散焦现象及抖动行为往往会导致所拍摄图像呈现模糊状态。这种模糊效果，通常在数学上可以表示为清晰图像与模糊核 h 进行卷积运算的结果。简而言之，图像的模糊化是由清晰图像通过特定模糊核 h 的变换过程所生成的。图像去模糊即最大限度地从模糊图像中恢复出原始的清晰图像，如图 4-4 所示。基于模糊核 h 已知与否，图像去模糊可分为非盲去模糊和盲去模糊。非盲去模糊是指模糊核已知，从模糊图像恢复转换成模糊卷积过程的逆问题。在实际中，绝大多数情况下的模糊核是未知的，在不知道模糊核的情况下复原出清晰图像，称为盲去模糊。所以，问题的关键是如何从模糊图像中估

计模糊核。盲去模糊通常有两种方法：第一种方法是迭代估计清晰图像 f 和模糊核 h，第二种方法是先估计模糊核，然后使用非盲图像去模糊方法进行复原。

图 4-4　图像去模糊

4. 图像超分辨率

由于设备和传感器等限制，最终得到的往往是低分辨率图像。将图像从低分辨率恢复到高分辨率的过程就是图像超分辨率，如图 4-5 所示。在图像超分辨率过程中，式（4.1.2）中的 H 代表图像下采样算子。图像超分辨率问题可以描述为如何更好地设计模型和算法，以从给定的低分辨率退化图像 g 中恢复高分辨率图像 f。

图 4-5　图像超分辨率

5. 图像压缩感知重建

图像压缩感知重建旨在利用一组随机投影测量值重建原始图像，如图 4-6 所示。在该过程中，随机投影测量值通常由服从某种分布的随机矩阵与原始图像联合获得，可以视为对原始图像同时进行采样和压缩处理后的结果，其维度远小于原始图像维度。同前述复原问题相比，压缩感知重建过程缺乏直观性。图像压缩感知重建问题可以建模为基于已知测量值 g 恢复原始图像 f。式（4.1.2）中的 H 表示随机投影算子。

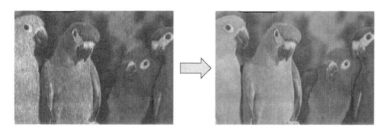

图 4-6　图像压缩感知重建

4.2　噪声模型

大部分图像噪声来自图像的采集和传输过程。在相机进行图像采集时，噪声主要受光照程度和传感器温度的影响。在图像传输过程中，图像噪声主要来自传输信道中的干扰。

4.2.1 噪声的空间和频率特性

噪声频率特性是指噪声在频域中展示出的频率内容特征。例如，白噪声源于白光的物理特性，在可见光谱的所有频率上都以相同的比例出现，因此白噪声的傅里叶频谱为常量。另外，常见图像一般假定噪声与空间坐标没有关系，与图像本身也无关，即噪声分量的值与像素值无关。但上述设定在一些应用中是无效的（有限量子成像，如核医学成像），因此需要针对特定的应用对象展开噪声的频率特性研究。

4.2.2 常见噪声的概率密度函数

在图像处理中，常见噪声的概率密度函数一般有高斯噪声、瑞利噪声、伽马噪声、指数噪声、均匀噪声和脉冲（椒盐）噪声等，如图 4-7 所示。

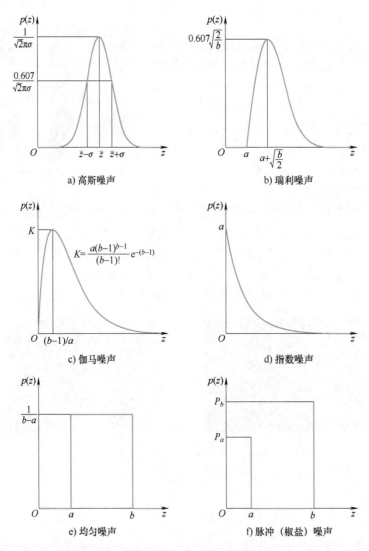

图 4-7 常见噪声的概率密度函数曲线

1. 高斯噪声

高斯噪声也称为正态噪声，其数学上具有在空间和频率上的易处理性。高斯随机变量 z 的概率密度函数为

$$p(z)=\frac{1}{\sqrt{2\pi}\sigma}\mathrm{e}^{-(z-\bar{z})^2/2\sigma^2} \tag{4.2.1}$$

式中，z 表示灰度值；$\bar{z}$ 表示 z 的平均值或期望值；σ 表示 z 的标准差。图 4-7a 所示为具有特定均值和方差的高斯噪声的概率密度函数曲线。当 z 遵从式（4.2.1）的分布时，它的数值大约有 70% 落在 $[(\bar{z}-\sigma),(\bar{z}+\sigma)]$ 区间，大约 95% 落在 $[(\bar{z}-2\sigma),(\bar{z}+2\sigma)]$ 区间。

2. 瑞利噪声

瑞利噪声的概率密度函数为

$$p(z)=\begin{cases}\dfrac{2}{b}(z-a)\,\mathrm{e}^{-\frac{(z-a)^2}{b}}, & z\geqslant a\\[2mm] 0, & z<a\end{cases} \tag{4.2.2}$$

概率密度的均值和方差分别为

$$\bar{z}=a+\sqrt{\pi b/4} \tag{4.2.3}$$

$$\sigma^2=\frac{b(4-\pi)}{4} \tag{4.2.4}$$

图 4-7b 所示为瑞利噪声的概率密度函数曲线，该曲线和原点有一定的位移且其密度图像的基本形状向右变形。

3. 伽马噪声

伽马噪声的概率密度函数为

$$p(z)=\begin{cases}\dfrac{a^b z^{b-1}}{(b-1)!}\mathrm{e}^{-az}, & z\geqslant a\\[2mm] 0, & z<a\end{cases} \tag{4.2.5}$$

式中，$a>0$；b 是正整数；"!" 表示阶乘。其概率密度的均值和方差分别为

$$\bar{z}=\frac{b}{a} \tag{4.2.6}$$

$$\sigma^2=\frac{b}{a^2} \tag{4.2.7}$$

图 4-7c 所示为伽马噪声的概率密度函数曲线。

4. 指数噪声

指数噪声的概率密度函数为

$$p(z)=\begin{cases}a\mathrm{e}^{-az}, & z\geqslant a\\[1mm] 0, & z<a\end{cases} \tag{4.2.8}$$

式中，$a>0$。其概率密度的均值和方差分别为

$$\bar{z}=\frac{1}{a} \tag{4.2.9}$$

$$\sigma^2=\frac{1}{a^2} \tag{4.2.10}$$

53

式（4.2.10）是伽马噪声概率密度函数在 $b=1$ 时的特殊情况，对应的函数曲线如图 4-7d 所示。

5. 均匀噪声

均匀噪声的概率密度函数为

$$p(z) = \begin{cases} \dfrac{1}{b-a}, & a \leq z \leq b \\ 0, & \text{其他} \end{cases} \tag{4.2.11}$$

它的概率密度的均值和方差分别为

$$\bar{z} = \frac{a+b}{2} \tag{4.2.12}$$

$$\sigma^2 = \frac{(b-a)^2}{12} \tag{4.2.13}$$

图 4-7e 所示为均匀噪声的概率密度函数曲线。

6. 脉冲（椒盐）噪声

脉冲噪声的概率密度函数为

$$p(z) = \begin{cases} P_a, & z=a \\ P_b, & z=b \\ 1-P_a-P_b, & \text{其他} \end{cases} \tag{4.2.14}$$

图 4-7f 所示为脉冲噪声的概率密度函数曲线。假如 $b>a$，图像的灰度值 b 为亮点，则值 a 为暗点。当 $P_a=0$ 或 $P_b=0$ 时，脉冲噪声为单极脉冲。当 $P_a \neq 0$ 且 $P_b \neq 0$，并且两者近似相等时，脉冲噪声为双极脉冲，其值与随机分布在图像上的"胡椒"和"盐粒"颗粒相似。所以，双极脉冲噪声也被称为椒盐噪声，或散射噪声、尖峰噪声。在下面的讨论中，术语脉冲噪声和椒盐噪声将互换使用。

概率密度函数为实际中噪声干扰的模拟和影响提供指导。例如，由低照度或者高温引起的传感器噪声、电子电路噪声等噪声在图像中通常呈现为高斯噪声，因此，可以利用高斯密度分布函数模拟这部分影响；瑞利密度分布在表示深度成像中的噪声时很有成效；在激光成像中，伽马密度分布以及指数密度分布发挥着很大作用；脉冲噪声的值具有正负性，强度通常大于图像信号强度，因此脉冲噪声总是数字化为最值，正脉冲在图像中为白点（盐点），负脉冲为黑点（胡椒点），对于 8 位灰度图像，则最小值为 0，最大值为 255，其在成像的瞬态操作中有用，如误光操作；在实践中对均匀噪声的描述最少，但其作为一种仿真方法，可以在随机数生成器中发挥重要作用。

图 4-8 所示为一张测试原图，只包含三个灰度值，用来说明图 4-7 中噪声的概率密度函数特性。高斯、瑞利、伽马、指数、均匀和椒盐噪声被添加到图 4-8 中，其对应的噪声图像及其直方图如图 4-9 所示，噪声图像下方为该图像对应的直方图。通过对比图 4-9 和图 4-7 中不同呈现形式的概率密度函数曲线，可以发现它们之间存在一定的对应性，由此可以通过直方图来推断噪声类型。

图 4-8　测试原图

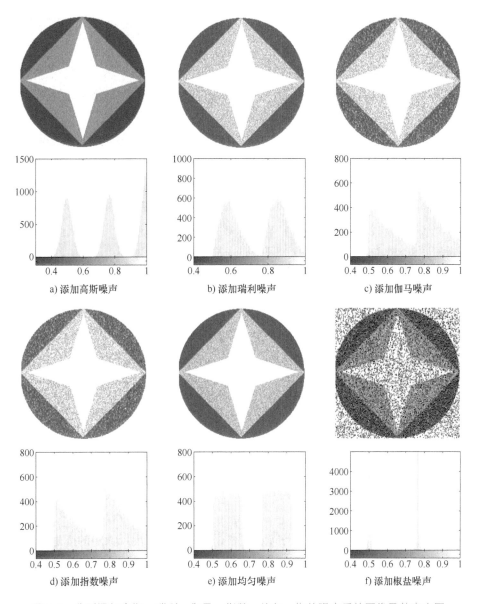

a) 添加高斯噪声　　　　b) 添加瑞利噪声　　　　c) 添加伽马噪声

d) 添加指数噪声　　　　e) 添加均匀噪声　　　　f) 添加椒盐噪声

图 4-9　分别添加高斯、瑞利、伽马、指数、均匀、椒盐噪声后的图像及其直方图

参考程序如下：

```
I=imread('测试原图.jpg');
I=rgb2gray(I);  %转换为灰度图
I_D=im2double(I);
[M,N]=size(I_D);  %获得图像大小
a=0;b=0.001;N_Gau=a+sqrt(b)*randn(M,N);  %高斯白噪声
J_Gaussian=I_D+N_Gau;  %保存噪声数据
a=0;b=0.08;B=1;N_Ray1=a+b*raylrnd(B,M,N);%瑞利噪声
```

```
J_rayl=I_D+N_Ray1;
a=0;b=0.08;A=1;B=2;N_Gam=a+b*gamrnd(A,B,[M,N]);   %伽马噪声
J_Gamma=I_D+N_Gam;
a=0;b=0.08;mu=2;N_exp=a+b*exprnd(mu,[M,N]);   %指数噪声
J_exp=I_D+N_exp;
a=0;b=0.08;A=0;B=2;N_unif=a+b*unifrnd(A,B,[M,N]);   %均匀噪声
J_unif=I_D+N_unif;
a=0.25;J_salt=imnoise(I_D,'salt & pepper',a);   %椒盐噪声
subplot(2,3,1);imshow(J_Gaussian);title('高斯噪声');%显示噪声图像
subplot(2,3,2);imshow(J_rayl);title('瑞利噪声');
subplot(2,3,3);imshow(J_Gamma);title('伽马噪声');
subplot(2,3,4);imshow(J_exp);title('指数噪声');
subplot(2,3,5);imshow(J_unif);title('均匀噪声');
subplot(2,3,6);imshow(J_salt);title('椒盐噪声');
figure;subplot(2,3,1);imhist(J_Gaussian);title('高斯噪声');%显示直
方图
subplot(2,3,2);imhist(J_rayl);title('瑞利噪声');
subplot(2,3,3);imhist(J_Gamma);title('伽马噪声');
subplot(2,3,4);imhist(J_exp);title('指数噪声');
subplot(2,3,5);imhist(J_unif);title('均匀噪声');
subplot(2,3,6);imhist(J_salt);title('椒盐噪声');
```

4.2.3 周期噪声

周期噪声是一种存在于空间域并与特定频率相关的噪声。周期噪声的产生因素很多，但主要是由图像采集过程中电子信息的干扰造成的。因此，周期噪声不仅对某一特定区域产生影响，而且对整个图像都有影响。通常利用频域滤波来降低周期噪声。例如，图 4-10 所示为受正弦噪声污染的爱因斯坦图及其傅里叶频谱。被正弦噪声污染的图像的噪声分量被认为是图 4-10c 中的对称亮点对，因此可使用频域滤波来减少周期噪声的影响。

a) 原图　　　　　　　　b) 受正弦噪声污染　　　　　　　　c) 傅里叶频谱

图 4-10　受正弦噪声污染的爱因斯坦图及其傅里叶频谱

参考程序如下：

```
I=imread('原图.jpg');
[m,n]=size(I);
I_1=I;
for i=1:m   %正弦噪声
for j=1:n
    I_1(i,j)=I(i,j)+40*sin(40*i)+40*sin(40*j);
end
end
imshow(I),title('原图');figure,imshow(I_1,'受正弦噪声污染.jpg');
F=fft2(I_1);   %傅里叶变换
FC=fftshift(F);   %将变换的原点移动到频率矩形的中心
S2=log(1+abs(FC));%对数变换后的谱
imshow(S2,[]);
```

4.3　基于滤波器的噪声滤除

当图像中唯一的退化是受噪声影响时，式（4.1.1）和式（4.1.3）分别变为

$$g(x,y)=f(x,y)+n(x,y) \tag{4.3.1}$$

$$G(u,v)=F(u,v)+N(u,v) \tag{4.3.2}$$

由于噪声项未知，图像中噪声的准确位置很难得到，因此直接从 $g(x,y)$ 或 $G(u,v)$ 中减去噪声项是不切实际的。但当噪声为周期噪声时，从 $G(u,v)$ 估计 $N(u,v)$ 成为可能，原始图像的估计可以通过 $G(u,v)$ 减去 $N(u,v)$ 得到。然而，这只是一种特例，大多数情况下的噪声并不具备周期性。当有且仅有加噪声时，能够使用空间滤波方法去除噪声影响，常用的滤波方法有如下几种。

4.3.1　均值滤波器

均值滤波是一种常见的滤波方法。根据均值的求解方式不同，它可以分为算术均值滤波、几何均值滤波、谐波均值滤波和逆谐波均值滤波。下面详细介绍这几种均值滤波器。

1. 算术均值滤波器

算术均值滤波器也称为空间低通滤波器，是最简单的均值滤波器。令 S_{xy} 表示以点 (x,y) 为中心、长宽分别为 m 和 n 的矩形子窗口的一组坐标。算术均值滤波是指将 (x,y) 处的复原图像 $\hat{f}$ 用 S_{xy} 定义区域中的像素计算算术平均表示的过程，其表达式为

$$\hat{f}(x,y)=\frac{1}{mn}\sum_{(s,t)\in S_{xy}}g(s,t) \tag{4.3.3}$$

上述操作也可以用系数为 $1/mn$ 的卷积模板实现，通过加权算术平均来设计不同的模板。下面以 3×3 邻域内对应的模板为例，给出最为常用的卷积模板。

$$\boldsymbol{h}_1 = \frac{1}{9}\begin{bmatrix} 1 & 1 & 1 \\ 1 & 1 & 1 \\ 1 & 1 & 1 \end{bmatrix}, \boldsymbol{h}_2 = \frac{1}{10}\begin{bmatrix} 1 & 1 & 1 \\ 1 & 2 & 1 \\ 1 & 1 & 1 \end{bmatrix}, \boldsymbol{h}_3 = \frac{1}{16}\begin{bmatrix} 1 & 2 & 1 \\ 2 & 4 & 2 \\ 1 & 2 & 1 \end{bmatrix}$$

均值操作减少了噪声的影响，但同时平滑了图像的细节信息。

2. 几何均值滤波器

几何均值滤波器恢复一幅图像的表达式为

$$\hat{f}(x,y) = \left[\prod_{(s,t)\in S_{xy}} g(s,t)\right]^{\frac{1}{mn}} \tag{4.3.4}$$

在几何均值滤波过程中，各个恢复的像素由子图像窗口中像素乘积的 $1/mn$ 次幂计算。尽管几何均值滤波器在提供与算术均值滤波器相似程度的平滑效果上表现出色，且在进行滤波处理时，它通常能够更好地保留图像的细节信息，相比之下损失较少，但是该滤波器存在着这样一个缺点，即当图像中出现黑点（灰度值为 0）时，黑点将扩大到整个区域。为了解决上述问题，通过在原图像加上一个全 1 矩阵后进行几何均值滤波处理，然后再减去全 1 矩阵，就可以避免黑点扩大到整个区域。

3. 谐波均值滤波器

谐波均值滤波器恢复图像的一般表达式为

$$\hat{f}(x,y) = \frac{mn}{\sum_{(s,t)\in S_{xy}} \dfrac{1}{g(s,t)}} \tag{4.3.5}$$

谐波均值滤波器既适合处理"盐"噪声，也适合处理类似于高斯噪声的其他噪声，但不适合处理"胡椒"噪声。

4. 逆谐波均值滤波器

逆谐波均值滤波器恢复图像的表达式为

$$\hat{f}(x,y) = \frac{\sum_{(s,t)\in S_{xy}} g(s,t)^{Q+1}}{\sum_{(s,t)\in S_{xy}} g(s,t)^{Q}} \tag{4.3.6}$$

式中，Q 是滤波器的阶数。这个滤波器可以很好地去除或降低椒盐噪声的影响，但不能同时消除这两种噪声。当 $Q>0$ 时，它可以更好地去除"胡椒"噪声；当 $Q<0$ 时，它可以更好地去除"盐粒"噪声；当 $Q=0$ 时，即可得到算术平均滤波器；当 $Q=1$ 时，即可得到谐波均值滤波器。

参考程序如下：

```
I=imread('img.jpg');I=rgb2gray(I);I=im2double(I);
pepper_ind=randperm(numel(I),0.1*numel(I));%添加"胡椒"噪声
tif_pepper=I;
tif_pepper(pepper_ind)=0;
tif_pepper=im2double(tif_pepper);
imshow(tif_pepper);  %显示被"胡椒"噪声污染的图像
%Q=1.5逆谐波均值滤波器对"胡椒"噪声污染图像滤波
```

```
Q=1.5;
I_mean = imfilter (tif_pepper. ^ (Q + 1), fspecial ('average ',3))./
imfilter(tif_pepper. ^Q,fspecial('average',3));
figure;imshow(I_mean);%显示对"胡椒"噪声污染图像滤波结果

salt_ind=randperm(numel(I),0.1 * numel(I));  %添加"盐粒"噪声
tif_salt=I;
tif_salt(salt_ind)=255;
tif_salt=im2double(tif_salt);
figure;imshow(tif_salt);
%Q=-1.5 逆谐波均值滤波器对"盐粒"噪声污染图像滤波
Q=-1.5;
I_mean = imfilter (tif_salt. ^ (Q + 1), fspecial ('average ',3))./
imfilter(tif_salt. ^Q,fspecial('average',3));
figure;imshow(I_mean);  %显示对"盐粒"噪声污染图像滤波结果
```

图 4-11 所示为逆谐波均值滤波器消除 "胡椒" 或 "盐粒" 噪声的效果展示。图 4-11a
所示为被 "胡椒" 噪声污染的图像，概率大小为 0.1；图 4-11b 所示为使用大小为 3×3、阶
数为 1.5 的逆谐波均值滤波对图 4-11a 进行滤波的结果；图 4-11c 所示为被概率为 0.1 的
"盐粒" 噪声污染的图像；图 4-11d 所示为使用大小为 3×3、阶数为 -1.5 的逆谐波均值对
图 4-11c 进行滤波的结果。

a) 被 "胡椒" 噪声污染的图像　　b) 使用逆谐波均值对图a)滤波的结果

c) 被 "盐粒" 噪声污染的图像　　d) 使用逆谐波均值对图c)滤波的结果

图 4-11　逆谐波均值滤波器消除 "胡椒" 或 "盐粒" 噪声的效果展示

根据以上均值滤波器的特点，几何均值滤波器和算术均值滤波器在处理均匀噪声或高斯噪声等随机噪声时均展现出适用性。几何均值滤波器往往能够提供更优的效果，而谐波均值滤波器在应对脉冲噪声方面展现出了其独特的处理优势。值得注意的是，使用谐波均值滤波器时，需要知道噪声是暗或亮噪声，以使用正确符号。图 4-12a 所示为采用阶数为-1.5、大小为 3×3 的逆谐波均值对图 4-11a 进行滤波的结果；图 4-12b 所示为采用阶数为 1.5、大小为 3×3 的逆谐波均值对图 4-11c 进行滤波的结果。从图 4-12 可以看出，若 Q 的符号选择错误，可能导致灾难性的后果。

a)-1.5 阶的逆谐波均值滤波结果　　　　b) 1.5阶的逆谐波均值滤波结果

图 4-12　逆谐波均值滤波器的阶数符号选择错误示例

参考程序如下：

```
%Q=-1.5逆谐波均值滤波器对"胡椒"噪声污染图像滤波
Q=-1.5;
I_mean = imfilter (tif_pepper. ^ (Q+1), fspecial ('average',3))./
imfilter(tif_pepper.^Q,fspecial('average',3));
figure;imshow(I_mean);  %显示对"胡椒"噪声污染图像滤波结果
%Q=1.5逆谐波均值滤波器对"盐粒"噪声污染图像滤波
Q=1.5;
I_mean = imfilter (tif_salt. ^ (Q+1), fspecial ('average',3))./
imfilter(tif_salt.^Q,fspecial('average',3));
figure;imshow(I_mean);  %显示对"盐粒"噪声污染图像滤波结果
```

4.3.2　统计排序滤波器

统计排序滤波器属于空间域滤波器的一种，通过对滤波器所覆盖的图像块中像素点的排序进行滤波。它主要包含中值滤波器、最大值和最小值滤波器、中点滤波器和修正后的阿尔法均值滤波器。

1. 中值滤波器

中值滤波器是最有名的顺序统计滤波器，其用相邻像素的灰度中间值代替像素值，表达式为

$$\hat{f}(x,y) = \underset{(s,t) \in S_{xy}}{\mathrm{median}} \{ g(s,t) \} \tag{4.3.7}$$

在中值滤波器的计算中包括了像素的初始值，因此，它具有很好地去除各种随机噪声的能力，并被广泛使用。中值滤波器比较适用于单极或双极脉冲噪声，如"椒盐"噪声。

2. 最大值和最小值滤波器

不同于中值滤波器，其他统计值如最大值、最小值也被用来设计滤波器。利用序列中的

最大值可以得到最大滤波器, 其表达式为

$$\hat{f}(x,y) = \max_{(s,t) \in S_{xy}} \{g(s,t)\} \tag{4.3.8}$$

"胡椒" 噪声的灰度值较小, 能够通过最大滤波器有效去除。此滤波器会将图像中的亮点扩大, 从而使得图像变亮。

同样地, 使用序列中的最小值可获得最小值滤波器, 其表达式为

$$\hat{f}(x,y) = \min_{(s,t) \in S_{xy}} \{g(s,t)\} \tag{4.3.9}$$

最小值滤波器可用来有效消除 "盐粒" 噪声。这种滤波器会将图像中的暗点扩大, 从而使得图像变暗。

3. 中点滤波器

中点滤波器在滤波器覆盖区间内求解最大值和最小值的平均值, 表达式为

$$\hat{f}(x,y) = \frac{1}{2} \Big[\max_{(s,t) \in S_{xy}} \{g(s,t)\} + \min_{(s,t) \in S_{xy}} \{g(s,t)\} \Big] \tag{4.3.10}$$

该滤波器将顺序统计和平均计算结合, 适用于去除高斯噪声和均匀噪声。

4. 修正后的阿尔法均值滤波器

在分别去除给定区域 S_{xy} 内 $d/2$ 个灰度值最高和最低像素之后, 修正后的阿尔法均值滤波器就是该区域内剩余像素的平均值形成的滤波器。它是在算术平均滤波器的基础上做了改良, 相当于去掉最高分以及最低分后取平均分, 其表达式为

$$\hat{f}(x,y) = \frac{1}{mn-d} \sum_{(s,t) \in S_{xy}} g_r(s,t) \tag{4.3.11}$$

式中, d 可取 $0 \sim (mn-1)$ 之间的任何数字。当 $d=0$ 时, 该滤波器等价于算术均值滤波器; 当 $d=(mn-1)/2$ 时, 该滤波器等价于中值滤波器; 当 d 取其他值时, 修正后的阿尔法均值滤波器适用于高斯噪声和 "椒盐" 噪声等多种噪声的混合噪声情况。

图 4-13 展示了对原图添加 "椒盐" 噪声以及使用中值滤波器去除噪声的结果。图 4-13a 所示为被概率为 0.25 的 "椒盐" 噪声污染的图像。图 4-13b 所示为使用大小为 3×3 的中值滤波器进行滤波的结果, 其效果还是显而易见的, 但还是存在一些噪声点。再使用同样大小的中值滤波器对图 4-13b 进行第二次滤波, 又去掉了大部分的噪声点, 剩下的噪声点非常少, 如图 4-13c 所示, 经过第三次中值滤波后, 噪声点几乎已经完全去除, 如图 4-13d 所示。

a) 被 "椒盐" 噪声污染的图像　　b) 使用大小为3×3的中值滤波器对图a)处理的结果

c) 使用相同滤波器对图b)处理的结果　　d) 使用相同滤波器对图c)处理的结果

图 4-13　中值滤波器去除 "椒盐" 噪声示例

参考程序如下：

```
I=imread('img.jpg');I=rgb2gray(I);I=im2double(I);
I_noise=double(imnoise(I,'salt & pepper',0.25));
imshow(I_noise);     %添加"椒盐"噪声
%中值滤波 symmetric 指出图像按照镜像反射方式对称地沿边界扩展
f1=medfilt2(I_noise,'symmetric');figure;imshow(f1);
f2=medfilt2(f1,'symmetric');figure;imshow(f2); %再次滤波
f3=medfilt2(f2,'symmetric');figure;imshow(f3);  %再一次滤波
```

图 4-14 展示了用最大值滤波器和最小值滤波器分别去除"胡椒"噪声和"盐粒"噪声的结果。图 4-14a 所示为受概率为 0.2 的"胡椒"噪声影响的图像，图 4-14b 所示为受概率为 0.2 的"盐粒"噪声影响的图像，图 4-14c、d 所示分别为使用大小为 3×3 的最大值滤波器和相同大小的最小值滤波器对图 4-14a、b 进行滤波的结果。可以看出，通过最大值滤波器滤波后，图像变亮，而使用最小滤波器滤波后，图像变暗。

a) 受"胡椒"噪声影响的图像　　　　b) 受"盐粒"噪声影响的图像

c) 对图a进行最大值滤波的结果　　　d) 对图b进行最小值滤波的结果

图 4-14　最大值滤波器和最小值滤波器去噪示例

参考程序如下：

```
f3=ordfilt2(tif_pepper,9,ones(3,3));%使用最大值滤波器对"胡椒"噪声污
染图像滤波
figure;imshow(f3);   %显示滤波结果
f4=ordfilt2(tif_salt,1,ones(3,3));   %使用最小值滤波器对"胡椒"噪声
```

污染图像滤波

```
figure;imshow(f4);  %显示滤波结果
```

下面说明修正后的阿尔法均值滤波器。图 4-15 所示为两幅干净的测试原图，图 4-15a 的大小为 380×380 像素，图 4-15b 的大小为 400×400 像素，两幅图都归一化到[0,1]。图 4-16a 所示为图 4-15a 被方差为 0.1 的均匀噪声污染的图像，再被概率为 0.01 的"椒盐"噪声污染的图像如图 4-16b 所示。图 4-16c ~ f 所示分别为采用大小为 7×7 的算术均值滤波、几何均值滤波、中值滤波和 $d = 5$ 的修正后的阿尔法均值滤波对图 4-16b 处理后的结果。

a)

b)

图 4-15　测试原图

a) 被均匀噪声污染的图像

b) 再被"椒盐"噪声污染的图像

c) 算术均值滤波结果

d) 几何均值滤波结果

e) 中值滤波结果

f) 修正后的阿尔法均值滤波结果

图 4-16　几种滤波方法的去噪比较

参考程序如下：

```
I=imread('eee.jpg');I=rgb2gray(I);I=im2double(I);
[M,N]=size(I);  %获得图像大小
sigma=0.1;a=sqrt(3)*sigma;
N_unif=I+2*(rand(M,N)-.5)*a;  %0.1 的均匀噪声
imshow(N_unif);%显示滤波结果
```

```
J_salt=imnoise(N_unif,'salt & pepper',0.01);   %0.01 的"椒盐"噪声
figure;imshow(J_salt);
I_1=fspecial('average',[7,7]);   %算术均值滤波
I_1=imfilter(J_salt,I_1);
figure;imshow(I_1);
I_D=im2double(J_salt);   %几何均值滤波
[MM,NN]=size(I_D);
%定义子窗口的尺寸
m=7;n=7;len_m=floor(m/2);len_n=floor(n/2);
I_D_pad=padarray(I_D,[len_m,len_n],'symmetric');
[M,N]=size(I_D_pad);J_Geometric=zeros(MM,NN);
%逐点计算子窗口的几何平均
for i=1+len_m:M-len_m
    for j=1+len_n:N-len_n
            %从扩展图像中取出子图像
            Block=I_D_pad(i-len_m:i+len_m,j-len_n:j+len_n);
            %求子窗口的几何均值
             J_Geometric(i-len_m,j-len_n)=(prod(prod(Block)))^
            (1/(m*n));
    end
end
figure;imshow(J_Geometric);
I_3=medfilt2(J_salt,'symmetric');%中值滤波
figure;imshow(I_3);
d=7;J_Alpha=zeros(MM,NN);   %阿尔法均值滤波
%逐点计算子窗口的谐波平均
for i=1+len_m:M-len_m
    for j=1+len_n:N-len_n
            %从扩展图像中取出子图像
            Block=I_D_pad(i-len_m:i+len_m,j-len_n:j+len_n);
            %计算矩阵的阿尔法均值
            J_Alpha(i-len_m,j-len_n)=sum(sum(Block))/(m*n-d);
    end
end
figure;imshow(J_Alpha);
```

4.3.3　自适应滤波器

　　前述滤波器没有考虑图像中的像素点与其他像素点的特征区别。本小节将阐述两个比较

简单的自适应滤波器，其根据由 $m×n$ 矩形窗口 S_{xy} 所诠释的区域图像的统计性质采用不同的滤波策略。自适应滤波器比前述滤波器的滤波性能更好，其代价是复杂度有所提高。

1. 自适应局部噪声消除滤波器

随机变量中最简单的统计量度是均值和方差。它们是自适应滤波器的基础，也与图像状态密切相关。若滤波器作用于局部区域 S_{xy}，则中心区域中任意点 (x,y) 的滤波器响应基于以下四个量：

1）噪声图像在点 (x,y) 上的灰度值 $g(x,y)$。

2）噪声图像 $g(x,y)$ 的噪声方差 σ_η^2。

3）局部区域 S_{xy} 中像素点的均值 m_L。

4）局部区域 S_{xy} 中像素点的方差 σ_L^2。

则滤波器的预期性能如下：

1）若 $\sigma_\eta^2 = 0$，则滤波器返回 $g(x,y)$ 的值，相当于在零噪声的情况下 $g(x,y)$ 等同于 $f(x,y)$。

2）若局部方差与 σ_η^2 高相关，则滤波器返回一个 $g(x,y)$ 的近似值，即高局部方差与边缘相关，边缘应保留。

3）若局部方差等于 σ_η^2，则滤波器返回局部区域 S_{xy} 像素的算术平均值。在此情境中，局部图像区域展现出了与整幅图像相似的统计特性，可利用这些区域进行平均处理，从而有效地减少局部噪声的影响。

基于上述假设的自适应局部噪声消除滤波算法中的 $\hat{f}(x,y)$ 可以表示为

$$\hat{f}(x,y) = g(x,y) - \frac{\sigma_\eta^2}{\sigma_L^2}[g(x,y) - m_L] \tag{4.3.12}$$

式（4.3.12）只需要估计全局噪声的方差 σ_η^2，其他参数可以从 S_{xy} 中的各像素点 (x,y) 计算出来。在式（4.3.12）中，假定 $\sigma_\eta^2 \leqslant \sigma_L^2$，噪声是位置独立的且为加性噪声，则假设合理，因为 S_{xy} 是 $g(x,y)$ 的子集。然而在实际应用中，很少有确切的 σ_η^2 先验知识，因此常对式（4.3.12）构建一个测试，以便满足条件 $\sigma_\eta^2 > \sigma_L^2$ 时，滤波器变成非线性的，从而避免因为噪声方差知识的缺少导致没有意义的结果。还有一种方法是允许负值，但是需要在最后标定灰度值，使其满足原始图像像素的动态变化范围。

图 4-17 所示为自适应局部噪声消除滤波器的去噪结果示例。图 4-17a

65

a) 被高斯噪声污染的图像

b) 算术均值滤波结果

c) 几何均值滤波结果

d) 自适应局部噪声消除滤波结果

图 4-17　自适应局部噪声消除滤波器的去噪结果示例

所示为被均值是 0、方差是 0.015 的高斯噪声污染的图像，图 4-17b~d 所示分别为使用大小为 7×7 的算术均值、几何均值和自适应局部噪声消除滤波后的结果。可以看出，和算术均值、几何均值滤波相比，自适应局部噪声消除滤波的噪声去除能力更强，且恢复的图像更清晰。

参考程序如下：

```
I=imread('eee.jpg');I=im2double(I);
I_noise=double(imnoise(I,'gaussian',0,0.015));%均值是 0、方差是
0.015 的高斯噪声
imshow(I_noise);title('高斯噪声');
I_1=fspecial('average',[7,7]);    %算术均值滤波
I_1=imfilter(I_noise,I_1);
figure;imshow(I_1);title('算术均值滤波');
%几何均值滤波见图 4-16 对应的参考程序
I_D=im2double(I_noise);   %自适应局部噪声滤波
[MM,NN]=size(I_D);
%定义子窗口的尺寸
m=7;n=7;len_m=floor(m/2);len_n=floor(n/2);
I_D_pad=padarray(I_D,[len_m,len_n],'symmetric');
[M,N]=size(I_D_pad);
%加性高斯白噪声的方差
var_noise=0.015;
J_AdaptiveReduction=zeros(MM,NN);
%逐点叠加窗口的噪声削减
for i=1+len_m:M-len_m
    for j=1+len_n:N-len_n
        %从扩展图像中取出子图像
        Block=I_D_pad(i-len_m:i+len_m,j-len_n:j+len_n);
        Block=Block(:);   %将多维矩阵转换为一维数组
        var_block=var(Block);   %求局部图像的方差
        mb=mean(Block);   %求局部图像的均值
        if var_noise>var_block
            v=1;
        else
            v=var_noise/var_block;
        end
        J_AdaptiveReduction(i-len_m,j-len_n)=I_D(i-len_m,j-len_
n)-v*(I_D(i-len_m,j-len_n)-mb);   %叠加到原始图像上
    end
```

```
end
figure;imshow(J_AdaptiveReduction);
```

2. 自适应中值滤波器

传统的中值滤波器在噪声概率小于 0.2 时有很好的去噪效果；然而，当噪声概率较高时，其去噪性能下降。一种解决方案是增大滤波器的窗口大小，这种方法虽然能在一定程度上解决上述问题，但会给图像造成较大的模糊现象。

传统中值滤波器的窗口大小是固定的，无法兼顾图像的去噪和细节保留。所以，在滤波过程中，要按照预先设定的条件动态更改滤波窗口的大小，使中值滤波器可以自适应。自适应中值滤波器会按照预设条件更改滤波窗口大小，同时根据某些条件判断此像素是不是噪声，如果是，那么将当前像素替换为邻域中值；如果不是，则不改变。

自适应中值滤波器不仅可以去除高概率的椒盐噪声，还可以使图像细节保留得很好，这是传统中值滤波器所不具备的优势。在滤波过程中，自适应中值滤波器窗口的大小会变大或者变小。自适应中值滤波器输出的像素值将替换该点 (x, y) 处的像素值，该点 (x, y) 是滤波器窗口的中心位置。

自适应中值滤波器涉及以下信息：

1）$z_{\min} = S_{xy}$ 中的最小灰度值。

2）$z_{\max} = S_{xy}$ 中的最大灰度值。

3）$z_{\mathrm{med}} = S_{xy}$ 中的灰度值的中值。

4）z_{xy} 表示坐标 (x, y) 处的灰度值。

5）$S_{\max} = S_{xy}$ 允许的最大窗口尺寸。

自适应中值滤波器通常有两个处理过程：A 层和 B 层。

A 层：$A_1 = z_{\mathrm{med}} - z_{\min}$

$\qquad A_2 = z_{\mathrm{med}} - z_{\max}$

如果 $A_1 > 0$ 且 $A_2 < 0$，则运行 B 层；否则增大窗口大小。如果增大后窗口的尺寸小于或等于 $S_{\max}$，则重复运行 A 层；否则，输出 z_{med}。

B 层：$B_1 = z_{xy} - z_{\min}$

$\qquad B_2 = z_{xy} - z_{\max}$

如果 $B_1 > 0$ 且 $B_2 < 0$，则输出 z_{xy}；否则，输出 z_{med}。

自适应中值滤波器 A 层的目的是确定当前窗口得到的中值 z_{med} 是否是噪声。如果 $z_{\min} < z_{\mathrm{med}} < z_{\max}$，则中值 z_{med} 不是噪声，这时转到 B 层测试当前窗口的中心位置的像素 z_{xy} 是否是一个噪声点。如果 $z_{\min} < z_{xy} < z_{\max}$，则 z_{xy} 不是一个噪声，此时滤波器输出 z_{xy}；如果不满足以上条件，则可以判定 z_{xy} 为噪声，这时输出中值 z_{med}。

如果在执行自适应中值滤波器 A 层过程中，得到的 z_{med} 不满足条件 $z_{\min} < z_{\mathrm{med}} < z_{\max}$，则可以判断中值 z_{med} 是噪声。此时，需要增大滤波器窗口尺寸，在更大范围内找到非噪声点的中值，然后跳转到 B 层。如果窗口尺寸达到最大值，则返回找到的中值并退出。

综上可知，噪声概率比较小时，自适应中值滤波器的窗口尺寸不会发生变化，结果可以快速地得出。相反，噪声的概率比较大时，滤波器的窗口尺寸也要增大。当然，这也符合中值滤波器的特点：噪声点比较多时，需要更大的滤波器窗口尺寸。

图 4-18 所示为自适应中值滤波示例。图 4-18a、c 所示为被概率为 0.3 的椒盐噪声所污染的图像，其干净图像如图 4-15 所示。此噪声非常大，导致图像中大部分的细节都被模糊。图像最开始采用大小为 7×7 的中值滤波器滤除噪声，处理结果分别为图 4-18b、e 所示。可见，虽然噪声被有效去除了，但是同时也损失了图像的细节。图 4-18c、f 所示分别为用 $S_{max}=7$ 的自适应中值滤波器对图 4-18a、d 进行滤波的结果。可见，降噪性能和中值滤波器差不多，但是自适应中值滤波器在降噪的同时对图像细节和清晰度进行了很好的保留。

a) 被"椒盐"噪声污染的图像　　b) 对图a进行中值滤波　　c) 对图a进行自适应中值滤波

d) 被"椒盐"噪声污染的图像　　e) 对图d进行中值滤波　　f) 对图d进行自适应中值滤波

图 4-18　自适应中值滤波示例

参考程序如下：

```
I=imread('hong.jpg');
image_gray=rgb2gray(I);  %得到灰度图像
ff=image_gray;
f1=imnoise(image_gray,'salt & pepper',0.3);  %添加"椒盐"噪声后的图像
f2=medfilt2(f1,[7,7]);  %中值滤波后的图像
alreadyProcessed=false(size(image_gray));  %生成逻辑非的矩阵
%迭代.
Smax=7;
for k=3:2:Smax
    zmin=ordfilt2(f1,1,ones(k,k),'symmetric');
    zmax=ordfilt2(f1,k*k,ones(k,k),'symmetric');
    zmed=medfilt2(f1,[k k],'symmetric');
```

```
    processUsingLevelB=(zmed > zmin) & (zmax > zmed) & ...
        ~alreadyProcessed;                %需要转到 B 步骤的像素
    zB=(f1 > zmin) & (zmax > f1);
    outputZxy=processUsingLevelB & zB;%满足步骤 A、B 的输出原值对应像
素的位置
    outputZmed=processUsingLevelB & ~zB;%满足 A 不满足 B 的输出中值对
应的像素位置
    ff(outputZxy)=f1(outputZxy);
ff(outputZmed)=zmed(outputZmed);
alreadyProcessed=alreadyProcessed | processUsingLevelB;
    if all(alreadyProcessed(:))
        break;
    end
end
ff(~alreadyProcessed)=zmed(~alreadyProcessed);   %自适应中值滤波
figure;imshow(f1);
figure;imshow(f2);
figure;imshow(ff);
```

4.4　基于频率分析的周期噪声滤除

频率分析技术可用于滤除周期噪声，周期噪声通常以集中的能量脉冲的形式出现在对应于周期性干扰的频率上，可以使用选择性滤波器（带阻、带通和陷波）来滤除噪声。

4.4.1　带阻滤波器

带阻滤波器可以将某个频域的傅里叶变换信号消除或衰减。理想带阻滤波器表示为

$$f(x)=\begin{cases}0, & D_0-\dfrac{W}{2}\leqslant D(u,v)\leqslant D_0+\dfrac{W}{2} \\ 1, & 其他\end{cases} \tag{4.4.1}$$

式中，$D(u,v)$ 是频谱中心到待处理信号频谱的距离；W 是频带宽度；D_0 是待处理频带的中心半径。

高斯带阻滤波器和巴特沃思带阻滤波器是两种常见的带阻滤波器，其中 n 阶巴特沃思带阻滤波器的表达式为

$$H(u,v)=\dfrac{1}{1+\left[\dfrac{D(u,v)\,W}{D^2(u,v)-D_0^2}\right]^{2n}} \tag{4.4.2}$$

高斯带阻滤波器的表达式为

$$H(u,v) = 1 - e^{-\frac{1}{2}\left[\frac{D^2(u,v)-D_0^2}{D(u,v)W}\right]^2} \tag{4.4.3}$$

利用大部分频率分量把一定范围的频率分量降到极低，称为带阻滤波器。图 4-19a 所示为被不同频率的正弦噪声污染的图像。噪声分量一般被视为图 4-19b 所示傅里叶频谱中的对称亮点。在这种情况下，变换原点的近似环上存在噪声分量，可以利用圆形对称带阻滤波器滤除噪声。图 4-19c 所示为巴特沃思带阻滤波器。将其配置为与图 4-19b 中噪声分量的近似环相匹配的半径和宽度，完全封闭噪声脉冲。由于在滤波的同时，希望保留更多的图像细节，因此带阻滤波器往往要求窄的滤波器。图 4-19d 所示为使用巴特沃思带阻滤波器滤除周期性噪声的结果。

a) 被不同频率的正弦噪声污染的图像　　　　　　b) 图a)的频谱

c) 巴特沃思带阻滤波器(白色代表1)　　　　　　d) 滤波效果

图 4-19　消除周期性噪声的巴特沃思带阻滤波器示例

参考程序如下：

```
pic=imread('img.jpg');f=rgb2gray(pic);[m,n]=size(f);
pic_spect_ori=fftshift(fft2(f));
figure;imshow(log(abs(pic_spect_ori)),[8 20]);title('原图像频谱');
pic_sinnoise=f; %加正弦噪声
for i=1:m
    for j=1:n
        pic_sinnoise(i,j)=f(i,j)+40*sin(40*i)+40*sin(40*j);
    end
end
imshow(pic_sinnoise);title('加正弦噪声后的图像');
```

```
pic_spect_noise=fftshift(fft2(pic_sinnoise));  %被正弦噪声污染的图
像的频谱
    figure;imshow(log(abs(pic_spect_noise)),[8 20]);title('加噪频谱');
    P=2*m;Q=2*n;%巴特沃思带阻滤波
    pic_Butterworth=ones(P,Q);
    for x=(-P/2):(P/2)-1
        for y=(-Q/2):(Q/2)-1
            D=sqrt(x^2 + y^2);
            D_0=380;
            W=70;
            pic_Butterworth(x+(P/2)+1,y+(Q/2)+1)=1/(1+((D*W)/((D^
2)-(D_0^2)))^6);
        end
    end
    G_Noise=fftshift(fft2(pic_sinnoise,P,Q));
    G_1=pic_Butterworth.*G_Noise;
    pic_filter=real(ifft2(G_1));  %傅里叶反变换
    pic_filter=pic_filter(1:m,1:n);
    for x=1:m
        for y=1:n
            pic_filter(x,y)=pic_filter(x,y)*(-1)^(x+y);
        end
    end
    figure;imshow(pic_Butterworth);title('巴特沃思带阻滤波器');
    figure;imshow(pic_filter,[0 255]);title('最后滤波的图像');
```

4.4.2 带通滤波器

带通滤波器与带阻滤波器的作用相反。带通滤波器的传递函数 $H_{bp}(u,v)$ 可以在对应的带阻滤波器的传递函数 $H_{br}(u,v)$ 基础上得到，即

$$H_{bp}(u,v)=1-H_{br}(u,v) \tag{4.4.4}$$

直接在图像上使用带通滤波器往往得不到什么图像细节，所以图像去噪一般不会直接采用带通滤波器。

4.5 无约束图像复原

图像复原的目的是找到一种使用输出图像 g、退化函数 H 和加性噪声 n 的先验知识来估计原始图像 f 的方法。该估计具有基于一些预先选择的标准的最佳属性。本节是在均方误差

最小的条件下对原图像 f 的最优估计，依据这一规则，可以推导出多种实用的恢复方法。

4.5.1 逆滤波

基于式（4.1.3）中的模型有

$$G(u,v) = H(u,v)F(u,v) + N(u,v) \qquad (4.5.1)$$

式中，G、H、F、N 是式（4.1.1）中对应项的傅里叶变换。一般来说，在没有噪声的情况下，式（4.5.1）可以写成

$$G(u,v) = H(u,v)F(u,v) \qquad (4.5.2)$$

则

$$F(u,v) = \frac{G(u,v)}{H(u,v)} \qquad (4.5.3)$$

式中，$1/H(u,v)$ 称为逆滤波器。$f(x,y)$ 可以通过对式（4.5.3）进行傅里叶逆变换得到。对含有噪声的图像，只能求 $F(u,v)$ 的估计值 $\hat{F}(u,v)$，即

$$\hat{F}(u,v) = F(u,v) + \frac{N(u,v)}{H(u,v)} \qquad (4.5.4)$$

对其求傅里叶逆变换可得

$$\hat{f}(x,y) = f(x,y) + \iint\limits_{-\infty}^{\infty} \left[N(u,v)H^{-1}(u,v) \right] \mathrm{e}^{\mathrm{j}2\pi(ux+vy)} \mathrm{d}u\mathrm{d}v \qquad (4.5.5)$$

以上就是逆滤波还原的原理。恢复过程可以总结如下：

1）对退化图像 $g(x,y)$ 做二维离散傅里叶变换，得到 $G(u,v)$。

2）计算退化函数 $h(x,y)$ 的二维傅里叶变换，得到 $H(u,v)$。

3）按式（4.5.4）计算 $\hat{F}(x,y)$。

4）计算 $\hat{F}(x,y)$ 的傅里叶逆变换，求得 $\hat{f}(x,y)$。

如果噪声是零，那么可以通过反向滤波恢复方法完全恢复原始图像；如果有噪声且 $H(u,v)$ 很小或为零，那么噪声会被放大。这说明当退化图像中的小噪声干扰在 $H(u,v)$ 较小时，通过反向滤波对恢复图像的影响较大，可能使恢复图像 $\hat{f}(x,y)$ 与 $f(x,y)$ 差异显著甚至完全无效。

为此，改进的方法有：

1）在 $H(u,v) = 0$ 及它的附近，设置 $H^{-1}(u,v)$ 的值，使得 $N(u,v) * H^{-1}(u,v)$ 不会对 $\hat{F}(u,v)$ 产生太大的影响。图 4-20a～c 所示分别为 $H(u,v)$、$H^{-1}(u,v)$ 和改进后的滤波器 $H_l(u,v)$ 的一维波形，展示了与正常反向滤波器的区别。

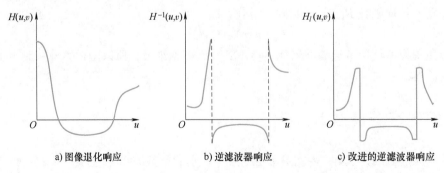

a）图像退化响应   b）逆滤波器响应   c）改进的逆滤波器响应

图 4-20　逆滤波器响应及其改进

2）使 $H^{-1}(u,v)$ 具有低通滤波性质，即

$$H^{-1}(u,v)=f(x)=\begin{cases} \dfrac{1}{H(u,v)}, & D \leqslant D_0 \\ 0, & D > D_0 \end{cases} \tag{4.5.6}$$

式中，D_0 是逆滤波器的截止频率，且有 $D=\sqrt{u^2+v^2}$。

4.5.2 无约束最小二乘求解方法

依据式（4.1.2），可知噪声项可表示为

$$\boldsymbol{n}=\boldsymbol{g}-\boldsymbol{Hf} \tag{4.5.7}$$

在噪声 n 未知的情况下，图像复原的目的是找到一个最优的 $\boldsymbol{f}$，使得 $\boldsymbol{Hf}$ 在最小二乘意义上近似于 $\boldsymbol{g}$。也就是寻找这样的估计 $\hat{\boldsymbol{f}}$，使得

$$\|\boldsymbol{n}\|^2 = \|\boldsymbol{g}-\boldsymbol{H\hat{f}}\|^2 \tag{4.5.8}$$

最小。式（4.5.8）中，$\|\boldsymbol{n}\|^2$ 表示 n 的欧几里得向量范数。使 $\|\boldsymbol{n}\|^2$ 最小等效于使 $\|\boldsymbol{g}-\boldsymbol{H\hat{f}}\|^2$ 最小，因此图像复原问题变成求目标函数，即

$$J(\hat{\boldsymbol{f}}) = \|\boldsymbol{g}-\boldsymbol{H\hat{f}}\|^2 \tag{4.5.9}$$

关于 $\hat{\boldsymbol{f}}$ 的极小值问题，由范数定义可知

$$\|\boldsymbol{g}-\boldsymbol{H\hat{f}}\|^2 = (\boldsymbol{g}-\boldsymbol{H\hat{f}})^{\mathrm{T}}(\boldsymbol{g}-\boldsymbol{H\hat{f}}) \tag{4.5.10}$$

将 $J(\hat{\boldsymbol{f}})$ 对 $\hat{\boldsymbol{f}}$ 求偏导，并令其等于 0，则有

$$\frac{\partial J(\hat{\boldsymbol{f}})}{\partial \hat{\boldsymbol{f}}} = -2\boldsymbol{H}^{\mathrm{T}}(\boldsymbol{g}-\boldsymbol{H\hat{f}}) = 0 \tag{4.5.11}$$

可推出

$$\hat{\boldsymbol{f}} = (\boldsymbol{H}^{\mathrm{T}}\boldsymbol{H})^{-1}\boldsymbol{H}^{\mathrm{T}}\boldsymbol{g} \tag{4.5.12}$$

上述函数的求解转换为 $(\boldsymbol{H}^{\mathrm{T}}\boldsymbol{H})^{-1}$ 是否存在的问题。即便 $(\boldsymbol{H}^{\mathrm{T}}\boldsymbol{H})^{-1}$ 存在，所得的最优估计也会因 $\boldsymbol{H}$ 和 $\boldsymbol{g}$ 的微小变化而发生振荡，使得图像复原问题具有病态特性。

4.6 有约束图像复原

基于前述分析可知，图像复原的本质归属于逆问题求解，因此，图像复原问题可统一为给定观测 $\boldsymbol{g}$，依据式（4.1.2）所示的退化模型，通过求解对应逆问题来推断原始图像 $\boldsymbol{f}$。由于图像逆问题中的退化算子 $\boldsymbol{H}$ 绝大多数是奇异的，因此图像复原问题的解空间不唯一，表现出病态特性。因此，从正则化确定性方法的角度来看，逆问题的求解可以通过正则化项来约束解空间，通过能量最小化方法建立如下模型：

$$\{\hat{x},\hat{f}\} = \mathrm{argmin}_{f,H}\Psi_0(\boldsymbol{Hf}-\boldsymbol{g})+\lambda_1\Psi_1(f)+\lambda_2\Psi_2(\boldsymbol{H}) \tag{4.6.1}$$

式中，Ψ_0 是差异性函数，以确保原问题的解不断地依赖于真解的邻域内的观测数据，为便于解出和计算，通常用 L_2 范数表示；Ψ_1 是基于原始图像先验知识上的约束项；Ψ_2 是基于退化函数先验知识上的约束项，用来对退化函数进行正则化；λ_1 和 λ_2 是权重。将 Ψ_0 用 L_2

73

范数代替后，式（4.6.1）转换为

$$\{\hat{f},\hat{H}\} = \mathrm{argmin}_{f,H} \|Hf-g\|_2^2 + \lambda_1 \Psi_1(f) + \lambda_2 \Psi_2(H) \tag{4.6.2}$$

如果退化函数已知（如图像去噪、图像修复、图像非盲模糊等问题），或通过某种方式（主要包括观察法、试验法和数学建模法等）估算获得，式（4.6.2）可转换为如下优化问题：

$$\hat{f} = \mathrm{argmin}_f \|Hf-g\|_2^2 + \lambda_1 \Psi_1(f) \tag{4.6.3}$$

如果退化函数未知，式（4.6.2）的求解可以转换为对 f 和 H 进行交替迭代估计，即式（4.6.2）可拆分为式（4.6.3）和如下公式：

$$\hat{H} = \mathrm{argmin}_H \|Hf-g\|_2^2 + \lambda_2 \Psi_2(H) \tag{4.6.4}$$

式（4.6.3）取已知的退化函数 H 来估计原始图像 f；式（4.6.4）将中间原始图像作为已知并估计退化函数 H，两个过程交替迭代直至收敛。下面介绍式（4.6.3）中常用的两种正则约束及其求解算法，这两种正则约束包括稀疏表示和低秩约束。

4.6.1 基于稀疏表示的图像复原

图像的稀疏表示问题最早源于 Barlow 于 1961 年提出的"有效编码假说"。该假说以香农信息论为起点，其中一个关键约束是在进行神经计算时确保编码或者信号的有效性，即一组神经元应能够去除输入中包含的冗余信息，以利用资源进行有效编码。稀疏表示作为一种新的信号描述和表示理论，可利用由完备基形成的字典对输入信号进行分解。假设字典记为 $D = [d_1, d_2, \cdots, d_K] \in \mathbb{R}^{B \times K}$，其中每个 $d_k \in \mathbb{R}^B$ 称为原子，则原始信号 $f \in \mathbb{R}^B$ 可以分解为字典与系数向量的乘积：

$$f = \sum_{k=1}^{K} d_k \alpha_k = D\boldsymbol{\alpha} \tag{4.6.5}$$

式中，系数向量 $\boldsymbol{\alpha} = [\alpha_1, \alpha_2, \cdots, \alpha_K]^{\mathrm{T}} \in \mathbb{R}^{K \times 1}$，其中的每个元素均为作用于对应原子的权值系数。稀疏表示的核心目标在于利用尽可能少的基元素来精确重构原始信号，这自然要求系数向量中仅包含少数非零元素，其他元素取值为零，以此来实现信号的稀疏化表达。这可以通过对系数向量 $\boldsymbol{\alpha}$ 添加 L_0 范数来度量：$\|\boldsymbol{\alpha}\|_0 \ll K$。因此，$\boldsymbol{\alpha}$ 又可称为稀疏系数。从式（4.6.5）可知，稀疏表示的效果主要取决于稀疏系数 $\boldsymbol{\alpha}$ 和字典 D 两个因素。

对于给定的字典 D，稀疏分解过程则主要是求解稀疏系数 $\boldsymbol{\alpha}$。然而，式（4.6.5）是欠定方程，有无穷多个解。为获得最优解 $\boldsymbol{\alpha}$，Donoho 和 Elad 等人证明了在一定条件下引入 $\boldsymbol{\alpha}$ 的 L_0 范数稀疏约束条件能够产生唯一的最优稀疏解。这使得上述问题转换为求解下列模型：

$$\mathrm{argmin}_\alpha \|HD\boldsymbol{\alpha}-g\|_2^2 + \lambda \|\boldsymbol{\alpha}\|_0 \tag{4.6.6}$$

式（4.6.6）是一个非确定性多项式，其最优解难以直接获得。因此，研究人员提出采用最优逼近的方式来求解上述模型，主要包括：

1）贪婪算法：该类算法主要针对式（4.6.6）中由于 L_0 范数的存在使得模型非凸，导致难以求得全局最优解的问题，通过贪婪策略可获取局部最优解。该算法的核心在于通过内积等测度来迭代选择原子，直至基于所得原子能够以线性方式逼近原始信号，以满足预设停止条件，不同原子的对应权值即构成系数向量。匹配追踪算法是稀疏分解中的基础贪婪算法。基于该算法，推出了经典的正交匹配追踪算法。该算法通过计算内积来评估不同向量间的相似度，以此为依据选取与当前残差最为匹配的原子。随后，利用最小二乘法确定原始信号在这些选定原子上的投影，进而从原始信号中减去这一投影以更新残差，循环此过程直至满足终止条件。该算法的终止条件通常设置为合适的稀疏度（选取的原子个数）和残差。其他贪婪算法主要用于优化正交匹配追踪算法中的原子选择策略和投影系数计算过程，以提升算法的性能和效率。代表性算法包括正则化正交匹配追踪、分段正交匹配追踪、梯度追踪和子空间追踪等。

2）凸松弛算法：Tao 和 Candes 等人的证明构建了凸松弛算法，该算法表明 L_0 范数优化与 L_1 范数优化在一定约束条件下的解是一致的。基于此，可以采用 L_1 凸稀疏约束来替换式（4.6.6）将 L_0 非凸约束，从而将原始非凸问题转换为凸优化问题。凸松弛后的模型通常表示为

$$\mathrm{argmin}_{\alpha} \|HD\boldsymbol{\alpha}-\boldsymbol{g}\|_2^2+\lambda\|\boldsymbol{\alpha}\|_1 \tag{4.6.7}$$

式（4.6.7）可以通过经典算法基追踪（Basis Pursuit，BP）来求解。除 BP 算法外，用来求解该模型的经典算法还包括最小角回归（LAR）、两步迭代收缩（TwIST）、梯度投影稀疏重建（GPSR）等。

3）非凸松弛算法：非凸松弛算法旨在寻求可以更好地平衡 L_1 范数优化与 L_0 范数优化的解，一方面，期望得到比 L_1 优化问题更为稀疏的解；另一方面，希望所得模型比 L_0 范数优化更易求解。一种常见的处理策略是将 L_0 范数约束替换为 $L_p(0<p<1)$ 范数，从而得到下列非凸松弛后的模型：

$$\mathrm{argmin}_{\alpha} \|HD\boldsymbol{\alpha}-\boldsymbol{g}\|_2^2+\lambda\|\boldsymbol{\alpha}\|_p \tag{4.6.8}$$

式（4.6.8）可以采用经典的焦点非确定性系统求解（FOCUSS）和迭代重加权最小二乘（IRLS）来求解，但难以保证所得解为全局最优解。

在式（4.6.8）中，稀疏表示的性能易受字典 $\boldsymbol{D}$ 的影响。字典的构建通常可以采用两种方法，即基于数学模型的方法和基于学习的方法。基于数学模型的方法通过分析信号的结构特点，从离散余弦变换（DCT）、小波、曲波（Curvelets）、轮廓波（Contourlets）等变换基中选择匹配的基来构造字典。这种方式无须大量计算即可快速得到字典，但是由于字典比较公式化，结构固定，不适用于处理类型多变、结构复杂的图像。以机器学习理论为基石的基于学习的方法，聚焦于提取图像的核心结构特征，如边缘与纹理等，进而通过自适应地构建多样化的原子，实现字典的生成过程，这一过程被称为字典学习。

4.6.2　基于低秩约束的图像复原

当矩阵的秩较小时，就可以认为该矩阵为低秩矩阵。在图像处理中，图像灰度矩阵是低秩矩阵，这就意味着该图像的行列相关性大，即很多行向量或列向量是线性相关的，信息冗余高。对数据进行低秩约束的方法有两类，一类是矩阵低秩，另一类是张量低秩。对于基于矩阵低秩的图像复原问题，其一般形式可以表示为

$$\mathrm{argmin}_X \|H\boldsymbol{f}-\boldsymbol{g}\|_2^2+\lambda\,\mathrm{rank}(\boldsymbol{X}) \tag{4.6.9}$$

式中，$\boldsymbol{X}$ 是原始图像 $\boldsymbol{f}$ 形成的矩阵。可利用矩阵核范数作为凸松弛来逼近矩阵秩，因此有

$$\mathrm{argmin}_X \|H\boldsymbol{f}-\boldsymbol{g}\|_2^2+\lambda\|\boldsymbol{X}\|_* \tag{4.6.10}$$

除了利用凸松弛核范数 $\|\boldsymbol{X}\|_* = \sum\|\sigma_i(\boldsymbol{X})\|_1$ 来逼近矩阵秩外，一些非凸正则化项也被提

出，用来获得对矩阵秩的逼近，如加权核范数最小化（WNNM），其表达式为

$$\arg\min_X \|Hf-g\|_2^2 + \lambda \|X\|_{w,*} \tag{4.6.11}$$

式中，$\|X\|_{w,*} = \sum_i w_i \sigma_i(X)$，系数 $\{w_i\}$ 是非负权重。此外，加权 Schatten-p 范数用于矩阵秩逼近，其形式为

$$\arg\min_X \|Hf-g\|_2^2 + \lambda \|X\|_{w,S_p}^p \tag{4.6.12}$$

式中，$\|X\|_{w,S_p}^p = \sum_i w_i \sigma_i^p$，系数 $\{w_i\}$ 是非负权重。其他非凸函数也可用于矩阵秩逼近，如秩-r 逼近、γ-范数等，也能够取得满意的图像复原效果。

对于张量低秩约束，主要有两种张量秩被用于张量秩最小化问题，一种是 CP 秩，另一种是 Tucker 秩。其中 CP 秩为秩-1 分解的最小个数，形如：

$$\mathrm{rank}_{cp}(X) = \min\left\{ r \,\middle|\, X = \sum_{i=1}^r a_1^{(i)} \circ \cdots \circ a_j^{(i)} \circ \cdots \circ a_N^{(i)} \right\} \tag{4.6.13}$$

式中，$X \in \mathbb{R}^{I_1 \times I_2 \times \cdots \times I_N}$ 是 N 维张量；$\circ$ 代表向量外积且 $a_j^{(i)} \in \mathbb{R}^{I_j}$，$j=1,\cdots,N$。基于 CP 秩最小化的图像复原问题可以表示为

$$\arg\min_X = \|Hf-g\|_2^2 + \lambda \mathrm{rank}_{cp}(X) \tag{4.6.14}$$

式中，X 是原始图像 f 组成的张量。

Tucker 秩刻画的是张量数据在每个维度展开后的矩阵秩约束，定义为

$$\mathrm{rank}_{tc}(X) = (\mathrm{rank}(X_{(1)}), \cdots, \mathrm{rank}(X_{(n)}), \cdots, \mathrm{rank}(X_{(N)})) \tag{4.6.15}$$

式中，$X \in \mathbb{R}^{I_1 \times I_2 \times \cdots \times I_N}$ 是 N 维张量；$X_{(n)} \in \mathbb{R}^{I_n \times \Pi_{j \neq n} I_j}$ 是 X 的 n 维展开。由于张量的 Tucker 秩为张量数据在各个维度展开（模-n 展开）后的矩阵秩约束所构成的多元数组，通过线性加权每个模-n 展开形成的矩阵秩函数，从而将问题转换成

$$\arg\min_X = \|Hf-g\|_2^2 H(u,v) F(u,v) \tag{4.6.16}$$

式中，系数 $\{w_i\}$ 是非负权重。式（4.6.16）中，可利用矩阵核范数作为凸松弛来逼近矩阵秩，因此有

$$\arg\min_X \|Hf-g\|_2^2 + \lambda \sum_{i=1}^N w_i \mathrm{rank}(X_{(i)}) \tag{4.6.17}$$

除了利用凸松弛核范数来逼近矩阵秩外，还可利用上述非凸正则化项来逼近矩阵秩，如加权 Schatten-p 范数和加权核范数等。

4.7　基于深度学习的图像复原

随着多媒体和智能设备的快速发展，人们对图像的质量要求越来越高。然而，场景限制、成像系统、传输条件等各种因素的影响，导致获得的影像质量受损，目前大量的影像以低质量的形式存在，严重影响人们的需求。图像复原就是重建退化的图像，并最大限度地恢复其原貌。尽管传统方法在图像去噪任务上仍然有效，但深度学习方法已经在图像复原领域取得了显著的进展，因为它们具有更强大的学习能力，能够自动提取特征和适应不同的复原任务。深度学习方法已经改善了图像复原任务的质量和效率，因此在许多应用中，它们已经成为首选的复原方法。目前，基于深度学习的图像复原方法主要包含图像去噪、图像超分辨

率复原、图像去模糊和图像修复。

4.7.1 基于深度学习的图像去噪

由于深度学习在图像处理中表现出了强大的能力，因此深度学习被不断地应用于图像去噪任务中。在神经网络的基础上，各类基于神经网络的图像去噪方法相继被提出，具有代表性的方法包括自编码器的图像去噪、残差学习的图像去噪、生成对抗学习网络的图像去噪和注意力机制的图像去噪。

自编码器也称为自动编码器（AE），它运用无监督学习来有效地从高维数据中提取和表示特征。自编码器框架的基本思想如图 4-21 所示。该框架包含编码过程和解码过程。编码过程包括使用编码器(g)把输入样本 x 映射到 z 特征的空间中；解码过程执行的是编码过程的逆过程，即以抽象特征 z 为输入，利用解码器(f)获得在原始空间中的重构样本 $\hat{x}$。优化旨在使得重构误差最小化的同时优化解码器和编码器，获得样本输入 x 的抽象表示 z。

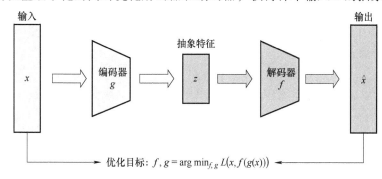

图 4-21 自编码器框架的基本思想

由图 4-21 可知，样本标签在自编码器优化过程中不被使用。此时，图像恢复的本质是将输入样本同时视为神经网络的输出和输入，通过最小化重建误差学习样本对应的抽象表示 z。将输入样本同时作为输入和输出，避免了对样本标注的依赖，提高了模型的通用性。在神经网络的自编码器模型基础上，编码器通过逐层减少神经元数量来压缩数据；解码器根据数据的抽象表示逐层增加神经元个数，最终重新构建输入样本。

去噪自编码器（DAE）通过向数据中添加噪声来破坏训练数据，以防止生成恒等映射。和普通编码器相比，这类编码器的作用类似于随机失活，如图 4-22 所示，通过网络内部的运算消除添加的噪声。

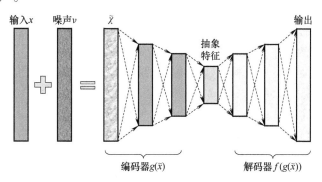

图 4-22 去噪自编码器的结构

2015 年，何凯明等人提出了 ResNet 模型，它解决了卷积神经网络层数过高而带来的网络退化问题。其基本思想是使用网络来拟合残差而不是数据本身，并通过在几个层之间添加短路连接来提高模型的准确性。张凯将这一思想引入图像恢复，提出了 DnCNN 模型，其结构如图 4-23 所示。DnCNN 模型并不像 ResNet 模型一样存在多次短路连接，而是在网络的输出使用残差学习。其中，第一层是卷积+ReLU，中间层是卷积+BN+ReLU 的组合，最后一层是卷积，卷积核个数都是 64 个。

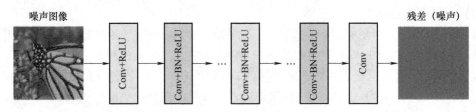

图 4-23　DnCNN 模型的结构

DnCNN 模型用于学习图像中的噪声。假如输入是 X，网络用一个函数 f 表示，那么网络的输出是逼近噪声，即

$$N_a = f(X) \tag{4.7.1}$$

模型训练时，输出的误差图和真实误差图之间采用损失函数进行约束：

$$\text{Loss} = L(N_a - N) \tag{4.7.2}$$

最终干净图像的获取过程用公式表达为

$$X_a = X - f(X) \tag{4.7.3}$$

生成对抗网络（Generative Adversarial Network，GAN）由生成器（Generator）和判别器（Discriminator）两部分组成。GAN 的核心思想是生成器和判别器之间的博弈。在网络训练的过程中，生成器努力生成能够愚弄判别器的数据，而判别器则努力地识别生成器生成的数据与真实数据之间的差异。对抗训练过程将不断推动生成器和判别器提高性能，直到生成器能够生成高质量的数据，判别器无法区分真实数据和生成数据。

卷积神经网络的图像去噪方法是基于清晰的图像构建噪声（高斯、泊松）来生成清晰-噪声图像对以训练整个网络模型，但存在的问题是：所构建的噪声并不能完全拟合真实场景的噪声。因此，2018 年，Chen 等人首次提出 GAN 和 CNN（Convolution Neural Network，卷积神经网络）相结合的图像去噪方法（GAN-CNN Based Blind Denoiser，GCBD）。具体地，如图 4-24 所示，首先在给定的噪声图像上进行噪声分布提取，再将得到的噪声输入到生成对抗网络中来学习图像噪声的分布，目的是更好地拟合真实场景中的噪声分布，然后利用噪声分布来构造清晰-模糊数据集，最后使用卷积神经网络进行图像去噪。

近年来，注意力机制模型在自然语言处理领域得广泛应用，其能捕获有效特征，有效地提升模型精度。注意力机制模型也广泛应用在计算机视觉领域，如图像分类、目标检测等任务中。在图像去噪任务中，Anwar 等人提出 RIDNet（Real

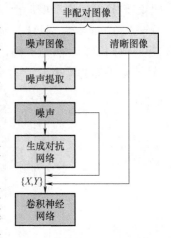

图 4-24　GCBD 的网络结构

Image Denoising Network，RIDNet）模型，首次采用了特征注意力来对图像进行去噪，如图 4-25 所示，RIDNet 使用了四个注意力模块来进行图像去噪。

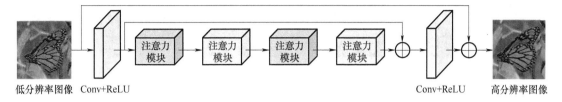

低分辨率图像　　Conv+ReLU　　　　　　　　　　　　　　　　Conv+ReLU　　高分辨率图像

图 4-25　RIDNet 网络结构

4.7.2　基于深度学习的图像超分辨率复原

得益于卷积神经网络（CNN）强大的特征提取和映射表征能力，利用 CNN 图像进行超分辨率重建可以更好地表示图像细节信息。Dong 等人第一次将 CNN 应用到超分辨率重建中，提出了一种卷积神经网络的超分辨率算法（Super-Resolution Convolutional Neural Network，SRCNN），实现了端对端的学习，其网络模型结构如图 4-26 所示。具体地，特征提取模块首先从低分辨率图像中提取一组特征块，并将每个特征块表示为高维向量。其次，非线性映射模块将每个高维向量非线性地映射到另一个高维向量上。最后，图像重建模块聚合上述向量表示以生成最终的高分辨率图像。

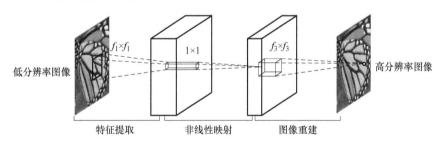

低分辨率图像　　　　　　　　　　$f_1 \times f_1$　　　1×1　　　$f_3 \times f_3$　　　　　　　高分辨率图像

特征提取　　　　　　非线性映射　　　　　图像重建

图 4-26　SRCNN 网络模型结构

随着生成对抗网络结构的提出与流行，2018 年 Ledig 等人提出了基于生成对抗网络的超分辨率重建算法（Super-Resolution Generative Adversarial Network，SRGAN），其网络模型结构如图 4-27 所示。该算法通过结合视觉损失函数和平均主观意见分来综合估计重建效果，是第一个对放大四倍自然图像做超分辨率的框架。

4.7.3　基于深度学习的图像去模糊

随着基于深度学习的神经网络在图像去模糊任务上不断取得突破，基于深度学习的图像去模糊算法也被不断提出。在早期，研究者们将传统方法和深度学习的方法相结合，首先通过卷积神经网络估计出模糊核，然后再重建图像。虽然这种方法相比于传统方法重建后的图像质量有所提升，但在实际应用过程中，其估计出的模糊核的鲁棒性低、适用性差。针对这一问题，研究者们提出直接构建模糊到清晰图像之间的映射过程，实现端到端的图像去模糊。

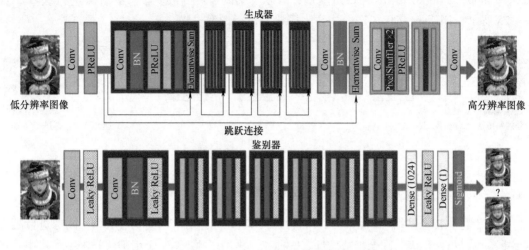

图 4-27 SRGAN 网络模型结构

2017 年，Nah 等人首次提出端到端的多尺度卷积神经网络（Multi-Scale Convolutional Neural Network，Multi-Scale CNN），其结构如图 4-28 所示。该方法在模糊图像的三个不同分辨率上进行去模糊，利用多尺度由粗到细的优化方法取得了较好的去模糊效果。

80

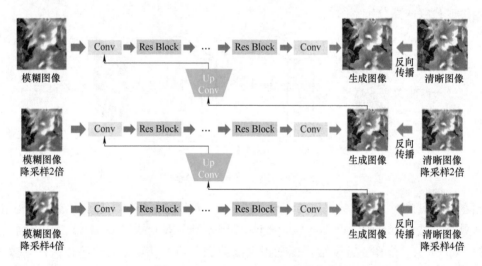

图 4-28 Multi-Scale CNN 的结构

在此基础上，研究者们相继提出了尺度循环、空洞卷积、自适应等网络结构，致力于达到图像去模糊较好的效果。随着生成对抗网络（Generative Adversarial Network，GAN）在图像处理领域的广泛使用，GAN 也被应用到图像去模糊任务中。Kupyn 等人提出了 DeblurGAN（Blind Motion Deblurring Using Conditional Adversarial Networks）图像去模糊算法，其生成器采用了编码器-解码器结构，具体如图 4-29 所示。模糊图像输入网络后经下采样进行特征提取，再通过上采样输出去模糊图像，判别器则通过四次下采样生成判别为真的概率，从而反馈给生成器的训练过程，使生成器生成越来越接近真实的清晰图像。

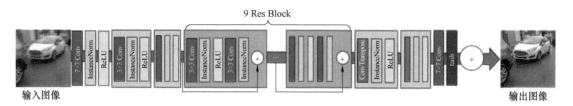

图 4-29 DeblurGAN 生成器的结构

4.7.4 基于深度学习的图像修复

卷积神经网络（CNN）在图像修复中有着重要的用途，许多科研人员利用 CNN 来解决图像修复问题，并取得了显著进展。Pathak 等人第一次将编码器-解码器应用在图像修复中，并提出了上下文编码器（Context Encoder，CE）。其结构如图 4-30 所示，编码器将缺失图像进行特征编码并产生潜在的特征表示，解码器使用特征表示来生成缺失的图像内容。全连接层在编码器和解码器之间进行连接，其作用是将特征进行映射。2022 年，He 等人提出了非对称的掩码自编码器（Masked Autoencoders，MAE），在图像信息缺失时可重建出较好的图像信息，其模型结构如图 4-31 所示。具体地，编码器只对可见的图像块进行编码，然后将编码后的特征和损失图像块拼接在一起并送入一个轻量级的解码器来重建原始图像。该方法能够重建图像损失为 75% 的图像，表现出了较好的效果。

81

图 4-30 CE 的结构

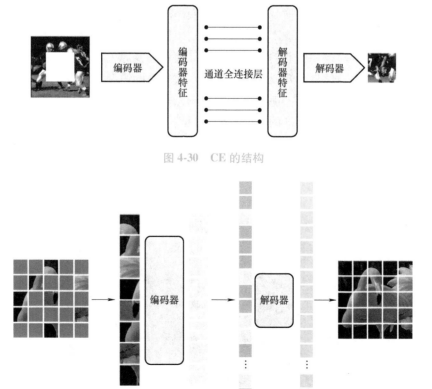

图 4-31 MAE 的模型结构

由于生成对抗网络（GAN）在图像内容生成方面具有强大的修复能力，因此它被广泛应用于图像修复领域。这些网络利用受损图像中已知区域的信息来预测和修复未知区域的内容。Iizuka 等人提出局部-全局相结合的鉴别器，保证全局和局部特征的一致性，提升了修复结果的准确性。随着注意力机制模型在计算机视觉任务上的应用，Zeng 等人设计了基于金字塔处理机制的上下文编码网络（Pyramid-Context Encoder Network，PEN-Net），首先将上下文注意力机制应用在编码器的最高级特征图中来学习缺失图像块和已知图像块之间的纹理相似性，进而将所学相似性信息反馈给低层级特征图以指导缺失区域内容的修复。通过相似信息从深层到浅层迭代传递，不仅可以在高层语义维度保证修复结果的合理性，同时也使得其在底层视觉维度上更加真实。

本章小结

本章主要介绍了图像退化模型、各种噪声模型、图像复原的传统方法以及基于深度学习的复原方法。通过学习本章内容，重点掌握图像退化原因，并能建立退化模型，反向推演后改善图像。

图像退化是指图像在获取、传输和保存过程中的图像质量下降，假设图像中唯一存在的退化因素是噪声影响，通常将退化模型建模为线性非移变系统与加性噪声之和。对于非周期噪声，即高斯噪声、瑞利噪声和脉冲噪声等，一般采用相应的空间域技术进行噪声滤除；对于周期噪声，通常将噪声图像转换到频域后进行噪声滤除。

若图像退化还受到运动模糊、不完整和低分辨率等因素影响，则可根据图像的先验信息来进行图像复原。如针对运动引起的图像模糊，最简单的复原方法是直接进行逆滤波。

对于图像退化的先验信息未知或者复原效果不太理想的情况，可以使用基于深度学习的复原方法，通过对大量样本的学习能够得到隐性的先验信息，这些信息通常难以通过专业知识提取表示，一般可以得到比较好的复原结果。当然，这也对数据集样本数量及计算能力提出了较高的要求。

习题

4-1　图 4-32a、b 均为 512×512 像素的灰度图，选择它们作为原始测试图像。

a)　　　　　　　　　　　　b)

图 4-32　题 4-1 图

利用 Matlab 软件对图像添加

（1）正弦噪声 　　　（2）高斯噪声 　　　（3）脉冲噪声

（4）均匀噪声 　　　（5）瑞利噪声 　　　（6）指数噪声

4-2　对题 4-1 图中所生成的噪声图像进行滤波，观察复原结果，调整参数并对比复原结果。

4-3　比较图像增强与图像复原的异同点。

4-4　比较中值滤波和均值滤波的异同点。

4-5　简述无约束图像复原与有约束图像复原的区别和联系。

4-6　图像盲复原的主要挑战是什么？

4-7　一张灰度图里面添加高斯和"椒盐"两种噪声，Matlab 如何设计滤波器去噪？

4-8　简述基于稀疏表示的图像复原方法和基于低秩约束的图像复原方法的原理。

4-9　为什么在图像复原中常常使用先验信息？它如何帮助提高复原效果？

4-10　为什么图像复原是计算机视觉和图像处理领域的一个重要问题？

4-11　什么是深度学习在图像复原中的角色？有哪些深度学习模型被用于图像复原任务？

4-12　图像超分辨率是图像复原的一个重要方向，有哪些常见的超分辨率技术？

4-13　深度学习被用于解决图像复原问题并取得了很好的效果。那么，基于深度学习的图像复原方法在实际落地中，又存在哪些挑战呢？

4-14　图像复原技术在医学图像处理中有哪些具体的应用？

4-15　什么是去噪自动编码器？它在图像复原中有哪些应用？

第 5 章　图像融合

图像融合（Image Fusion）是将来源不同的同一对象的图像数据进行空间配准，然后通过特定算法整合各图像中的信息，确保其互补性和优势特点来得到最佳体现，从而产生一个新图像数据的技术。这种融合后的数据提供了对目标对象更精确的信息描述。与单一数据源相比，融合后的数据可以充分集成各个信息源的潜力，减少或抑制由多义性、不完整性、不确定性和误差等对目标对象或环境解释的影响。图像融合在机器视觉、航空航天成像、医学成像以及车辆引导等多个领域得到广泛应用。

5.1　图像融合概述

各类单一传感器采集的图像在几何结构、光谱特性和空间解析度上都存在特定的局限和差异。因此，通过系统整合不同传感器图像的优势信息并将其有机地结合，不仅可以增强图像解读的可靠性，也能提升对图像的综合解译能力，从而确保数据分类和目标检测的精确度。图像融合通过集成不同传感器获得的图像来生成信息图像以进行决策。有效的图像融合能够从图像中提取重要信息，而不会在输出图像中产生任何不一致的现象。例如，多光谱图像的光谱分辨率较高，但在空间细节上的表现较为有限，即空间分辨率低；相反，全色光学图像具有较高的空间分辨率，但其光谱分辨率相对较低。因此通过融合两者，可以得到一个既具有丰富空间细节又保留多光谱图像光谱特征的高质量图像。

根据融合层次的不同，图像融合技术可以分为像素级、特征级和决策级三种。像素级融合直接集成来自输入图像的像素信息，其主要优势是能够最大化地保留图像的原始信息，并提供其他两种层次融合所不具有的微信息。这种融合在信息的最底层进行，其缺点是处理数据量大、费时、实时性差，并且要求所有的传感器数据达到像素级的对齐，即要求传感器数据是由同类传感器或同单位获取的。

特征级融合是对从各个传感器的原始数据中提取出的关键特征进行综合分析和处理的中间层次过程，所挖掘的特征信息往往被视为像元数据的高级表示或关键统计描述。其优点是实现了可观的信息压缩，有利于实时处理；缺点是比像素级融合精度差。

决策级融合是在信息表示的最高层次上进行融合处理。首先，不同的传感器在本地执行预处理、特征提取和识别，形成对所观察目标的初步判断。接下来，通过综合处理和决策层面的融合，得出最终的联合推断，为后续的决策过程提供坚实的依据。该融合技术的主要优势包括出色的容错能力、卓越的开放性以及快速的处理速度。

除了上述分类方法之外，还可以基于数据集对图像融合分类，包括多焦点、多光谱、多尺度、多时间和多传感器图像融合。例如，在用于图像融合的多焦点技术中，将来自相似场景的多幅图像的信息融合以获得一张合成图像；在多传感器图像融合中，将不同传感器捕获的红外、可见光、MRI（磁共振成像）和 CT（计算机断层成像）等不同类型的图像进行多模态融合。目前，深度学习是图像融合的热点话题，它在解决不同类型的图像处理和计算机视觉问题上取得了巨大成功，被广泛用于图像融合。随着计算机技术的快速发展，各种图像融合技术已被成功应用于多个领域，包括视频监控、安全、遥感、机器视觉和医学成像等。

5.2　多源图像配准

5.2.1　基本概念

图像融合的第一步是多源图像配准。多源图像配准作为图像融合的关键基础得到了广泛研究，在计算机视觉、医学图像处理以及材料力学等领域都具有广泛的应用。其目的在于实现同一观测对象在不同图像数据源中对齐。具体地说，对于两幅图像，构建一种作用于两幅图像之间的空间变换映射，使得一幅图像上的点借助于该映射对应于另一幅图像上相同空间位置的点，有助于实现信息融合。多源图像配准需要考虑不同的图像数据采集设备、拍摄时间、拍摄视角等因素，同时也需要考虑不同模态融合对象间的特征差异问题。根据实际应用需求，多源图像配准的侧重点有所不同，有的侧重于得到两幅图像的融合结果，有的则侧重于通过变换获得对象的属性信息。多源图像配准经历了从静态到动态、从形态到功能、从平面到立体的飞速发展。通过配准来源多样、类型各异的多种图像，可以实现各类信息的集成显示，为临床医学诊断提供多数据、多信息的图像，这也使得图像配准成为极具应用价值的技术。

5.2.2　特征点匹配

特征点匹配技术旨在识别并提取图像中具备显著特性的点（即特征点），这些点作为比对基准，通过对比分析这些特征点的属性参数（如位置、方向、尺度等）的相似度，来达成图像间对应元素（称为共轭实体）的精确对准与匹配。

特征点涵盖角点、交点、边缘点等多种类型，它们通过独特的属性参数来定义，如局部区域的灰度模式、与邻近点的空间关系以及不变矩和角度特征等。这些特征描述确保了即使在图像变换下也能保持较高的辨识度。在进行特征点匹配时，常采用归一化相关系数、特定度量函数等作为相似性评估标准，以符合一定约束条件的方式衡量特征点间的相似度。特征点匹配技术因其简洁高效的特点，已广泛用于数字摄影测量（如相对定向、数字高程模型生成）及计算机视觉领域（如三维重建、运动检测）的基本处理过程中。

5.2.3　仿射变换

仿射变换是一种重要的线性二维几何变换，它通过平移、旋转、缩放和剪切（即在某些方向上的非均匀缩放）操作将目标变量［如一幅输入图像中位于位置(x_1, y_1)的像素强度值］转换成新的变量［如输出图像的(x_2, y_2)］。

一般的仿射变换通常写成齐次坐标的形式：

$$\begin{bmatrix} x_2 \\ y_2 \end{bmatrix} = A \begin{bmatrix} x_1 \\ y_1 \end{bmatrix} + B \tag{5.2.1}$$

通过只定义 B 矩阵，这个变换可以进行纯平移：

$$A = \begin{bmatrix} 1 & 0 \\ 0 & 1 \end{bmatrix}, B = \begin{bmatrix} b_1 \\ b_2 \end{bmatrix} \tag{5.2.2}$$

纯旋转使用 A 矩阵并定义为

$$A = \begin{bmatrix} \cos\theta & -\sin\theta \\ \sin\theta & \cos\theta \end{bmatrix}, B = \begin{bmatrix} 0 \\ 0 \end{bmatrix} \tag{5.2.3}$$

同样，纯缩放为

$$A = \begin{bmatrix} a_{11} & 0 \\ 0 & a_{22} \end{bmatrix}, B = \begin{bmatrix} 0 \\ 0 \end{bmatrix} \tag{5.2.4}$$

需要注意的是，在实际应用中，几个不同的仿射变换通常组合在一起以产生合成变换。在进行仿射变换时，变换发生的顺序很重要，因为平移后旋转的结果不一定与相反顺序的结果等价。一般地，上述仿射变换也可以表示为

$$\begin{bmatrix} x_2 \\ y_2 \\ 1 \end{bmatrix} = \begin{bmatrix} a_{11} & a_{12} & b_1 \\ a_{21} & a_{22} & b_2 \\ 0 & 0 & 1 \end{bmatrix} \begin{bmatrix} x_1 \\ y_2 \\ 1 \end{bmatrix} \tag{5.2.5}$$

仿射变换通常由六个常量定义，可以根据任意三对输入图像坐标 (x_1, y_1) 和对应输出图像坐标 (x_2, y_2) 来计算此变换参数。实际上，在进行仿射变换时会用到更多的点，并使用最小二乘法来找到最佳拟合变换。图 5-1 所示为一个仿射变换的示例。

a) 原图像

b) 平移仿射变换的结果

c) 旋转仿射变换的结果

d) 平移和旋转仿射变换的结果

图 5-1 仿射变换示例

参考程序如下：

```
Image=imread('img.tif');%读入图像
deltax=30;deltay=30;
T=maketform('affine',[1 0 0;0 1 0;deltax deltay 1]);
Image1=imtransform(Image,T,'XData',[1,size(Image,2)],'YData',[1,
size(Image,1)],'FillValue',255);
Image2=imrotate(Image,15);
Image3=imrotate(Image1,15);
figure;
subplot(2,2,1);
imshow(Image);%显示原始图像
subplot(2,2,2);
imshow(Image1);%显示平移仿射变换的结果
subplot(2,2,3);
imshow(Image2);%显示旋转仿射变换的结果
subplot(2,2,4);
imshow(Image3);%显示结合平移和旋转仿射变换后的结果
```

5.3 空间域图像融合

空间域图像融合算法直接提取源图像本身特征，这些特征直接体现在像素的灰度值空间上，通过实施一系列遵循预设规则的融合操作，生成在视觉质量和信息保留上均优于原图的融合图像。在此过程中，多种融合算法被广泛使用，包括线性加权平均融合、颜色空间融合、主成分分析融合和统计最优化融合等。

1. 线性加权平均融合

线性加权平均融合算法直接针对来自不同源图像的像素灰度值进行融合处理，具体通过加权平均的方法来实现，其关键在于获得合理的权重系数。该类算法的优点主要体现在计算高效、实现简洁、实时性强等方面，其不足之处在于对图像结构信息考虑不充分，造成边缘、轮廓等细节信息出现不同程度的信息丢失，致使融合后的图像对比度低，难以满足应用中的视觉要求。

2. 颜色空间融合

颜色空间融合算法将 RGB 图像转换为 HSI（色度-饱和度-亮度）色彩空间，然后将亮度分量与全色图像融合，最后，将 HSI 空间逆变换为 RGB 空间以产生融合图像。结合图像特征并提供高空间质量图像是一种有效的处理方式。在遥感图像中，这类算法一般可以给出较好的结果，但其主要缺点是只涉及三个波段，不能高效处理多波段图像。

3. 主成分分析融合

主成分分析融合算法通过整合多源图像中具有最大贡献的若干变量信息得到融合图像。

这类算法首先计算反映图像相关性的系数矩阵，然后获取表征多源图像中关键信息的特征值与特征向量，再经过逆变换得到质量的融合图像。

该类算法主要利用相关系数计算、投影映射、逆变换等获取最终融合结果，具有计算简单、实时性强等优势，特别擅长处理具有较多共有特征或相似特征的多源图像。然而，在处理差异较大的多源图像时，该类算法易引入虚假信息，导致融合图像的轮廓不清晰、失真严重、对比度低等。此外，该类算法易受噪声信息影响，易错误选择主成分，从而导致融合图像效果较差。

4. 统计最优化融合

统计最优化融合算法以统计理论为基础，结合专家先验信息，将多源图像融合转换为函数优化问题，通过估计函数参数得到高质量融合结果。

这类算法主要包括贝叶斯最优化估计与马尔可夫随机场（MRF）等。其中，贝叶斯最优化估计方法在构建结合图像结构信息的先验模型的基础上，通过最大化先验概率选择合适的融合策略，实现多源图像融合。基于 MRF 的融合算法首先为源图像构建 MRF 模型，该模型能够捕捉图像像素间的空间依赖关系，通过将融合任务转换为求解一个旨在达成特定融合目标的代价函数问题，这种算法能够寻求全局最优解，从而生成高质量的融合图像。该算法在有效保留显著视觉特征的同时，还能有效抑制噪声干扰，提升融合图像的视觉效果。然而，由于 MRF 模型需要对图像中的每个像素进行详尽的扫描和评估，以决定其在融合图像中的贡献，这一过程往往伴随着较高的计算复杂度，导致整体融合速度相对较慢。尽管如此，其优越的融合效果使得基于 MRF 的融合算法在需要高精度图像融合的场合仍具有重要的应用价值。

5.4 变换域图像融合

变换域图像融合算法通过将图像从空间域转换到变换域（如频域、尺度域等），并利用变换域中的系数进行融合操作，最终精确重建融合图像。这种算法通过整合不同源图像在变换域中的特征信息，实现了对多源图像的高效融合。尽管变换域融合的概念提出较早，但它持续吸引着研究者的关注，成为图像融合领域的一个核心研究方向。典型的变换域图像融合算法主要包括基于小波变换的多源图像融合和基于多尺度几何变换的多源图像融合等。

1. 基于小波变换的多源图像融合

变换域图像融合算法，尤其是基于小波变换的多源图像融合算法，首先将源图像通过小波变换分解为低频子带和多个方向、多个层次的高频子带。这一过程有效地分离了图像的主要结构信息和细节特征，其中低频子带承载了图像的基本轮廓和结构，而高频子带则包含了水平、垂直及对角方向上的细节纹理。随后，根据特定的融合策略，算法精心挑选并融合这些高低频信息，旨在重建出既保留原图结构又融合细节的高质量图像。

伴随着小波分析的研究发展，引入关联图像先验知识的融合机制成为主流，涌现了不同类型的改良版小波变换方法，大大提升了融合结果的质量。但这些方法并未彻底解决因采样操作本身不具备平移不变性而带来的问题。这种局限性导致在处理图像边缘和轮廓等敏感区域时，容易出现"伪影"现象，即非自然的图像边缘或纹理，进而造成融合结果的失真或块效应。

2. 基于多尺度几何变换的多源图像融合

基于多尺度几何变换的多源图像融合算法是从多源图像的分辨率与局部性出发，将多源图像分解为不同尺度下的变换表示，通过尺度自适应的融合策略估计分解系数，进而利用逆变换得到最终融合图像。多尺度几何变换方法具有比小波变换方法更好的方向与尺度辨识能力，从而可以更好地表征边缘特征、抑制噪声。目前，这类融合算法主要包括基于轮廓波变换或脊波变换等的融合方法。图 5-2 所示为一个基于多尺度的图像融合算法示例。

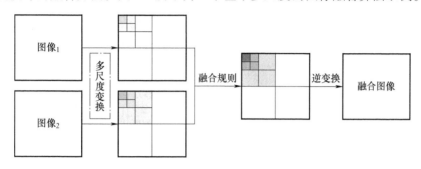

图 5-2　基于多尺度变换的图像融合算法

轮廓波变换和脊波变换作为小波变换的扩展与深化，为图像融合领域引入了新的视角和技术手段。这些方法凭借其出色的多方向性、各向异性和多分辨率分析能力，能够更加精细地捕捉并利用图像中的边缘、轮廓等关键特征，从而在融合过程中实现更高层次的特征融合与保留。然而，这些先进方法也非尽善尽美，它们在带来显著优势的同时，也面临着一些挑战与限制。首先，高冗余性是这些变换方法的一个显著问题，意味着在处理过程中会产生大量的冗余信息，增加了计算复杂度和存储需求。其次，计算代价大是另一个不容忽视的问题，复杂的变换与重构过程使得算法的执行效率相对较低，难以满足实时处理的需求。

随着科研探索的不断深化，多尺度几何变换领域涌现出众多旨在提升融合性能的新方法。然而，这些方法的共同挑战在于如何更加高效且全面地捕捉源图像的本质特征，并据此设计出跨越不同尺度与层次的融合策略。这构成了基于多尺度几何变换的多源图像融合算法的核心难题。

5.5　基于稀疏表示的图像融合

基于稀疏表示的多源图像融合算法的核心在于精心选择或构造一系列恰当的变换基函数（固定基或学习字典）来刻画源图像稀疏表征，通过设计合理的融合机制，提取不同图像源中的显著性信息，从而提升融合结果的视觉效果。不同于变换域图像融合算法，该类融合算法更多地考虑多源图像的内在几何特性和局部特征信息，通常能够得到更优的融合结果。然而，由于字典学习对图像通常是强相关的，难以自适应不同类型的图像，并且字典的训练和重建面临着较大的计算代价，因此限制了此类算法的进一步应用。目前，基于稀疏表示的图像融合算法主要包括基于变换基函数的多源图像融合和基于压缩感知的多源图像融合等。

基于变换基函数的多源图像融合算法聚焦于构建一个面向多源图像的完备字典，该字典旨在精准捕捉并刻画图像中的细微边缘、清晰轮廓等关键信息。此过程不仅增强了图像细节

89

的表达能力，还为后续融合操作提供了丰富的素材。与此同时，该算法深入探索图像的内部结构，构建出一套基于图像本质特征的融合策略。这一策略不仅考虑了像素级的简单叠加，更深入挖掘了图像内在的几何、纹理及语义等显著性信息，确保在融合过程中能够最大限度地保留并融合这些关键特征。通过上述方法，基于变换基函数的多源图像融合算法实现了对源图像中显著性信息的有效提取与融合，从而生成了既保留原图精髓又融合多源优势的高质量图像。此类算法当前的研究热点主要在于两个方面，其一是如何用较少的字典项构建可完整表示的源图像，其二是如何构建合适的融合策略。图5-3所示为一个基于稀疏表示的图像融合算法示例。

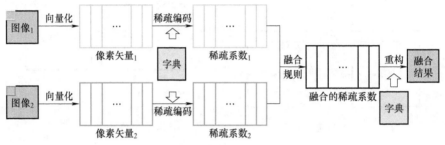

图 5-3　基于稀疏表示的图像融合算法示例

　　基于压缩感知的多源图像融合算法巧妙地将压缩感知理论应用于图像融合领域。该算法首先对源图像进行稀疏表示，利用图像内在的稀疏性，通过少量非零系数即可有效刻画图像的主要内容和结构。随后，通过精心设计的观测矩阵对稀疏表示的图像进行感知映射，这一过程实现了对图像信息的降维处理，同时保留了足够的重构信息。在观测数据的基础上，该算法构建了一套高效的融合规则，该规则能够充分考虑各源图像的特点和优势，将观测数据中的有效信息进行有效整合。其融合过程不仅关注于像素级的匹配与融合，更侧重于图像内在特征的提取与融合，从而确保融合图像能够继承源图像的关键特性。最后，采用压缩感知重构算法对融合后的观测数据进行重构，恢复出高质量的融合图像。这一过程充分利用了压缩感知理论在信号重构方面的优势，能够在保持图像清晰度的同时，有效抑制噪声和伪影的产生。在基于压缩感知的多源图像融合算法中，随机性测量矩阵的应用确实存在信息丢失的风险，这可能导致融合图像中出现失真或边缘模糊的现象，影响图像的整体质量；而确定性测量矩阵虽然结构明确，但其构建过程复杂且重构性能有限，这在一定程度上阻碍了该算法在硬件平台上的高效实现。

5.6　基于深度学习的图像融合

　　在过去，传统的图像融合方法主要基于多尺度分解、小波变换等技术。但随着深度学习技术的迅猛发展，基于深度学习的图像融合技术逐渐受到研究者的关注，并在多个应用场景中展现了相较于传统方法的优越性能。深度学习模型能够自动学习图像的层次化特征，如从简单的纹理到复杂的语义内容，这为图像融合提供了强大的特征表示能力，使得处理和解析复杂的融合任务变得更加容易。与传统方法相比，基于深度学习的策略实现了端到端的学习和预测，避免了手工设计特征和规则的需要，从而提供了更自动化的解决方案。此外，这种方法可以充分利用大量图像数据进行训练，从而提高模型的性能和泛化能力。该方法的灵活性和鲁棒性使其在多种融合任务中都能取得高质量的结果，同时减少人工干预的需求，使图像融合对用户更加友好和自适应。

5.6.1 基于卷积神经网络的图像融合

基于深度学习的图像融合方法通常使用 CNN 从不同的输入图像中提取特征图，然后使用这些特征图作为输入，通过一系列的卷积、激活和池化操作，生成融合后的特征图，最后再通过上采样方法恢复到原始图像的尺寸。多层的卷积结构设计使得该网络对平移、比例缩放、倾斜或者其他形式的形变具有高度不变性。图像融合网络包含编码层、融合层和解码层，编码层实现提取特征的功能，融合层实现融合图像特征的功能，解码器实现重构图像的功能。下面列举一种由 Tang 等人提出的基于深度学习的多焦点图像融合例子，图 5-4 所示为该方法的流程示例。

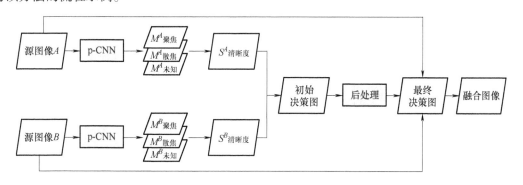

图 5-4　基于 CNN 的图像融合方法的流程示例

基于 CNN 的图像融合方法的步骤为：首先，每个源图像由 CNN（该方法中为 p-CNN）逐像素评分，以形成表示像素焦点水平的评分矩阵；然后，通过比较两个评分矩阵的值得到初始决策图；接着，通过在初始决策图上进行后处理得到最终决策图；最后，通过源图像和最终决策图实现图像融合。

5.6.2 基于自监督学习的图像融合

自监督学习是一种特殊的机器学习范式，它不依赖传统的人工标注的训练数据，而是通过从未标注的数据本身提取监督信号来进行学习。在自监督学习中，模型被训练用于执行某种任务，这个任务的目标通常是预测数据的某个部分、属性或者变换，而这个目标的正确答案可以直接从输入数据中得到。通过这样的方式，自监督学习能够利用大量的未标注数据来学习有用的特征表示，从而在资源有限的情况下克服传统监督学习对大量标注数据的依赖。这种方法不仅提高了数据利用效率，还有助于学习更具泛化性能的特征表示，使得模型能够更好地适应各种不同的任务和应用场景。

自监督学习在基于深度学习的图像融合中起着至关重要的作用，主要体现在其能够充分利用未标注数据来训练深度学习模型，从而提高图像融合的质量和效率。图像融合旨在将来自不同源的图像信息综合起来，以获得更加全面和准确的视觉表示。在这个过程中，模型需要学会如何从不同的图像中提取和结合重要的信息，这通常需要大量的标注数据来实现。然而，在实际应用中，获取这些标注数据往往是昂贵和耗时的。自监督学习通过设计一些预测任务，使模型能够在未标注数据上进行训练，从而学习到如何有效地融合不同源的图像信息。这不仅减少了对标注数据的依赖，还提高了模型的泛化能力，使其在面对新的和未知的数据时表现更好。此外，自监督学习还有助于提升模型的解释性和鲁棒性，进一步增强了图像融合的效果。总体来说，自监督为提高图像融合模型性能和降低数据获取成本提供了一种有效的解决方案。

2019 年，Ma 等人提出了一种名为 FusionGAN 的新型结构，利用生成对抗网络进行红外图像和可见光图像融合，为深度学习在图像融合领域的应用提供了新的视角和思路。该方法的核心思想是利用生成对抗网络来实现融合任务，其中生成器同时将红外图像与可见光图像作为输入，输出融合图像。由于可见光图像的纹理细节不能全部都用梯度表示，因此需要用判别器来单独调整融合图像中的可见光信息。判别器被设计为接收融合图像与可见光图像作为输入，并输出一个分类结果，其目标是准确区分这两类图像。在生成器和判别器的对抗学习过程中，融合图像中保留的可见光信息将逐渐增多。训练完成后，只保留生成器进行图像融合即可。生成器和判别器的网络模型如图 5-5 所示。

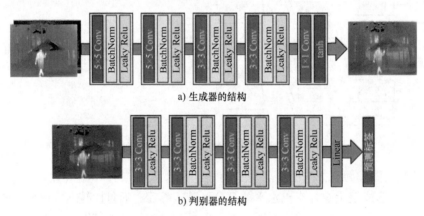

图 5-5　生成器和判别器的网络模型

自监督学习的核心思想是利用未标注的数据自身的信息作为监督。在 FusionGAN 的上下文中，真实的融合图像作为判别器的标签，而生成器则努力产生与这些真实融合图像相似的图像。这种方法避免了对外部的、昂贵的标签数据的依赖。FusionGAN 还采用了一系列特定的损失函数来确保生成的融合图像在视觉和结构上与真实融合图像相似。例如，结构相似度损失和像素级损失都从自监督的角度强调了对输入图像内部结构和属性的理解。通过这种自监督学习方法，FusionGAN 可以学习到输入图像中的关键特征，从而确保生成的融合图像具有高质量的视觉效果。

5.6.3　基于无监督学习的图像融合

无监督学习在基于深度学习的图像融合中扮演着关键角色，它允许模型在没有标注数据的情况下进行训练，从而学习如何将不同来源的图像信息有效地结合起来。这一点对于图像融合尤为重要，因为在许多实际应用中，获取大量配对和标注的融合图像是不切实际的，无监督学习提供了一种利用大量未标注数据进行训练的方法。通过这种方式，模型可以学习到图像的内在结构和分布，从而更好地捕捉不同图像之间的相关性，并实现更精准和自然的融合效果。此外，无监督学习还能够提高模型的泛化能力，使其能够更好地处理各种各样的图像融合任务，特别是在面对复杂和多变的现实世界场景时。

在图像融合的上下文中，无监督学习因其高效的数据利用能力和强大的自适应性，能够从多个图像中提取并融合有意义的特征，生成质量更高的图像。这一过程完全依赖于模型从数据中学到的信息，不需要任何关于如何融合图像的先验知识，显示出了极好的鲁棒性和泛化能力。相比之下，自监督学习虽然也能在无标签数据的情况下进行训练，但它通常需要设计特定的任务或目标来引导模型学习，如通过预测一个图像的一部分来引导模型学习如何融合图像，或者通过比较变换前后的图像来学习融合函数。这意味着需要花费更多的时间和资源来设计和优化融合任务，确保模型能够从自监督的任务中学习到对融合有用的表示。

Prabhakar 等人于 2017 年首次提出了一种基于深度卷积神经网络的无监督方法，用于处理多曝光图像融合问题，特别是在低照度条件下可改善图像质量。如图 5-6 所示，整个图像融合网络的架构由特征提取层、融合层和重构层三部分组成。曝光不足的图像 Y_1 和曝光过的图像 Y_2 分别输入到不同的通道中（通道 1 由 C11 和 C21 组成，通道 2 由 C12 和 C22 组成）。第一层（C11 和 C12）包含 5×5 过滤器，用于提取边缘和角等低级特征。预融合通道的权值相近，即 C11 和 C12、C21 和 C22 的权值相同。这种架构迫使网络学习输入对的相同特征，即 F11 和 F21 是相同的特征类型，因此可以简单地通过融合层将各自的特征映射组合起来。最后，融合层的结果传递到另一组卷积层（C3、C4 和 C5），从融合的特征中重构最终结果 Y_{Fused}。

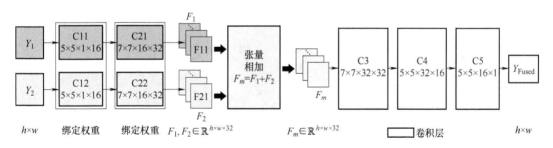

图 5-6　基于无监督的图像融合方法流程示例

本章小结

本章由易到难循序介绍了图像融合前的配准和后续的图像融合方法。本章先将一些常用的图像融合方法分为空间域图像融合和变换域图像融合两部分内容并一一进行介绍，让读者掌握基本的图像融合步骤和方法；然后补充了基于稀疏表示和深度学习的图像融合方法，让读者对更为复杂的图像融合方法有一个初步的了解。

习题

5-1　简述图像融合的基本概念以及它在图像处理中的应用价值。

5-2 解释多源图像配准的目的和基本原理，以及为什么在图像融合过程中这一步骤至关重要。

5-3 空间域图像融合和变换域图像融合的主要区别和各自优势是什么？

5-4 简述基于稀疏表示的图像融合技术的原理，以及在实际应用中的优点。

5-5 简述卷积神经网络在图像融合中的应用以及它是如何提高融合效果的。

5-6 简述自监督学习技术在图像融合中的作用以及与传统方法相比有什么区别。

5-7 阐述在无监督学习框架下进行图像融合的挑战和潜在优势。

5-8 简述在图像融合中使用无监督学习的发展趋势和可能的应用场景。

5-9 解释图像融合与图像增强之间的联系和区别。

5-10 阐述在不同图像融合应用中选择合适融合算法的关键标准和考虑因素。

5-11 图像融合算法的计算复杂性问题如何解决？对实际应用的影响是什么？

5-12 实时图像融合的潜在应用领域有哪些？实现的关键技术要点是什么？

5-13 深度学习技术在图像融合中面临的主要挑战是什么？有什么解决方案？

5-14 简述当前图像融合算法的一些局限性及其未来的发展方向。

5-15 阐述图像融合算法的鲁棒性对实际应用的重要性，以及如何评估鲁棒性。

5-16 举例说明图像融合在现实世界中的一些应用场景，如遥感图像分析、医学成像等。

第6章 图像压缩

图像压缩（Image Compression）是将数据压缩技术应用于数字图像，减少图像的冗余信息，以更小的代价使数据以更高效的格式存储和传输，实现更加方便、高效、快捷的图像存储和传输的技术。图像压缩的基本理论起源于20世纪40年代末的香农信息理论。在20世纪中期，由于电路技术的限制，图像压缩技术还很不成熟，其在恢复插值、预测编码以及二次采样等技术处停滞。直到1969年，首届"图像编码会议"的召开，标志着一门独立学科——图像编码的成立。20世纪中后期，变换编码成为图像压缩技术的一大主要成就，矢量量化编码技术也飞速发展。20世纪后期，随着一系列理论如分形、人工神经网络、小波变换、视觉模拟等的相继成立，图像的压缩编码迈出了崭新的一步，向着更高的压缩率和更好的压缩品质方向繁荣生长。

21世纪信息时代的兴起产生了大量的数据，其中图像数据已成为重要的信息媒介。随着数码相机、智能手机和各种传感器的广泛应用，各种高分辨率的图像因其丰富的信息和直观的形式在日常生活和专业领域中扮演着关键角色，但也带来了数据存储和数据传输方面的挑战。在这样的背景下，有效减小图像文件的大小，同时尽量保持其原始质量的图像压缩技术显得尤为重要。

图像压缩一般分为有损和无损两种类型。无损压缩保留了图像的所有信息，压缩后的图像可以完全还原到原始状态，适用于对图像质量有严格要求的应用场景，如医学图像和科学图像。典型的无损压缩格式包括PNG和TIFF格式。相对地，有损压缩在减小文件大小的过程中会牺牲部分图像质量。这种方法通常可以实现更高的压缩比，因此非常适合需要大量减少存储空间需求的场景，如在线媒体流和数字摄影。在有损压缩中，算法通过去除人眼难以察觉的图像细节来减小文件大小，因此即使有质量损失，也往往不易被察觉。JPEG是最常见的有损压缩格式之一。

6.1 图像压缩概述

将图像数据依照特定的规律进行组合和变换，从而用尽量少的代码（标志）来表达尽量多的信息，这种方法称为图像压缩。例如，一幅分辨率为1024×768像素的彩色图像，采用8bit来表示每个单色像素，其数据量为（1024×768×8×3）bit，大小约为2.25MB，而目前由于数字信息时代的快速发展，信息量出现爆发式增长，通常使用图像的数量可达成千上万，1000张1024×768像素的彩色图像大小即超过2GB，若不进行压缩的，将导致传播速度较慢或难以有足够的空间保存。所以，不管是传播还是保存，都需要用到图像压缩技术。

6.1.1 图像中的信息冗余

在对数字图像进行压缩编码时，需要在减少数据量的同时尽量保持图像质量不显著受损。即使无法完全恢复原始图像，也要确保图像质量的下降不被人眼察觉。最理想的情况是能够在接收端完全还原被压缩时丢失的数据。为实现这一目标，在压缩过程中需要根据原始图像的特征和人眼的视觉特性，识别出对图像质量影响较小的数据并进行压缩，即对冗余数据进行压缩。数字图像中的冗余重点呈现为空间、时间、视觉、编码、结构、知识等的冗余。

1）空间冗余。因图像中邻近像素之间具有联系而导致的图像信息冗余称为空间冗余。在图像中，邻近像素通常变化很小，显示出高度的相似性或相关性，这使得局部区域呈现出某种规律性，如色彩均匀的背景。图像内部相邻像素之间具有较近的灰度值，也是图像信息的空间冗余。

2）时间冗余。序列图像，如以影视作品等为例的视频图像，其不同帧之间具有很强的关联性，因此会产生信息冗余，即时间冗余。

3）视觉冗余。人类视觉系统麻木或无法感知的信息片段就称为视觉冗余。视觉冗余与人的视觉特征有关。人的视觉系统可以识别色度信号、运动图像和高频图像信号中的一些数据，但是识别能力有限。研究证实，人类视觉系统可以辨别多达数千种颜色，而彩色图像一般以每像素 24bit 进行表示，可以表示 2^{24} 种颜色。可见，对于人类视觉特征，彩色图像中存在大量信息冗余。

4）编码冗余。编码冗余通常也被称为信息熵冗余。如果图像灰度编码中使用的符号数大于实际表示每个灰度所需的最小符号数，则采用这种编码方法得到的图像具有编码冗余。

5）结构冗余。图像中有很深的纹理结构或很强的自相似性，如织物图像、地板的棋盘格图案等。这种由规则布局方案引起的数据冗余称为结构冗余。

6）知识冗余。它是指一些图像也包含了与某些验证知识相关的信息，如人的头部、嘴巴和眼睛的相互位置关系的固定结构。这种规则结构可以由人类先前的知识和背景来确定，这种信息冗余称为知识冗余。

图像数据中的大量冗余为编码压缩图像提供了可靠的基础。压缩编码技术可以节省图像存储空间，优化网络传输，并减少图像处理时间，从而使数字信号走上实用化。

6.1.2 图像压缩分类

无论数字图像压缩系统使用何种方法和框架，它的基本流程都是统一的，如图 6-1 所示。从原理上来看，压缩过程包括变换、量化、编码三个基本环节，且每个环节都存在数据压缩。

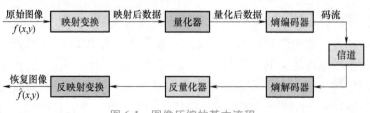

图 6-1 图像压缩的基本流程

首先对原图进行广义的映射变换，目的是用另一个新的方式在一个新的域中来表达原图。所选择的转换器必须能够有效地压缩数据，同时具有信息的高保真度、广义的可逆性。通过映射变换，如离散余弦变换、频域变换或者其他的变换方法，改变最初图像的数据特征，使得压缩编码变得更有效。然后，变换得到的参数进入量化过程，也就是熵变小的阶段。导致图像编码失真的根本原因是引入了量化器。在一定的主客观误差条件下，量化器要求量化步骤易于实现，并且总数尽可能少。最后，经过熵编码的标志（符号）不会引入额外失真，用于消除符号编码的冗余度。常见的熵编码方法包括算术编码、变长编码、游程编码和分组编码。符号流或信号的分布特性需要与编码器的方式相适应，以获得更高的压缩比。随后，经过熵编码后的信息码流通过信道传输或存入存储设备。压缩的解码过程是编码的逆过程，这三个步骤相互制约、相互关联。不同的编码技术可能涉及不同的量化器设计、图像变换模型和熵编码策略。

图像压缩方法众多，根据能否完全恢复压缩后的图像将其分为无损和有损两种。无损压缩的过程是可逆的，不引入失真，通过减少或消除各种冗余来实现。常用的无损压缩技术大多基于建立信息源的统计模型或特性，以最大限度地减少数据冗余。统计编码方法如算术编码、游程编码和霍夫曼编码等是常见的无损压缩技术。

有损压缩则是不可逆的，因为它压缩了图像的信息熵，信息量会相应减少，丢失的信息无法恢复。一般的有损压缩方法包括矢量量化、变换编码、预测编码和基于深度学习的图像压缩方法等。一般来说，有损压缩可以达到更高的压缩率，所以在对图像质量要求不严格的情况下，通常会选择有损压缩。

有损压缩和无损压缩相结合形成了一种混合编码技术，它结合了各式各样的压缩编码技术。需要说明的是，为了获得更高的编码效率，在特定的编码中不必使用单一的方法，而是交替使用不同的方法。使用混合编码一般可以将自然场景的灰度图像压缩到几分之一至十几分之一，而彩色图像能够压缩到几十分之一或上百分之一。

6.1.3　图像编码评价

近数十年来，新的图像编码方法不断出现。随着图像处理技术的广泛使用以及众多图像压缩算法的出现，图像压缩算法的评价颇受关注。一般来说，它的评价指标包括图像保真度准则、效率指标、复杂度和适用范围等。

1. 图像保真度准则

为了分析待评估图像的失真程度，比较待评估图像与原始图像之间的差异，需要评估待评估图像的质量。然而，由于人类视觉，对某些差异的敏感性较低，这就生成了两种判别标准：一种是客观保真度标准，即建立待评估图像和参考图像之间的误差；另一种是主观保真度标准，即用人的肉眼去给待评估图像打分。令 $f(x,y)$ 代表大小为 $M \times N$ 的原始图像，$\hat{f}(x,y)$ 代表待评估图像，客观评估的主要指标为均方误差（MSE）、峰值信噪比（PSNR）和结构相似性指数（SSI），其定义如下：

$$\text{MSE} = \frac{1}{MN} \sum_{i=0}^{M-1} \sum_{j=0}^{N-1} \left[f(i,j) - \hat{f}(i,j) \right]^2 \tag{6.1.1}$$

$$\text{PSNR} = 10 \lg \left(\frac{255 \times 255}{\text{MSE}} \right) \tag{6.1.2}$$

$$SSI = \frac{(2\mu_f\mu_{\hat{f}}+C_1)(2\sigma_{f\hat{f}}+C_2)}{(\mu_f^2+\mu_{\hat{f}}^2+C_1)(\sigma_f^2+\sigma_{\hat{f}}^2+C_2)} \tag{6.1.3}$$

式中，$\mu_{\hat{f}}$ 和 μ_f 分别是待评估图像 $\hat{f}$ 和原始图像 f 的均值；$\sigma_{\hat{f}}$ 和 σ_f 分别是待评估图像 $\hat{f}$ 和原始图像 f 的方差；$\sigma_{f\hat{f}}$ 是待评估图像 $\hat{f}$ 和原始图像 f 的协方差；C_1 和 C_2 是小的正数。通常定义平均结构相似性指数（MSSI）来评估高维图像的质量，对所有通道的 SSI 求和，然后取平均值。令 B 代表三维图像的通道数，其定义为 $MSSI = \frac{1}{B}\sum_{i=1}^{B} SSI_i$。待评估图像与原始图像的相似度通过 MSSI 进行评估，其值越高，图像质量越高。与传统的图像质量测量指标（如峰值信噪比）相比，结构相似性指标更能准确地反映人眼对图像质量的感知。

客观评价能够快速准确地评估编码图像的质量，其特点是指标客观性强，但达到客观评价指标标准的图像可能在主观质量上表现不佳。图像质量不仅与人类视觉系统的感知特性有关，而且还跟图像本身的客观质量有关。具有相似客观保真度指标的两幅图像可以具有完全不同的视觉效果，如图 6-2 所示。因此，图像质量的评价还必须参考主观保真度的标准。组织一组足够（至少 20 人）的观察者（包括公众和专业人士），通过目视观察来评价图像的质量。观察者将原始图像与待评估图像进行比较，评定标准可参照表 6-1，对评价图像赋予一定的质量等级，最后以均值的方式对图像进行评分。主观评价的评价过程耗时较长，其特点是与人的视觉效果一致。

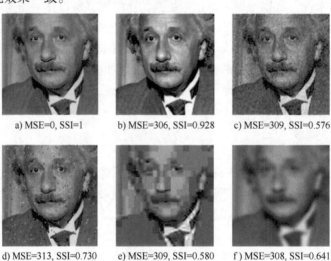

a) MSE=0, SSI=1　　　b) MSE=306, SSI=0.928　　　c) MSE=309, SSI=0.576

d) MSE=313, SSI=0.730　　　e) MSE=309, SSI=0.580　　　f) MSE=308, SSI=0.641

图 6-2　不同的爱因斯坦图像的 MSE 和 SSI 性能比较

表 6-1　图像质量主观评定标准

值	等级	描述
1	极好	图像的品质极高，和希望的一样好
2	好	图像的品质高，其中的干扰可以接受
3	一般	具有可接受的品质，其中的干扰不是不可以接受
4	较差	图像的品质不良，干扰在某种程度上不可以接受
5	差	图像品质非常差，但仍可见,有明显不可接受的干扰

2. 效率指标

影响图像编码算法的效率指标包括信息熵、平均码字长度、压缩比、传输速率和编码效率等。

（1）图像的信息熵

假定图像有 K 个灰度等级，各灰度等级出现的概率为 p_k，图像大小为 $M \times N$，各个像素占位 d bit，每两帧的间隔为 Δt，那么每个灰度级别的信息量可以定义为

$$I_k = -\log_2 p_k \tag{6.1.4}$$

则信息熵表征图像的平均信息量，定义如下：

$$H = \sum_{k=1}^{K} p_k I_k \tag{6.1.5}$$

（2）图像的平均码字长度

假设 n_k 为灰度级别为 k 对应的码长，则图像的平均码字长度为

$$R = \sum_{k=1}^{K} p_k n_k \tag{6.1.6}$$

（3）图像的编码效率

编码效率定义为

$$\eta = \frac{H}{R} \times 100\% \tag{6.1.7}$$

（4）图像的信息冗余度

信息冗余度定义为

$$\nu = 1 - \eta \tag{6.1.8}$$

（5）传输速率

传输速率定义为

$$R_b = \frac{MNR}{\Delta t} \tag{6.1.9}$$

（6）压缩比

压缩比定义为

$$r = \frac{d}{R} \tag{6.1.10}$$

一般来说，不同图像的编码效率在应用同一种压缩算法时不一定相同。

3. 复杂度和适用范围

图像编码算法的复杂度包括该算法的硬件复杂度以及完成图像解压缩和压缩所需的计算量。一个好的压缩算法通常易于硬件实现、解压和压缩过程快、压缩比高、解压后图像品质高、算法简单等。

几乎所有的图像编码算法都有自己特定的应用范围，很难对所有的图像都具备高效性和高质性。一般来说，一些特定的编码算法应用范围很窄，而很多根据图像信息统计特性的压缩算法应用范围很广，像一些自相似度高的图像，就适合用分形编码。

6.2 统计编码

统计编码也称为熵编码，能够实现码字长度与事件发生概率的最佳匹配，其通过给事件分配不同长度的码字，根据事件发生的概率来优化码字分配，为高概率事件分配较短的码字，使得平均码字长度最短。典型的方法包括行程编码、算术编码和霍夫曼编码（Huffman Coding）。

6.2.1 霍夫曼编码

霍夫曼（Huffman）于 1952 年提出霍夫曼编码，这种编码是基于信源中每种符号出现的可能性大小进行编码的，符号出现的可能性越小则为其设计的码字越长，出现的可能性越大则为其设计的码字越短，从而获取较短的平均码长，具体步骤如下：

1）计算信源字符序列中每个符号出现的概率，并按降序排列每个字符出现的概率。

2）相加两个最小的概率，组合成一个新的概率，再与其他概率降序排列。

3）降序排列后，相加两个最小概率合并成一个新概率，即重复步骤 2）直到两个概率之和为 1。

4）在任意概率组合中，高概率记为 0，低概率记为 1（或高概率记为 1，低概率记为 0）。如果两种概率组合相等，则能够任意指定一个为 1，另一个为 0。

5）从每个源字符中找出概率达到 1 的路径，并沿路径依次记录每个 1 和 0 的数字编码。

6）反写代码，即信源字符的霍夫曼码。

下面通过一个例子来描述具体的霍夫曼编码过程。

假定一幅灰度等级为 6 的图像，各灰度级输入 $X = \{x_1, x_2, x_3, x_4, x_5, x_6\}$，每个灰度等级对应的概率分别为 0.40、0.30、0.10、0.10、0.06 和 0.04。现对其进行霍夫曼编码，其编码过程如图 6-3 所示，具体步骤如下：

1）首先，将信源概率降序排列，分别为：0.40、0.30、0.10、0.10、0.06、0.04。

2）将两个最小的概率 0.04 和 0.06 相加得到 0.10 并与其他概率重新排列，形成新的概率序列 0.40、0.30、0.10、0.10 和 0.10。

3）选出两个最小的概率 0.10 和 0.10 作为重新排序后的概率，将它们相加得 0.20，形成新的概率序列 0.40、0.30、0.20 和 0.10。

4）选出两个最小的概率 0.10 和 0.20 作为重新排序后的概率，将它们相加得 0.30，形成新的概率序列 0.40、0.30 和 0.30。

5）为重新排序的概率选择两个最小的概率 0.30 和 0.30，将它们相加得 0.60 并形成新的概率序列 0.60 和 0.40。最后两个概率已经形成并且加起来为 1.0。

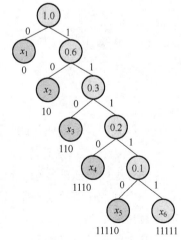

图 6-3　霍夫曼编码过程

在上述工作完成之后，从最后两个概率开始从右向左进行编码，得到各个元素的编码，如图 6-3 所示。

该图像的信息熵为

$$H = -\sum_{i=1}^{6} P(x_i) \log_2 P(x_i)$$

$$= -(0.40 \times \log_2 0.40 + 0.30 \times \log_2 0.30 + 2 \times 0.10 \times \log_2 0.10 + 0.06 \times \log_2 0.06 + 0.04 \times \log_2 0.04) \text{bit}$$

$$= 2.14 \text{bit}$$

经编码后，平均码长为

$$R = \sum_{i=1}^{6} P(w_i)\beta_i$$

$$= (0.40 \times 1 + 0.30 \times 2 + 0.10 \times 3 + 0.10 \times 4 + 0.06 \times 5 + 0.04 \times 5) \text{bit}$$

$$= 2.20 \text{bit}$$

编码效率为

$$\eta = \frac{H}{R} \times 100\% = \frac{2.14}{2.20} \times 100\% = 97.3\%$$

信息冗余度为

$$\nu = 1 - \eta = 2.7\%$$

根据以上计算结果，得到表 6-2 所示的霍夫曼编码效能表。

表 6-2　霍夫曼编码效能表

元素 x_i	x_1	x_2	x_3	x_4	x_5	x_6
概率	0.40	0.30	0.10	0.10	0.06	0.04
编码 w_i	0	10	110	1110	11110	11111
编码效能	信息熵			$H = 2.14$		
	平均码长			$R = 2.20$		
	编码效率			$\eta = 97.3\%$		

研究证实，霍夫曼编码具有以下特征：

1）当霍夫曼编码效率比较高时，图像的灰度值分布很不均匀。就以上实例来说，信息冗余度为 2.7%，编码效率为 97.3%。如果每个元素使用相同的码长，即等长编码，由于其灰度级是 6，按照信息论每个灰度级必须用 3bit 来表示，则编码效率为 71.3%，平均码长为 3bit。当信源的概率分布不均匀且为 2 的负幂次方时，霍夫曼编码效率为 100%。然而，当图像灰度值的概率均匀分布时，霍夫曼编码效率比较低。

2）霍夫曼编码方法产生的编码不唯一。当编码两个概率最小的灰度值时，小概率为 1，大概率为 0，或者小概率为 0，大概率为 1。再者，当两个灰度值以相等的概率出现时，1 和 0 随机分配。因此，编码不唯一。

3）必须先知道图像数据的概率性质，才可以对图像数据进行霍夫曼编码。所以，霍夫曼编码的结构性存在欠缺，只可以通过查码表来建立信源符号与编码的关系，而不可以使用某类数学模型。假设信源符号非常多，则表就会非常大，这肯定会使编码、存储和传输受到影响。

可以看出，霍夫曼编码需要对图像扫描两遍。第一遍扫描是计算所有数据的出现概率，再对所有数据的出现概率排序，在排序过程中获得所有数据的编码值；第二遍扫描是读取数据并将编码值存储在图像编码文件的转换表中，而不是存储图像数据。

6.2.2 费诺-香农编码

由于霍夫曼编码在第一次扫描过程中要对数据排序很多次，当元素很多时非常不方便。因此，费诺（Fano）和香农（Shannon）分别提出了类似的更简单的编码方法，即费诺-香农编码。具体流程如下：

1）将元素 $x_1 \sim x_n$ 按概率从上到下进行排列。

2）将概率序列从某个中间位置对分为两个子序列。一分为二的原理是试图使两个子序列的概率的总和大约相等，并将较高概率的组赋值为 0，概率小的一组赋值为 1。

3）重复步骤 2），直到将每个子序列分成仅有一个元素。依次排列各个 x_i 分配的值就是费诺-香农编码。以上述数据为例，其费诺-香农编码过程如图 6-4 所示。

输入	概率					
x_1	0.40	1				1
x_2	0.30		0			00
x_3	0.10	0		0	0	0100
x_4	0.10		1		1	0101
x_5	0.06			1	0	0110
x_6	0.04				1	0111

图 6-4 费诺-香农编码过程

从图 6-4 可以看出，灰度级输入 $X = \{x_1, x_2, x_3, x_4, x_5, x_6\}$ 的各元素的费诺-香农编码对应为 1、00、0100、0101、0110 和 0111。

6.2.3 算术编码

从理论上讲，通过使用霍夫曼编码可以获得最佳的编码效果，但实际上，信源字符出现的概率不是 2 的负幂次方，故而难以实现理论上的编码效率和压缩比。例如，源数据由 x 和 y 两个字符构成，对应的概率分别为 1/3 和 2/3。令 N_x 和 N_y 分别代表字符 x 和 y 的最佳码长，则有

$$N_x = -\log_2 \frac{1}{3} \text{bit} = 1.585 \text{bit} \tag{6.2.1}$$

$$N_y = -\log_2 \frac{2}{3} \text{bit} = 0.585 \text{bit} \tag{6.2.2}$$

因此，x 和 y 字符的最佳码长分别为 1.585bit 和 0.585bit。这表明为了获得最佳编码结果，需要小的数字字长。但是，对于计算机来说，这是不可能的，其只能通过整数位来完成，即通过使用霍夫曼编码对 x 和 y 的编码分别为 0bit 和 1bit，y 不能将发生概率高的代码分配给较短的码字。所以，实际编码效率达不到理论效率。为提高实际编码效率，Peter

Elias 等人提出了算术编码方法。

算术编码不遵循数据编码技术中将输入符号替换为特定代码的一般做法，它将整条压缩数据映射到半开区间[0,1)内的某个段，并构造一个大于或等于 0 且小于 1 的值。该值是输入数据流的唯一可解释代码。

假设图像的信源编码由 a、b、c 和 d 四个字符构成。如果图像的源字符集是{d,a,c,b,a}，则每个字符出现的概率见表 6-3，图像的字符集采用算术编码，具体步骤如下。

表 6-3　信源字符出现的概率及其范围

字符	概率	范围
a	0.4	[0.0,0.4)
b	0.2	[0.4,0.6)
c	0.2	[0.6,0.8)
d	0.2	[0.8,1.0)

1）根据已知条件数据求出各字符的赋值范围，见表 6-3。

2）根据如下公式计算新的子区间：

$$\begin{cases} N_s = F_s + C_l L \\ N_e = F_s + C_r L \end{cases} \tag{6.2.3}$$

式中，N_s 和 N_e 分别是新子区间的开始和结束位置；F_s 是上一个子区间的开始位置；C_l 和 C_r 分别表示当前字符子区间的左端和右端；L 是上一个子区间的长度。

3）要压缩的第一个字符是 d，其初始子区间是 [0.8，1.0)。

4）要压缩的第二个字符是 a。其前一个字符的取值范围是 [0.8，1.0)，根据式（6.2.3），字符 a 的编码值在 [0.8，0.88) 之间变化。

5）要压缩的第三个字符是 c。其前一个字符的取值范围是 [0.8，0.88)，字符 c 的赋值范围是 [0.6，0.8)，根据式（6.2.3）计算可知，字符 c 的编码值范围为 [0.848，0.864)。

6）要压缩的第四个字符是 b。其前一个字符的取值范围是 [0.848，0.864)，字符 b 的赋值范围是 [0.4，0.6)，根据式（6.2.3）计算可知，字符 b 的编码值范围为 [0.8544，0.8576)。继续读入第五个被压缩的字符 a，受限于四个先前编码的字符，它的编码值范围为 [0.848，0.864)。

可以看出，随着字符的输入，编码值的范围越来越小。当{d,a,c,b,a}字符集被完全编码后，它的范围为 [0.8544，0.85568)。此范围内的数字代码都唯一对应于{d,a,c,b,a}字符集。这个范围的下限 0.8544 可以作为源数据流压缩编码后的输出码，这样一个字符串就可以用一个浮点数来表示，从而减少了存储的空间。

从这种编码方法获得的代码的解码过程相对来说比较简单。根据编码中使用的字符概率范围和压缩后数字代码的范围，与代码相匹配的第一个字符可以很容易地被确定。解码第一个字符后，去除第一个字符对范围的影响，重复该操作，直到所有解码完成。

6.2.4　行程编码

行程编码（RLE）是相对简易的图像压缩方法之一，且广泛应用于各种图像格式的数据压缩处理。行程编码的原理比较简单，就是在压缩文件中找到连续重复的数据，用重复次数和重复数据替换文件里面的连续值。重复次数就是行程长度。例如，如果有一长串字符信息"aaaabbbcccddeeee"，则可以使用行程编码将其表示为"4a3b3c2d4e"。

行程编码在压缩包含大量重复信息的数据时非常有效，其编码简单明了。但对包含少量重复信息的数据进行压缩时，得到的压缩比比较差，压缩后的字节数甚至可能比处理前的字节数要大。因此，图像重复数据的多少与行程编码的压缩效率紧密相关。

6.3 预测编码

预测编码（Predictive Coding）就是使用一个或多个先前信号来预测下一个信号。预测编码基于离散信号之间的某种相关性进行预测，但不同的是，预测编码编码的是预测值与实际值之间的差值。假设预测足够准确，则误差信号会非常小，因此所需的代码位数将大大减少，从而实现数据压缩。例如，灰度为 220、221、221、223、226 的五个像素，其编码可以表示为 220、1、0、2、3；表示 220 需要 8bit，而表示差值 1 只需 2bit，从而实现压缩。预测编码包括非线性预测和线性预测，常用的预测方法有差分脉冲编码调制（DPCM）和增量调制（DM），这里只介绍差分脉冲编码调制，其原理如图 6-5 所示。

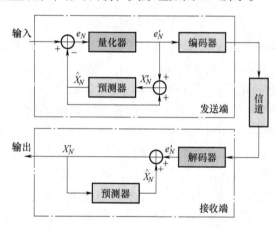

图 6-5 差分脉冲编码调制的原理

设输入信号 X_N 为 t_N 时刻的亮度取样值，$\hat{X}_N$ 为根据 t_N 时刻前已知的像素亮度取样值 X_1，$X_2,\cdots,X_{N-1}$ 对 X_N 的预测值，X_N 与 $\hat{X}_N$ 之间的误差为 e_N，有

$$e_N = X_N - \hat{X}_N \tag{6.3.1}$$

量化器对 e_N 进行量化得到 e'_N，编码器对 e'_N 进行编码发送。接收端解码时的预测器与发送端的预测器相同。接收端输出为 X'_N，其与发送端输入 X_N 之间的误差为

$$\Delta X_N = X_N - X'_N = X_N - (\hat{X}_N + e'_N) = e_N - e'_N \tag{6.3.2}$$

可以看出，发送端的量化器是 DPCM 系统中的误差来源。当 ΔX_N 足够小时，输入信号 X_N 和输出信号 X'_N 几乎相同，在这样的 DPCM 系统中，如何尽可能减少误差是一个重要问题。

6.3.1　线性预测编码

应用最小均方误差约束的预测编码称为最佳线性预测，具体分析如下。

若一幅二维图像，经过逐帧逐行扫描后得到的图像信号 $X(t)$ 为均值为 0、方差为 σ^2 的平稳随机过程，$X(t)$ 在 $t_1, t_2, \cdots, t_{N-1}$ 时刻的抽样值分别为 $X_1, X_2, \cdots, X_{N-1}$，那么，根据 X_1 到 X_{N-1} 的抽样值获得 t_N 时抽样值的线性预测值 $\hat{X}_N$ 可以表示为

$$\hat{X}_N = \sum_{i=1}^{N-1} a_i X_i = a_1 X_1 + a_2 X_2 + \cdots + a_{N-1} X_{N-1} \tag{6.3.3}$$

式中，a_i 是预测系数，为待定常数。采用均方误差最小的准则可获得对 a_i 的最佳估计。

定义 X_N 的均方误差为

$$E[e_N^2] = E[(X_N - \hat{X}_N)^2] = E\{[X_N - (a_1 X_1 + a_2 X_2 + \cdots + a_{N-1} X_{N-1})]^2\} \tag{6.3.4}$$

为使其最小，分别对各个 a_i 求偏微分，得

$$\frac{\partial}{\partial a_i} E[e_N^2] = \frac{\partial}{\partial a_i} E[(X_N - \hat{X}_N)^2] = \frac{\partial}{\partial a_i} E\{[X_N - (a_1 X_1 + a_2 X_2 + \cdots + a_{N-1} X_{N-i})]^2\}$$

$$= -2E\{[X_N - (a_1 X_1 + a_2 X_2 + \cdots + a_{N-1} X_{N-1})]X_i\} \quad i = 1, 2, \cdots, N-1 \tag{6.3.5}$$

令 $\dfrac{\partial}{\partial a_i} E[e_N^2] = 0$，得

$$E\{[X_N - (a_1 X_1 + a_2 X_2 + \cdots + a_{N-1} X_{N-1})]X_i\} = 0 \tag{6.3.6}$$

令 X_i 和 X_j 的协方差 R_{ij} 为

$$R_{ij} = E[X_i X_j] \quad i, j = 1, 2, \cdots, N-1 \tag{6.3.7}$$

则式 (6.3.6) 可表示为

$$R_{ij} = a_1 R_{1i} + a_2 R_{2i} + \cdots + a_{N-1} R_{(N-1)i} \tag{6.3.8}$$

如果全部的协方差 R_{ij} 已知，那么能够使用递归算法求解 $(N-1)$ 个预测系数 a_i，相关问题就变成了图像协方差 R_{ij} 的实际测试。假设图像是一个均值为 0 的平稳随机过程，那么能够使用其自相关系数而不是协方差 R_{ij} 来找到预测的系数。在线性预测编码中，如果只用 X_{N-1} 对 X_N 进行预测，则称为前值预测。如果使用相同行中 X_N 前的几个抽样值对 X_N 进行预测，则为一维预测。如果使用几行内的抽样值来对 X_N 进行预测，则为二维预测。DPCM 系统是一种近似处理系统，图像不同则自相关系数不同，适用于一张图像的模式和系数可能不适用于另一张图像。

6.3.2　非线性预测编码

最优预测器和最优量化器设计好后，它们的参数在确定后不会改变。但是，转换图像内容会导致采样图像的信息随时间变化，这就要求 DPCM 系统是一个"时变系统"，以获得更好的压缩效果和图像质量。基于此，非线性预测编码权衡了图像的统计特性和个例多样性，使得预测系数尽量与图像的局部特征相匹配，即使预测器和量化器参数会根据特征自动调整预测编码。下面介绍一种自适应方案。

将式 (6.3.3) 改成

$$\hat{X}_N = k \sum_{i=1}^{N-1} a_i X_i = k(a_1 X_1 + a_2 X_2 + \cdots + a_{N-1} X_{N-1}) \tag{6.3.9}$$

式中，k 是自适应系数，一般情况下设置 $k=1$，但是对于灰度变化大的区域，由于预测值偏小，可以设置 $k=1.125$，防止局部边缘被平滑；对于灰度变化较小的区域，预测值可能偏大，可以设置 $k=0.875$，以消除颗粒噪声的影响。

6.4 矢量量化

矢量量化的突出优点是解码简单，压缩比高，信号细节可以被很好地保留。矢量量化技术的应用非常广泛，如医学图像的存储和压缩、卫星遥感照片的实时传输和压缩、DVD 和数字电视的视频压缩、图像识别和语音编码等。因此，矢量量化已成为编码图像压缩的重要技术之一。

6.4.1 矢量量化的基本思想

整个动态范围由很多个子范围组成，每个子范围代表一个值，量化时落在该子范围内的信号值被这个代表值替代或量化成这个代表值。这时叫作标量量化，因为信号量是一维的，一个矢量由几个标量数据组成，矢量的维数等于标量的个数。和标量量化一样，矢量量化将矢量空间划分成几个小块，每个小块找到一个具有代表性的矢量。在量化过程中落在该小块的矢量被这个具有代表性的矢量替换，或者被量化成为这个具有代表性的矢量。

矢量量化编码，即根据一定的失真最小原则，决定如何划分 K 维矢量空间以获得合适的 M 个分块，以及如何从每个分块中选择各自合适的量化矢量 X_j'。矢量量化过程如图 6-6 所示。

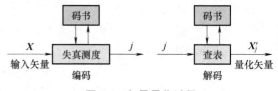

图 6-6 矢量量化过程

所有 P 维矢量构成一个空间 $\mathbb{R}^P$，将此空间分成 M 个互不相交的子空间 R_1，$R_2,\cdots,R_M$，将 R_m 称为胞腔。在各个子空间 R_m 找到一代表矢量 Y_m，则 M 个代表矢量组成的集合 $Y=\{Y_1,Y_2,\cdots,Y_M\}$ 就构成了一个矢量量化器。Y 称为码书，M 称为码书长度，Y_m 称为码字，有 $Y_m=\{Y_{m1},Y_{m2},\cdots,Y_{mP}\}$，$m=1$，$2,\cdots,M$。

举个例子，设 $n=2$，将二维平面划分为 M 个区域，每个区域取一个代表矢量，构成一个二维矢量量化器，其中 $\{X_i' \mid i=1,2,\cdots,M\}$ 为矢量量化器。编码时，使用失真测度将输入矢量 X 与码书中预先按照一定顺序存储的量化矢量集合 $\{X_i' \mid i=1,2,\cdots,M\}$ 进行比较，获得最为接近的量化矢量 X_j'，并将它的序号 j 传输到信道上；解码时，解码器根据接收到的序号 j 查表，从码书中（与编码器的码书一致）找到量化矢量 X_j'，将原来的输入矢量 X 用这个矢量替换。当输入任一矢量 X_i 到矢量量化器进行矢量量化时，矢量量化器首先根据预定的规则判定该矢量最接近码书中的哪个区域，然后选择合适的失真度量标准分别计算每个码字代替 X_i 所造成的失真。当确定产生最小失真的码字 X_j' 时，就将 X_i 量化为 X_j'，X_j' 也就是 X_i 的重构矢量。有很多方法可以测量两个矢量的"接近度"。欧几里得距离是一种常用的矢量距离计算方法，其计算公式为

$$d(X,Y)=\frac{1}{K}\sum_{i=1}^{K}(x_i-y_i)^2 \qquad (6.4.1)$$

106

这种测量方法由于计算简单而被广泛使用。矢量量化的关键是设计一个最优的矢量量化器。这需要大量的输入信号矢量，可以通过统计实验来确定。

6.4.2　矢量量化器的设计

为了实现最佳的矢量量化效果，关键在于使失真最小化，这通常包含两个核心条件：最佳划分和最佳码书。最佳划分就是在给定码书的条件下，给信源空间划分边界，使得平均失真最小。采用最近邻准则进行最佳划分，即对于任意矢量 X，如果 X 与量化矢量 Y_i 的失真小于 X 与其他量化矢量的失真，那么 X 将输入边界 S_i，此时 S_i 就是最佳划分，如图 6-7 所示。

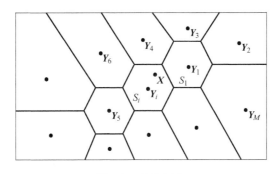

图 6-7　最佳划分

对于给定的区域边界 S_i，如果矢量集合 $\{Y_i | i=1,2,\cdots,M\}$ 使得平均失真最小，则把该组量化矢量集合 $\{Y_i | i=1,2,\cdots,M\}$ 称为码书。所以，根据已知训练矢量集来划分矢量空间，同时确定全部的量化矢量以减小矢量误差，这就是码书设计。LBG（Linde-Buzo-Gray）算法是码书设计中常见的一种算法，也是一种递归算法，它从预先选择的初始码书中迭代。将训练序列按照最近邻准则根据码书中的元素进行分组，并找到每组的质心，获得一个新的码书（初始码书），然后再次分组，重复以上过程直到系统满足性能要求。具体来说，它包括以下步骤：

1）已知码书尺寸 M，设定最小失真阈值，生成初始码书。

2）利用式（6.4.1）计算当前码书的最小平均失真。

3）如果当前码书的最小平均失真小于初始设定的最小失真阈值，停止训练，否则进行步骤4）。

4）按照最佳划分的方法划分 M 个矢量空间的质心，得到新的码书，然后进行步骤2）。

6.5　变换域压缩

变换域压缩是一种直接作用于图像变换空间中的图像像素的有损压缩方法，其用到的变换分析方法通常包括小波变换（Wavelet Transform）、傅里叶变换、Walsh-Hadamard 变换和离散余弦变换（DCT）等。

6.5.1　变换域压缩的基本思想

变换域压缩是实现图像数据压缩的主要手段，其基本思想是首先通过变换将图像数据投影到另一个特征空间，降低数据的相关性，使有效数据集中分布，然后采用量化方法离散化，最后通过霍夫曼编码等无损压缩编码进一步压缩数据的存储量。

基于小波变换的图像压缩算法首先会对图像进行小波变换处理，然后根据四个通道的特性不同分别进行量化编码。例如，低频通道（LL）采用较多的量化级别，高频通道（HH）则采用很少的几个量化级别。小波变换通过整体多级变换（通常为 3~5 级）实现，没有块状效应，能够实现 10~50 倍的压缩比而无明显失真。小波变换在静态图像压缩中的有效性得到了业内公认，已被 JPEG2000 标准采纳。

DCT 是另一种常用的变换域压缩方法，是 JPEG 等图像及视频信号压缩标准的算法基础。在实际采用 DCT 编码时，需要分块处理，各块单独变换编码，整体图像编码后再解压会出现块状人工效应，特别是当压缩比较大时非常明显，从而导致图像失真。因此，为了获得更高的图像压缩比，人们提出了基于小波变换的图像压缩算法和基于分形的图像压缩算法，这些变换算法不能实现图像编码，但变换后的信号具有很好的能量集中度。通过对信号能量分布的变换系数的选择，然后使用合适的系数量化以及编码熵，就能够在变换域内实现有效的压缩。最后，在接收端对信号进行解码和逆变换，恢复原始图像。图像不同则图像结构不同，编码的效率由图像结构与变换类型的对应匹配度来确定。

正交变换在图像压缩中之所以有效，是因为它具有极限熵保持、能量保持、去（解）相关以及能量的集中和再分配等性质。这些性质使得正交变换能够有效地捕捉图像的主要信息，同时减少数据冗余和提高压缩效率。其性质的主要内容如下：

1）极限熵保持。正交变换前后不会丢失信息，信息传递可以通过变换系数的传递来完成。

2）能量保持。原始空间域里面信号的能量等于变换域里面信号的能量。

3）去（解）相关。正交变换不仅可以去除相关中存在的数据冗余，还可以将强相关的空间样本变换为弱相关或不相关的变换系数。

4）能量的集中和再分配。正交变换法与 DPCM 法相同，零和小幅度系数占绝大多数，但 DPCM 的幅度分布可能在整个空间中，每个残差都必须编码，而正交变换法则按统计规律集中分布在一定区域上，通过丢弃最少的能量或分配更少的位，以压缩数据速率。

6.5.2 变换域编码的原理

变换域编码的原理如图 6-8 所示。

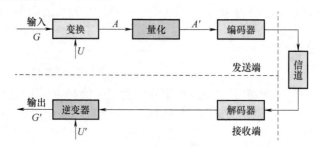

G：输入图像　　　G'：逆变换后的恢复图像　　U：正交变换
U'：与 U 对应的逆变换　　A：变换域中的变换系数　　A'：量化后的变换系数

图 6-8　变换域编码的原理

变换后的图像能量聚集在变换域里面的一些变换系数上，图像像素之间的相关性被显著降低，进而达到图像压缩的目的。为了进一步提高压缩性能，可以采用"区域采样"的方法，即结合视觉心理编码，只保存变换系数 A 中幅度较大的元素（数量少，但往往占据大部分能量），其他所有幅度较小的变换系数都设置为 0 而不进行编码，从而降低图像数据量。此外，还可以进行非线性量化，进一步提高图像压缩率。

变换的类型、图像的大小和类型、压缩的程度和方法都是变换域编码产生误差的原因。研究表明，帧内二维变换域编码的抗信道误码能力强于 DPCM，但其数据压缩程度与二维 DPCM 大致相当。这是因为变换域编码通常对图像的一小块区域逐个进行编码，误差会影响一小块区域，而不是像 DPCM 那样分散在一行或多行上。但变换域编码技术也存在所需设备繁多、成本高、算法复杂的问题，尤其是对于自适应变换域编码来说更是如此。

6.6 基于深度学习的图像压缩

随着 5G（第五代移动通信技术）的发展，海量的信息数据带来的是存储设备的紧张以及网络资源的卡顿。因此，寻求合理有效的图像压缩方法以提高网络资源的利用率成为未来图像研究领域的热点之一。目前深度学习在图像领域的使用变得越来越成熟，使用深度学习方法探索更科学、更高效的图像压缩方法必然是解决海量图像数据存储的有效路径。深度学习能有效提取图像特征，可以清楚地区分重要信息和冗余图像信息，也可以很好地表达特征信息，还可以重构图像信息的高分辨率。下面将阐述基于卷积神经网络（CNN）、循环神经网络（RNN）和生成对抗网络（GAN）的深度学习图像压缩方法。

6.6.1 基于卷积神经网络的图像压缩

卷积神经网络在图像处理和计算机视觉，特别是在识别和理解等高级视觉应用领域获得了很大成就，在目标检测、图像分类和语义分割等方面的应用非常广泛。卷积神经网络中的权重共享和局部连接两个特点使得卷积神经网络在图像压缩方面表现出了优势。局部连接指的是当前卷积层的节点只连接上一层的部分节点，仅学习图像的局部特征。局部连接输出参数的个数通过设置卷积核大小来确定。图像中空间关系的特征，即图像中像素点与周围像素点之间的空间联系，可以用局部联系来表示。局部连接将相关区域作为像素点的输入，然后整合从更深层网络中全部神经元接收的局部信息，从而得到全局信息。权重共享指的是网络各个神经元的参数大小相一致，并且参数在同一卷积核的图像处理过程中共享，这一概念最早由 LeNet-5 模型提出。权重共享大大减少了参数数量，防止了过拟合。卷积神经网络的权重共享和局部连接这两个特点大大降低了网络的计算复杂度，使得网络结构可以朝着更深更好的方向发展，同时也减少了用于图像压缩的数据量。

传统的图像压缩算法通常使用固定变换和量化方法，如使用离散余弦变换，将图像的像素数据转换为不同的频域表示，然后通过编码器和量化操作来减少图像的冗余信息。基于卷积神经网络的图像压缩算法大部分以端到端的形式对图像进行压缩，由卷积神经网络设计编码端与解码端，获得高性能的压缩框架。

蒋峰等人提出了一种基于卷积神经网络的端到端图像压缩框架，用来提升重建图像的质量，其结构如图 6-9 所示，它由两个卷积神经网络组成，分别是 COM CNN 和 REC CNN。COM CNN 提取图像的紧凑表示，再通过标准编码器编码图像的紧凑表示，最后通过 REC CNN 对解码结果进行图像超分辨率重建。在 COM CNN 部分，第一层为 64 个 3×3×c 大小的卷积核，c 表示图像通道数，得到具有 64 通道的特征图，然后通过 Relu 激活函数；第二层为 64 个 3×3×64 大小的卷积核，用于进一步提取特征并进行下采样，下采样步长设置为 2，然后通过 BN 层和 Relu 激活函数；第三层为 c 个 3×3×64 大小的卷积核，用于建立紧凑表示。在 REC CNN 部分，第一层为 64 个 3×3×64 大小的卷积核，加上 Relu 非线性激活函数，得到具有 64 通道的特征图；第二层至第十九层，每层有 64 个 3×3×64 大小的卷积核，加上 BN 层和 Relu 非线性激活函数；最后一层有 c 个 3×3×64 大小的卷积核，结合残差学习来重建原始图像。

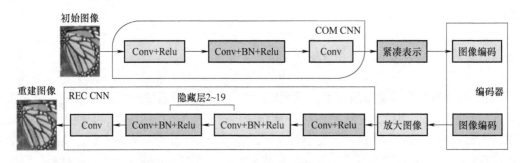

图 6-9　基于 CNN 的端到端图像压缩框架结构

尽管卷积神经网络在图像压缩方面具有显著优势，但基于卷积神经网络的图像压缩方法仍存在许多限制，阻碍了其在实际应用中的广泛普及。首先，变压缩比的压缩过程无法实现，因为每个训练好的网络都是针对特定的压缩比设计的，一旦压缩比发生变化，就需要重新训练网络。其次，这些网络对输入图像的大小也有特定要求，因为它们是为特定的图像尺寸而设计的。

6.6.2　基于循环神经网络的图像压缩

循环神经网络出现在 20 世纪 80 年代，最初由于实现困难而没有被广泛使用，但最近由于网络设计的进步和图形处理单元计算能力的提高而变得流行。与卷积神经网络相比，循环神经网络具有参数共享的特点，不同之处在于卷积神经网络的参数共享是空间维度上的，而循环神经网络的参数共享是时间维度上的，即在序列上的共享。这使得循环神经网络能够"记忆"之前的序列信息，其训练方法也通过梯度下降进行迭代计算。该功能一方面能够提高数据压缩率，另一方面能够迭代控制图像码率，两者都能够提升图像的压缩性能。但采用循环卷积网络的图像压缩方法在模型的训练上会更加复杂。

为了解决卷积神经网络的只针对固定压缩比的问题，George Toderici 等人首次使用卷积和长短时记忆（LSTM）来完成可变压缩比的图像压缩。但该方法只能压缩 32×32 像素大小的图像。为了使网络可以在不同压缩比范围内压缩任意大小的图像，George Toderici 等人提出了全分辨率的有损图像压缩算法，在变压缩比的情况下无须重复训练，网络主要包括编码器、二值化和解码器三部分，如图 6-10 所示。首先编码输入图像，并把它转换成能够储存在解码器的二进制代码。编码部分由 RNN 和 CNN 组成，解码部分利用循环卷积网络的结构迭代信号以恢复原图。迭代中权值共享且每次迭代生成一个二值化比特数。同时，整合循环层的上下文与残差中获取的信息，进而得到重建图像。

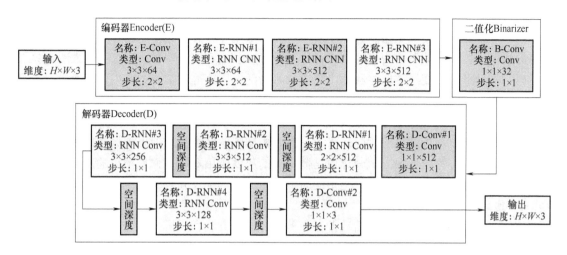

图 6-10　基于 RNN 的图像压缩框架结构

6.6.3　基于生成对抗网络的图像压缩

受到博弈论的启发，生成对抗网络将问题视为生成器和判别器之间的比较和博弈。生成器通过生成近乎真实的样本，判别器尝试将生成器的输出与真实样本区分开。这两个网络在比较中前进，在这个过程中不断地相互对抗，使得生成的样本越来越逼真，最终取得令人满意的结果。根据这个特点，生成对抗网络通过生成器生成的图像不断地"欺骗"判别器，使最终输出的图像具有高质量的纹理和视觉效果。

近年来，Eirikur Agustsson 等人提出了一种基于生成对抗网络的图像压缩框架以获取更高分辨率的生成图像。该框架由多尺度判别器、解码器（生成器）和编码器组成。该压缩算法可以压缩低码率图像，也可以压缩全分辨率图像，其结构如图 6-11 所示，其中 q 和 E 分别代表量化过程和编码器，$\hat{\omega}$ 代表压缩表示，D 和 G 分别表示判别器和生成器，G 的质量由 D 来提高。生成对抗网络能够生成比其他方法更真实、更清晰的图像。

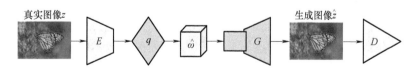

图 6-11　基于 GAN 的图像压缩框架结构

综上所述，卷积神经网络在图像压缩时很难灵活调整压缩比，而循环神经网络则能够适应不同的压缩率，使其在实用性上具有更大优势。此外，生成对抗网络在图像极限压缩方面表现良好。深度学习在图像处理任务中表现出色，尽管已有许多成果，但仍需进一步研究如何将初期图像压缩的信息应用于机器视觉等领域，如何优化模型参数以及设计更好的网络结构以提高图像压缩的泛化能力。

本章小结

本章主要介绍了图像压缩的各种压缩方法。图像压缩可分为无损压缩和有损压缩，无损压缩方法包括霍夫曼编码、费诺-香农编码、算术编码和行程编码等，有损压缩方法包括预测编码、矢量量化、变换域压缩和基于深度学习的图像压缩等。学习本章内容，重点掌握图像压缩方法，理解图像压缩概念。

图像的编码冗余使得图像压缩成为可能。图像压缩本质上是对图像数据按一定的规则进行变换和组合，以尽可能少的代码来表示图像。根据图像像素灰度值出现概率的分布特性而进行的压缩编码称为统计编码，其思想是概率大的灰度级用短码字，概率小的灰度级用长码字。此编码方法是无损压缩，能够完全还原，但因为数据统计冗余的理论限制，压缩比一般为 2：1 到 5：1。

有损压缩后的图像数据与原始数据存在差异，这种方法利用了人类对图像中某些频率成分不敏感的特性，允许在压缩过程中丢失一定的信息。尽管无法完全恢复原始数据，但损失的部分对于整体图像的理解影响较小，同时带来了高达 200：1 甚至更高的压缩比。因此，在选择图像压缩方法时需要考虑实际需求和应用场景。

习题

6-1 简述图像压缩的基本概念及其图像处理中的重要性。

6-2 阐述统计编码方法在图像压缩中的工作原理及其优势。

6-3 设某一幅图像共有八个灰度级，各灰度级出现的概率分别为 $p_1 = 0.40$，$p_2 = 0.10$，$p_3 = 0.20$，$p_4 = 0.05$，$p_5 = 0.01$，$p_6 = 0.12$，$p_7 = 0.02$，$p_8 = 0.10$。试对此图像进行霍夫曼编码和费诺-香农编码，并比较这两种编码方式的效率。

6-4 简述预测编码方法的特点和分类。

6-5 简述变换域压缩技术，如离散余弦变换（DCT）在图像压缩中的作用及优点。

6-6 在图像压缩过程中如何处理数据丢失的问题？

6-7 简述深度学习技术在提高图像压缩效率方面的优势。

6-8 简述基于卷积神经网络的图像压缩方法及其在现代图像处理中的重要性。

6-9 简述循环神经网络在图像压缩领域中的潜在应用及优势。

6-10 简述生成对抗网络在图像压缩中的应用及其对压缩技术的贡献。

6-11 详细说明无损压缩和有损压缩的区别，以及它们的应用场景。

6-12 编写程序实现一个简单的基于卷积神经网络的图像压缩模型。

6-13 在图像压缩过程中如何处理颜色失真的问题？

6-14 解释编码效率在图像压缩中的重要性，并描述如何评估。

6-15 试述图像压缩算法面临的主要挑战，尤其是在高分辨率图像方面。

6-16 试述图像压缩技术未来可能的发展方向，特别是在深度学习领域。

第 7 章　图像分割

图像分割（Image Segmentation）是数字图像处理中的一项关键技术，其目的是将数字图像划分为多个区域或对象，以便于更好地分析和理解图像内容。在实际应用中，图像中往往只有部分信息是人们感兴趣的，这些信息通常被称为对象或目标，如卫星图像中的道路、水体、建筑等物体，医学影像中的肿瘤和病灶等特定区域。图像分割的目的正是为了分离和突出这些具有独特属性的区域，从而使得目标对象能够被清晰地识别和分析。该技术的核心挑战在于如何准确地识别这些区域并且区分它们，这通常涉及对图像的色彩、纹理、形状和亮度等特征的分析。

图像分割在图像处理领域占据了基础且重要的地位，经过过去几十年的深入研究和探索，已经发展出了众多基于不同理论的分割方法，并广泛应用于计算机视觉、产品质量检测、卫星图像定位及医学影像分析等高新技术中。图像分割技术不仅有助于更好地理解图像内容，而且还为进一步的图像分析和处理提供了坚实的基础。随着机器学习和深度学习技术的发展，分割的准确性和效率得到了显著提高。特别是在深度学习领域，卷积神经网络（CNN）凭借其学习和识别大量复杂图像特征的强大能力，极大地促进了图像分割的精确度和细致度，为更高级的图像处理开辟了新的可能性。

7.1　图像分割概述

分析和理解图像中的对象是图像处理的核心。前述图像处理的重点是增强图像效果，而图像分析是检测和测量图像中感兴趣的目标，获取描述图像的客观信息。理解图像的重点是分析图像，研究图像中物体属性及其相互关系，对客观场景进行解译，从而更好地指导行为。图像分析的一般步骤如下：

1）把不同的对象分开或把图像分割为不同的区域。

2）寻找各个区域的特征。

3）对图像分类或找到图像中感兴趣的目标。

4）描述不同的区域，然后找到相似的结构或将相关的区域连接成有意义的结构。

可以看出，图像分割是图像处理和分析之间的重要环节。图像分析结果与分割质量紧密相关。一方面，图像分割以目标表达为基础，很大程度上影响着特征测量；另一方面，原始图像通过图像分割、目标表达、参数测量以及特征提取等转换为更加紧凑以及抽象的形式，从而可以理解和分析更高水平的图像。下面借助集合的概念，对图像分割进行较正式的定义。

将整个图像区域用集合 R 表示，对 R 的分割看成将 R 分成 N 个非空子集（子区域）R_1，R_2，$\cdots$，R_N，使其符合如下五个条件：

1）$\bigcup\limits_{i=1}^{N} R_i = R$。

2）对所有的 i 和 j，$i \neq j$，有 $R_i \cap R_j = \varnothing$。

3）对 $i = 1, 2, \cdots, N$，有 $P(R_i) = \text{TRUE}$。

4）对 $i \neq j$，有 $P(R_i \cup R_j) = \text{FALSE}$。

5）对 $i = 1, 2, \cdots, N, R_i$ 是连通的区域。

其中，$P(R_i)$ 为对集合 R_i 中所有元素的逻辑谓词，$\varnothing$ 为空集。

条件 1）体现了分割结果中所有区域的总和（并集）必须包含图像的全部像素，即原始图像；条件 2）体现了分割结果中的任意一个像素点不在两个区域内，即区域不重叠；条件 3）体现了同一区域内的像素的某些特征相同；条件 4）体现了区域不同则像素特征不同；条件 5）体现了同一分割区域的任意两个像素在该区域是互相连通的。

目前，各种有效的图像分割方法被提出。基于分割依据，图像分割方法有非连续性分割及相似性分割。相似性分割即寻求像素之间的相似性，集合灰度或结构相似的像素，然后在图像中生成各个区域，因此被叫作基于区域相关的分割法。非连续分割即检测局部间断后将其连接，以致产生边界，图像通过边界分成不同的区域，有时被叫作基于点相关的分割法。这两种方法相辅相成，都有彼此适用的场合。在应用中，需要根据实际情况使用合适的方法进行图像分割，有时需要把两种方法结合使用，力求获得更好的分割结果。

7.2 边缘检测

边缘检测是计算机视觉和图像处理中的一个基本任务，其目的是识别数字图像中亮度显著变化的点。这些点通常代表着图像属性的关键事件和变化，包括深度不连续、表面方向的变化、场景照明的变化以及材料属性的改变。通过边缘检测，能够显著减少数据量，去除不重要的信息，同时保留重要的结构属性。

7.2.1 边缘检测算子

物体边缘往往具有局部不连续性，例如，纹理结构、颜色、灰度值的骤变等。实际上，边缘往往表示区域的开始和结束。在人的视觉与图像分析中，图像边缘信息无比重要。图像边缘包括方向和幅度两个特性，通常沿着边缘方向的像素变化较平缓，而垂直于边缘方向的像素变化较剧烈。这种变化大致分为两种：阶跃状和屋顶状。如图 7-1a 所示，阶跃状边缘两侧像素灰度值差异明显；如图 7-1b 所示，屋顶状边缘存在于灰度值由增到减的转折点位置。边缘灰度值的不连续可以通过求导检测出来。

根据图 7-1 可知，在阶跃状边缘的点 P_1，其灰度变化曲线 $f_1(x, y)$ 的一阶导数在 P_1 点达到极大值，二阶导数在 P_1 点为零；在屋顶状边缘的点 P_2，其灰度变化曲线 $f_2(x, y)$ 的一阶导数在 P_2 点为零，二阶导数在 P_2 点达到极小值。

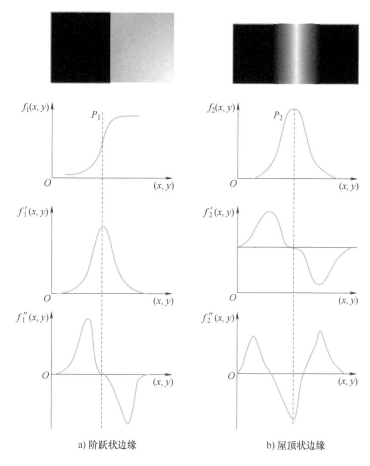

a) 阶跃状边缘　　　　　　　　　b) 屋顶状边缘

图 7-1　两种边缘及其剖面的灰度变化曲线和一阶、二阶导数曲线

通过边缘像素值发生改变的一阶或二阶导数特征能够检测出边缘点。下面是经常使用的边缘检测算子。

1. 梯度算子

在阶跃状边缘处，一阶导数具有极值，即梯度在该点达到最大。因此，边缘点可以通过计算像素的梯度来检测。根据梯度定义，梯度的大小就是边缘的强度，边缘的方向垂直于梯度的方向。用一个 2×2 大小的模板表示梯度算子（见图 7-2a、b），但这些梯度算子只求解了相邻像素的灰度差，且对噪声很敏锐。因此在实际中，经常使用 Prewitt 算子（见图 7-2c、e）和 Sobel 算子（见图 7-2d、f）来检测边缘。

以图 7-2a 的梯度算子为例来说明边缘检测的过程。该算子由两组 2×2 的矩阵组成，分别是水平方向和垂直方向，将它与原始图像 f 进行平面卷积，即可得到每个像素位置处的梯度分量 g_x 和 g_y，即

$$g_x = \begin{bmatrix} -1 & 1 \\ 0 & 0 \end{bmatrix} * f \tag{7.2.1}$$

$$g_y = \begin{bmatrix} -1 & 0 \\ 1 & 0 \end{bmatrix} * f \tag{7.2.2}$$

−1	1
0	0

−1	0
1	0

a) 梯度算子

−1	0
0	1

0	1
−1	0

b) Roberts算子

−1	−1	−1
0	0	0
1	1	1

−1	0	1
−1	0	1
−1	0	1

c) Prewitt算子

−1	−2	−1
0	0	0
1	2	1

−1	0	1
−2	0	2
−1	0	1

d) Sobel算子

0	1	1
−1	0	1
−1	−1	0

−1	−1	0
−1	0	1
0	1	1

e) Prewitt对角边缘检测算子

0	1	2
−1	0	1
−2	−1	0

−2	−1	0
−1	0	1
0	1	2

f) Sobel对角边缘检测算子

图 7-2　常用梯度算子模板

原始图像 f 的 (x,y) 位置处，其梯度分量的具体计算如下：

$$g_x = \frac{\partial f(x,y)}{\partial x} = f(x+1,y) - f(x,y) \tag{7.2.3}$$

$$g_y = \frac{\partial f(x,y)}{\partial y} = f(x,y+1) - f(x,y) \tag{7.2.4}$$

然后，通过这两个梯度分量来得到该点的梯度幅值 $M(x,y)$，其具体计算为

$$M(x,y) = \sqrt{g_x^2 + g_y^2} \tag{7.2.5}$$

因为平方和平方根的计算量较大，有时也采用绝对值来近似梯度的幅值：

$$M(x,y) = |g_x| + |g_y| \tag{7.2.6}$$

从这几种经常使用的模板不难看出，根据实际情况修改模板的参数就可以检测到不同方向的边缘。往往通过选择恰当的阈值 T，然后二值化梯度图像来突出检测到的边缘点。二值化公式如下：

$$g(x,y) = \begin{cases} 1, & g(x,y) \geq T \\ 0, & 其他 \end{cases} \tag{7.2.7}$$

以图 7-3 为例，用图 7-2 中的算子进行边缘检测，结果如图 7-4 所示。图 7-4b 较图 7-4a 检测出了更多的对角边缘，如房屋的斜檐；图 7-4c~f 所用模板尺寸比图 7-4a、b 的大，所检测出的边缘更多更准确，如房屋的屋檐和旁边的树木等。

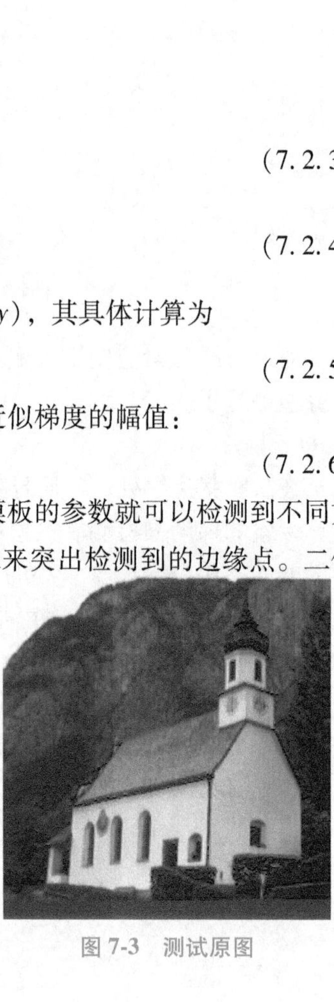

图 7-3　测试原图

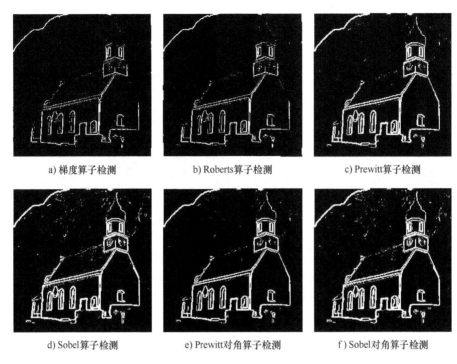

a) 梯度算子检测   b) Roberts算子检测   c) Prewitt算子检测

d) Sobel算子检测   e) Prewitt对角算子检测   f) Sobel对角算子检测

图 7-4　各算子检测结果

117

参考程序如下:

```
imag1=imread('测试原图.jpg'); imag1=rgb2gray(imag1);
[high,width]=size(imag1);
U=double(imag1);
utidu=imag1;
for i=2:high - 1
    for j=2:width - 1
        Gx=(U(i,j+1) - U(i,j));
        Gy=(U(i+1,j) - U(i,j));
utidu(i,j)=sqrt(Gx^2 + Gy^2);
    end
end
Ga=im2uint8(utidu);
thresha=graythresh(Ga);              %确定二值化阈值
Ba=im2bw(Ga,thresha);                %对图像二值化
imshow(Ba);                          %梯度算子边缘检测后的图像
uRoberts=imag1;
for i=2:high - 1
    for j=2:width - 1
```

```
                Gx=(U(i+1,j+1) - U(i,j));
                Gy=(U(i,j+1) - U(i+1,j));
                uRoberts(i,j)=sqrt(Gx^2 + Gy^2);
            end
        end
    Gb = im2uint8 (uRoberts); threshb = graythresh (Gb); Bb = im2bw (Gb,
threshb);
    imshow(Bb);                          %Roberts 算子边缘检测后的图像
    uPrewitt=imag1;
    for i=2:high - 1
        for j=2:width - 1
            Gx=(U(i+1,j+1) + U(i+1,j) + U(i+1,j-1)) - (U(i-1,j-1) +
U(i-1,j) + U(i-1,j+1));
            Gy=(U(i+1,j+1) + U(i,j+1) + U(i-1,j+1)) - (U(i-1,j-1) +
U(i,j-1) + U(i+1,j-1));
            uPrewitt(i,j)=sqrt(Gx^2 + Gy^2);
        end
    end
    Gc = im2uint8 (uPrewitt); threshc = graythresh (Gc); Bc = im2bw (Gc,
threshc);
    imshow(Bc);                          %Prewitt 算子边缘检测后的图像
    uSobel=imag1;
    for i=2:high - 1
        for j=2:width - 1
            Gx=(U(i+1,j+1) + 2 * U(i+1,j) + U(i+1,j-1)) - (U(i-1,j-
1) + 2 * U(i-1,j) + U(i-1,j+1));
            Gy=(U(i+1,j+1) + 2 * U(i,j+1) + U(i-1,j+1)) - (U(i-1,j-
1) + 2 * U(i,j-1) + U(i+1,j-1));
            uSobel(i,j)=sqrt(Gx^2 + Gy^2);
        end
    end
    Gd = im2uint8 (uSobel); threshd = graythresh (Gd); Bd = im2bw (Gd,
threshd);
    imshow(Bd);                          %Sobel 算子边缘检测后的图像
    uPrewittdui=imag1;
    for i=2:high - 1
        for j=2:width - 1
            Gx=(U(i-1,j) + U(i-1,j+1) + U(i,j+1)) - (U(i,j-1) + U(i+1,
```

```
j-1) + U(i+1,j));
                Gy=(U(i,j+1) + U(i+1,j+1) + U(i+1,j)) - (U(i-1,j) + U(i-
1,j-1) + U(i,j-1));
                uPrewittdui(i,j)=sqrt(Gx^2 + Gy^2);
        end
    end
    Ge=im2uint8(uPrewittdui);threshe=graythresh(Ge);Be=im2bw(Ge,
threshe);
    imshow(Be);                         %Prewitt 对角算子边缘检测后的图像
    uSobeldui=imag1;
    for i=2:high - 1
        for j=2:width - 1
            Gx=(U(i-1,j) + 2*U(i-1,j+1) + U(i,j+1)) - (U(i,j-1) + 2
*U(i+1,j-1) + U(i+1,j));
            Gy=(U(i,j+1) + 2*U(i+1,j+1) + U(i+1,j)) - (U(i-1,j) + 2
*U(i-1,j-1) + U(i,j-1));
            uSobeldui(i,j)=sqrt(Gx^2 + Gy^2);
        end
    end
    Gf=im2uint8(uSobeldui);threshf=graythresh(Gf);Bf=im2bw(Gf,
threshf);
    imshow(Bf);                         %Sobel 对角算子边缘检测后的图像
```

2. 拉普拉斯算子（Laplacian）

阶跃状边缘的二阶导数在边缘点处会出现零交叉，且边缘点两侧像素的二阶导数符号不同。计算图像中各个像素关于 x 轴和 y 轴的二阶偏导数和 $\nabla^2 f(x,y)$，其公式如下：

$$\nabla^2 f(x,y)=f(x+1,y)+f(x-1,y)+f(x,y+1)+f(x,y-1)-4f(x,y) \tag{7.2.8}$$

拉普拉斯算子是二阶算子。图 7-5 所示为拉普拉斯算子的模板，它是一种各向同性（旋转轴对称）且与方向无关的边缘检测算子。二阶算子对于检测细线很有用，但它们对噪声很敏感，可能会导致双边缘。此外，拉普拉斯算子无法检测边缘方向。

前述算子都对噪声非常敏感，所以在进行图像处理时，首先要对图像进行去噪，然后才能对图像进行边缘检测。

0	1	0
1	-4	1
0	1	1

马尔（Marr）算子是一种比较常用的边缘检测算子，其首先使用高斯函数来平滑处理图像，即

图 7-5 拉普拉斯算子的模板

$$h(x,y)=\mathrm{e}^{-\frac{x^2+y^2}{2\sigma^2}} \tag{7.2.9}$$

式中，σ 表示方差，可通过对 σ 的调节控制其平滑作用。利用 $h(x,y)$ 对图像 $f(x,y)$ 进行平滑即将图像与高斯函数做卷积，有

$$g(x,y) = h(x,y) * f(x,y) \tag{7.2.10}$$

令 r 表示离原点的径向距离，即 $r^2 = x^2 + y^2$。将式（7.2.9）代入式（7.2.10）中，再采用拉普拉斯算子对图像 $g(x,y)$ 进行检测，可得

$$\nabla^2 g(x,y) = \nabla^2 \left[h(x,y) * f(x,y) \right] = \left(\frac{r^2 - \sigma^2}{\sigma^4} \right) e^{-\frac{r^2}{2\sigma^2}} * f(x,y)$$
$$= \nabla^2 h * f(x,y) \tag{7.2.11}$$

式中，$\nabla^2 h$ 称为高斯-拉普拉斯算子（Laplacian of Gaussian，LoG），因其函数形状像一个草帽，又被称为"墨西哥草帽"。它是一个轴对称的各向同性函数，其轴截面如图7-6所示。图像里的阶跃状边缘的性质可以用二阶导数的零交叉点的性质来确定。可以看出，该函数在 $r = \pm\sigma$ 处为0，在 $|r| > \sigma$ 时为负，在 $|r| < \sigma$ 时为正。LoG 函数具有以下特点：

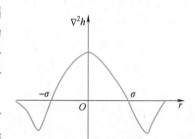

图 7-6　高斯-拉普拉斯算子的轴截面

1）图像的平滑度取决于 σ。当 σ 较小时，边缘细节改变多，边缘位置精度较高；当 σ 较大时，平滑效果较大，但同时细节损失较大，边缘点定位精度较低。

2）LoG 滤波器使用拉普拉斯算子大大减少了计算量，因为拉普拉斯算子具有各向同性，可以减少方向性带来的计算量。

马尔算子的卷积模板通常较大（典型半径是在 8～32 像素之间），但往往可以将模板分解成一维卷积进行计算。即用 $\nabla^2 h$ 直接对图像卷积进行边缘检测，相当于用式（7.2.9）的高斯平滑函数对图像卷积，然后计算所得结果的拉普拉斯算子。

3. 坎尼（Canny）算子

前述边缘检测算子都是局部窗口梯度算子，因其对噪声敏感，因此在对真实图像进行处理时效果并不太好。坎尼指出，边缘检测算子的评价指标是高低位精度、低误判率和抑制虚假的边缘，即将边缘点误认为是非边缘点的概率越小越好，进而将边缘点精确定位在灰度变化最大的像素点上。在此基础上，引出最优边缘检测算子——坎尼算子。

取高斯函数

$$G(x,y) = \frac{1}{2\pi\sigma^2} \exp\left(-\frac{x^2 + y^2}{2\sigma^2} \right) \tag{7.2.12}$$

它的梯度矢量是

$$\nabla G = \begin{bmatrix} \partial G / \partial x \\ \partial G / \partial y \end{bmatrix} \tag{7.2.13}$$

采用分解方法加快速度，把 ∇G 二维滤波卷积模板分解成两个一维的行列滤波器，得到

$$\frac{\partial G(x,y)}{\partial x} = kx e^{-\frac{x^2}{2\sigma^2}} e^{-\frac{y^2}{2\sigma^2}} = h_1(x) h_2(y) \tag{7.2.14}$$

$$\frac{\partial G(x,y)}{\partial y} = ky e^{-\frac{y^2}{2\sigma^2}} e^{-\frac{x^2}{2\sigma^2}} = h_1(y) h_2(x) \tag{7.2.15}$$

式中，

$$h_1(x) = \sqrt{k} x e^{-\frac{x^2}{2\sigma^2}}, h_2(y) = \sqrt{k} e^{-\frac{y^2}{2\sigma^2}} \tag{7.2.16}$$

$$h_1(y) = \sqrt{k}\, y \mathrm{e}^{-\frac{y^2}{2\sigma^2}}, h_2(x) = \sqrt{k}\, \mathrm{e}^{-\frac{x^2}{2\sigma^2}} \tag{7.2.17}$$

因此有

$$h_1(x) = x h_2(x), h_1(y) = y h_2(y) \tag{7.2.18}$$

分别把这两个模板与图像 $f(x,y)$ 做卷积，得

$$E_x = \frac{\partial G(x,y)}{\partial x} * f, E_y = \frac{\partial G(x,y)}{\partial y} * f \tag{7.2.19}$$

令

$$A(i,j) = \sqrt{E_x^2 + E_y^2}, a(i,j) = \arctan \frac{E_y(i,j)}{E_x(i,j)} \tag{7.2.20}$$

式中，$A(i,j)$ 用来反映边缘强度；$a(i,j)$ 是垂直于边缘的方向。确定像素点是边缘点的条件如下：

1）像素 (i,j) 的边缘强度大于沿梯度方向的相邻的两个像素的边缘强度。

2）与该像素梯度方向上相邻两点的方向差小于45°。

3）以该像素为中心的 3×3 邻域中的边缘强度的极大值小于某个阈值。

图 7-7 所示为对图 7-3 采用 LoG 算子和坎尼算子进行边缘检测的结果。图 7-7a 中使用高斯-拉普拉斯算子，高斯函数用于平滑图像，因为二阶导数算子对噪声更敏感。拉普拉斯算子的目的是展现一幅用零交叉来确定边缘位置的图像，可以看到所检测出的边缘也比图 7-4 的更细。图 7-7b 经高斯滤波后使用 Sobel 算子进行检测，再通过非极大值抑制去除伪边缘，减少伪边缘后，检测到的边缘线条比较多，最后通过双阈值检测可以滤掉一些很暗的边缘，并让主要的边缘突显出来。

a) LoG算子检测　　　　　　　　　b) 坎尼算子检测

图 7-7　对图 7-3 采用 LoG 算子和坎尼算子进行边缘检测的结果

参考程序如下：

```
[Gh,threshh]=edge(imag1,'LOG');
imwrite(Gh,'Gh.jpg');                %LoG 算子边缘检测后的图像
[Gj,threshj]=edge(imag1,'Canny');
imwrite(Gj,'Gj.jpg');                %坎尼算子边缘检测后的图像
```

7.2.2 边缘跟踪

在实际应用中，由于获取的图像会受到噪声和光照等影响，前述各种算子获取的边缘点往往是孤立或小段连续的，因此通常需要将检测到的边缘点连接起来。一般地，采用边缘跟踪方法在边缘检测后将边缘点连接起来。

1. 局部处理

像素之间存在相似性是边缘像素相连的基础。不连续的边缘像素可以根据它们在梯度方向和幅值上的相似性进行连接。

连接边缘点的具体操作为：分析图像中各个点(x,y)的某个已知邻域（如 3×3 或 5×5）内像素的特征，假如像素(s,t)在像素(x,y)的邻域内，并且它们的梯度幅值和梯度方向符合以下两个条件（其中 T 为幅度阈值，A 为角度阈值）：

$$|\nabla f(x,y)-\nabla f(s,t)| \le T \tag{7.2.21}$$

$$|\varphi(x,y)-\varphi(s,t)| \le A \tag{7.2.22}$$

则可以将像素(s,t)和像素(x,y)连接起来。如果将所有的边缘像素都进行此番操作，那么边缘点就有可能连接成线。图 7-8a 所示为几何体分割原图，目的是清楚地找到几何体可见的棱边。通过 Sobel 算子边缘检测得到图 7-8b，图 7-8c 所示为对图 7-8b 进行边缘连接后的结果。可以看出，由于正面棱边的两侧像素值变化较小，得到的边缘结果（见图 7-8b）会出现边缘不连续的现象，采用局部处理的边缘连接算法可以将边缘不连续的点连接起来（见图 7-8c）。

 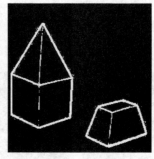 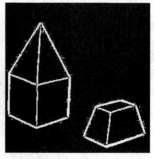

a) 几何体分割原图　　　　　　b) Sobel算子检测　　　　　　c) 边缘连接后的结果

图 7-8　使用局部处理的边缘连接结果

参考程序如下：

```
I=im2double(imread('indor3.jpg'));[M,N]=size(I);
n_l=1;
s_y=[-1 -2 -1;0 0 0;1 2 1];                        %Sobel 算子
s_x=[-1 0 1;-2 0 2;-1 0 1];
gx=zeros(M,N);gy=zeros(M,N);f_pad=padarray(I,[n_l,n_l],
'replicate');
    for i=1:M
```

```
    for j=1:N
            Block=f_pad(i:i+2*n_l,j:j+2*n_l);
            gx(i,j)=sum(sum(Block.*s_x));gy(i,j)=sum(sum(Block.*s_y));
        end
    end
gx=abs(gx);gy=abs(gy);GA=gx+gy;
thresha=0.2%graythresh(GA);              %确定二值化阈值
Ba=im2bw(GA,thresha);                    %对图像二值化
imshow(Ba)                               %Sobel算子边缘检测后的图像
a_s=atan2(gy,gx)*180/pi;
th=0.039;T_max=max(gy(:));T_M=T_max*th;T_A=45;        %设置梯度
                                                        门限
Tx=zeros(M,N);                           %计算水平方向
A_x=90;
for i=1:M
    for j=1:N
        if gy(i,j)>T_M
            if a_s(i,j)>=A_x-T_A && a_s(i,j)<=A_x+T_A
                Tx(i,j)=1;
            end
        end
    end
end
T_max=max(gx(:));T_M=T_max*th;T_A=45;
Ty=zeros(M,N);                           %计算竖直方向
A_y=0;
for i=1:M
    for j=1:N
        if gx(i,j)>T_M
            if a_s(i,j)>=A_y-T_A && a_s(i,j)<=A_y+T_A
                Ty(i,j)=1;
            end
        end
    end
end
L=2;
Tx_pad=padarray(Tx,[0,L-1],'post');Tx_g=zeros(M,N);  %沿水平方向
进行填充
```

```
for i=1:M
    for j=1:N
        if Tx_pad(i,j)==1 && Tx_pad(i,j+1)==0
            Block=Tx_pad(i,j+2:j+L-1);ind=find(Block==1);
            if ~isempty(ind)
                ind_Last=j+2+ind(1,length(ind))-1;
                Tx_pad(i,j:ind_Last)=1;Tx_g(i,j:ind_Last)=1;
            end
        else
            Tx_g(i,j)=Tx_pad(i,j);
        end
    end
end
Ty_pad=padarray(Ty,[L-1,0],'post');Ty_g=zeros(M,N);   %沿垂直方向
进行填充
for j=1:N
    for i=1:M
        if Ty_pad(i,j)==1 && Ty_pad(i+1,j)==0
            Block=Ty_pad(i+2:i+L-1,j);ind=find(Block==1);
            if ~isempty(ind)
                ind_Last=i+2+ind(length(ind),1)-1;
                Ty_pad(i:ind_Last,j)=1;Ty_g(i:ind_Last,j)=1;
            end
        else
            Ty_g(i,j)=Ty_pad(i,j);
        end
    end
end
T_g=Ty_g+Tx_g;
imshow(T_g);                        %边缘连接后的结果
```

2. 整体处理

整体处理是一种使用全局图像特征连接边缘点的方法。一般采用霍夫（Hough）变换对整体进行处理。整体处理是以区域形状的条件为先验知识，使用霍夫变换连接不连续的边缘像素以形成闭合的边界曲线。

最简单的曲线是直线。本小节以霍夫变换检测直线为例介绍霍夫变换方法。如图 7-9a 所示，假设有一条直线 l 位于笛卡儿直角坐标系，原点到该直线的垂直距离是 ρ，垂线与 x 轴的夹角是 θ，那么这条直线用 ρ、θ 表示的表达式为

$$\rho = x\cos\theta + y\sin\theta \tag{7.2.23}$$

而在极坐标系中，这条线是一个点(ρ, θ)，如图 7-9b 所示。可以看出，直角坐标系的一条线就是极坐标系中的一点，这种点线之间的变换即为霍夫变换。

直角坐标系中过任意点(x_0, y_0)的直线系（见图 7-9c）符合

$$\rho = x_0\cos\theta + y_0\sin\theta = (x_0^2 + y_0^2)^{1/2}\sin(\theta + \phi) \tag{7.2.24}$$

式中，$\phi = \arctan(y_0/x_0)$。这些直线对应于极坐标系中的正弦曲线，如图 7-9d 所示。相反，极坐标系中该正弦曲线上的一点对应于通过直角坐标系中过(x_0, y_0)的直线。因此，如果平面上有多个点，那么通过每个点的直角坐标系对应极坐标系中的一条正弦曲线。如图 7-9e 所示，假如这些正弦曲线有公共交点(ρ', θ')，那么这些点是在一条直线上，直线方程为

$$\rho' = x\cos\theta' + y\sin\theta' \tag{7.2.25}$$

这就是霍夫变换检测直线的原理，其算法流程为：

1）在极值范围ρ、θ内分别对其进行m、n等分，图 7-9f 所示为一个二维数组的下标与ρ_i、θ_j的对应取值。

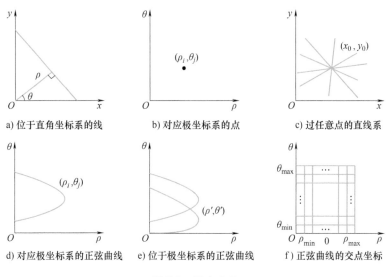

a) 位于直角坐标系的线　　　b) 对应极坐标系的点　　　c) 过任意点的直线系

d) 对应极坐标系的正弦曲线　　e) 位于极坐标系的正弦曲线　　f) 正弦曲线的交点坐标

图 7-9　霍夫变换

2）对图像上的所有边缘点做霍夫变换，即对每点$\theta_j(j = 0, 1, \cdots, n)$求出对应的$\rho_i$。对各直线上的点采用"投票"（Vote）的方法，也就是判断(ρ_i, θ_j)与哪个数组元素对应，有直线经过这一点，则让该数组元素值加 1，即$A[i, j] = A[i, j] + 1$。

3）对$A[i, j]$中数组元素值进行大小比较，这些共线点对应的直线方程的参数就是最大值所对应的(ρ_i, θ_j)。共线方程为

$$\rho_i = x\cos\theta_j + y\sin\theta_j \tag{7.2.26}$$

可以看出，如果ρ、θ量化过粗，则直线参数会不准确；如果ρ、θ量化过细，则会增加计算量。因此，在ρ、θ量化时，需要考虑参数量化的计算量和精度。

图 7-10 所示为霍夫变换示例。图 7-10a 所示为一幅挂有玉米的中国平瓦房图像，图 7-10b 所示为与霍夫变换峰值相对应的梯度图像，图 7-10c 中检测到了三个峰值，在图 7-10b 中用加粗长线标示了出来。霍夫变换对直线检测存在着比较强的抗噪声能力，可以将不连续的边

缘点连接起来。同样地，也可以使用霍夫变换来检测曲线。霍夫变换检测方法可以扩展到检测图像中是否存在某种形状的物体；对于一些形状难以用解析公式表示的物体，可以用广义霍夫变换找到这种形状在图像中存在的位置。

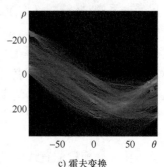

| a) 原图 | b) 与霍夫变换峰值相对应的梯度图像 | c) 霍夫变换 |

图 7-10　霍夫变换示例

参考程序如下：

```
I=imread('ping.jpg');I=rgb2gray(I);[f,threshj]=edge(I,'Canny');
[H,theta,rho]=hough(f,'THetaResolution',0.2);          %霍夫变换
imshow(H,[],'XData',theta,'YData',rho,'InitialMagnification','fit')
axis on,axis normal
xlabel('\theta'),ylabel('\rho')
peaks=houghpeaks(H,3);
hold on;
plot(theta(peaks(:,2)),rho(peaks(:,1)),'linestyle','none",'marker','
s','color',"w');
lines=houghlines(f,theta,rho,peaks);
figure;imshow(f),hold on          %画检测出的直线
for k=1:length(lines)
    xy=[lines(k).point1;lines(k).point2];
    plot(xy(:,1),xy(:,2),'LineWidth',3,'Color',[.8.8.8]);
end
```

7.3　图像阈值分割

　　阈值分割方法是一种经典的图像分割方法，因其具有容易计算、实现简单以及性能稳定等优点而被广泛应用。它借助图像里面待提取背景与目标在灰度上的区别，通过阈值的设定把图像划分成多个类别，进而分离出背景与目标。其大致过程为：通过判别图像中的各个像素点的特征属性是否符合阈值条件来断定该像素点所属的区域（背景区域或目标区域），进而将此灰度图转变为二值图。

7.3　图像阈值分割

设有一原始图像 $f(x, y)$，在 $f(x, y)$ 中通过一定的准则选择一个合适的阈值 t，分割后的图像 $g(x, y)$ 为

$$g(x, y) = \begin{cases} 1, & f(x, y) \geq t \\ 0, & f(x, y) < t \end{cases} \tag{7.3.1}$$

或

$$g(x, y) = \begin{cases} 1, & f(x, y) \leq t \\ 0, & f(x, y) > t \end{cases} \tag{7.3.2}$$

因为在现实生活中，获得的图像的目标和背景不一定只分布在两个灰度范围内，所以需要两个或多个阈值来得到目标，即

$$g(x, y) = \begin{cases} 1, & t_1 \leq f(x, y) \leq t_2 \\ 0, & \text{其他} \end{cases} \tag{7.3.3}$$

一般地，阈值分割图像的基本原理可表示为

$$g(x, y) = \begin{cases} Z_E, & f(x, y) \in Z \\ Z_B, & \text{其他} \end{cases} \tag{7.3.4}$$

式中，Z 是阈值，为图像 $f(x, y)$ 灰度级范围内的随机灰度级集合；Z_E 和 Z_B 分别是随机选择的目标灰度值和背景灰度值。可以看出，为了将目标从复杂场景中区分出来，并完整地提取其形状，核心是根据一定的准则函数得到最优灰度阈值。迄今为止，国内外学者针对此问题进行了广泛的研究实验。本节将介绍一些常见的阈值选择方法，包括直方图阈值分割法和最大类间方差阈值分割法等。

7.3.1 直方图阈值分割法

1. 直方图双峰法

已知图像的灰度级范围为 $0, 1, \cdots, l-1$，若灰度级 i 的像素个数为 n_i，那么该图像的像素总数为

$$N = \sum_{i=0}^{l-1} n_i \tag{7.3.5}$$

灰度级 i 出现的概率为

$$P_i = \frac{n_i}{N} \tag{7.3.6}$$

灰度直方图展示了灰度 i 与灰度级的像素个数 n_i 之间的二维关系，反映了图像上灰度分布的统计特征。

Prewitt 于 1996 年提出了直方图双峰法。该方法的基本思想为：若灰度直方图呈明显的双峰状，则选取两峰之间的谷底所对应的灰度级作为阈值。设图像 $f(x, y)$，其灰度直方图如图 7-11 所示。$f(x, y)$ 的灰度值范围为 $[Z_1, Z_k]$，从图中可以看出在灰度级 Z_i 和 Z_j 两个地方有显著的峰值，而在 Z_t 处为谷点。一般情况下，这表示在深色背景上具有相对明亮目标的图像。往往选择 Z_t 为阈值，使得 B_1 带内尽可能包含和背景相关的灰度级，而 B_2 带内尽可能包含和目标

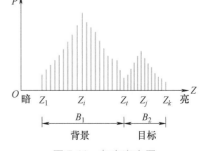

图 7-11 灰度直方图

相关的灰度级。

图 7-12 所示为直方图双峰法分割图像示例，图7-12a所示为大米的图像，图 7-12b 所示为其对应的直方图，图 7-12c 所示为采用直方图双峰法对图像进行分割的结果（取 $Z_t = 200$）。

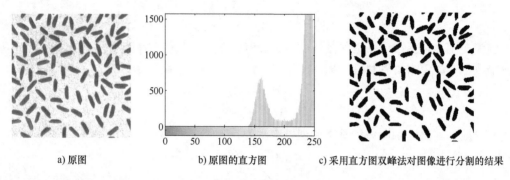

a) 原图   b) 原图的直方图   c) 采用直方图双峰法对图像进行分割的结果

图 7-12   直方图双峰法分割图像示例

参考程序如下：

```
I = imread('rice.jpg');I1 = rgb2gray(I);
imhist(I1);
I2 = imbinarize(I1,0.784);
imshow(I2);
```

图像的先验知识是使用灰度直方图双峰法进行图像分割的前提。多个不同的图像也许直方图相同，因为直方图只表示每个灰度级上总共有多少个像素点，而不能表示这些像素点的具体位置信息。例如，上黑下白的图像和黑白交替的噪声图像有着相同的直方图。前者使用双峰法有用，而后者则无效，因此仅靠直方图选择阈值 Z_t 在某些时候并不恰当，需要根据图像内容和分割结果确定阈值。从 1970 年开始，很多阈值选择的研究都专注于对直方图进行变换的方法上，即对图像的原始直方图进行变换，如采用差分直方图使波峰陡峭，波谷深凹。但直方图和直方图变换这两者都只使用了图像的灰度信息，而没有利用其空间信息。在分割复杂图像时，上述方法常常选不到合适的阈值。

2. 最佳阈值法

把图像中背景和目标分割误差最小的阈值称为最佳阈值。倘若一幅图像只有背景和目标，如图 7-13 所示，图像中背景像素的灰度呈正态分布，概率密度为 $p_1(z)$，均值和方差分别为 μ_1 和 σ_1^2；目标像素的灰度呈正态分布，概率密度为 $p_2(z)$，均值和方差分别为 μ_2 和 σ_2^2。

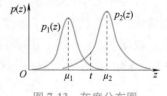

图 7-13   灰度分布图

若背景像素数占图像像素总数的百分之 θ，目标像素数占 $1-\theta$，那么混合概率密度为

$$p(z) = \theta p_1(z) + (1-\theta) p_2(z) = \frac{\theta}{\sigma_1\sqrt{2\pi}}e^{\frac{-(z-\mu_1)^2}{2\sigma_1^2}} + \frac{1-\theta}{\sigma_2\sqrt{2\pi}}e^{\frac{-(z-\mu_2)^2}{2\sigma_2^2}} \qquad (7.3.7)$$

当选择阈值为 t 时，目标像素误分为背景像素的概率为

$$E_2(t) = \int_{-\infty}^{t} p_2(z)\,\mathrm{d}z \qquad (7.3.8)$$

背景像素误分为目标像素的概率为

$$E_1(t) = \int_{t}^{\infty} p_1(z)\,\mathrm{d}z \qquad (7.3.9)$$

则总错误概率为

$$E(t) = \theta E_1(t) + (1-\theta) E_2(t) \qquad (7.3.10)$$

为了使这个误差最小，令 $\dfrac{\partial E(t)}{\partial t} = 0$，有

$$-\theta p_1(t) + (1-\theta) p_2(t) = 0 \qquad (7.3.11)$$

由此得出

$$\ln \frac{\theta \sigma_2}{(1-\theta)\sigma_1} - \frac{(t-\mu_1)^2}{2\sigma_1^2} = \frac{-(t-\mu_2)^2}{2\sigma_2^2} \qquad (7.3.12)$$

当 $\sigma_1^2 = \sigma_2^2 = \sigma$ 时，有

$$t = \frac{\mu_1 + \mu_2}{2} + \frac{\sigma^2}{\mu_1 - \mu_2} \ln \frac{1-\theta}{\theta} \qquad (7.3.13)$$

特别地，当 $\theta = 1 - \theta$，即 $\theta = \dfrac{1}{2}$ 时，有

$$t = \frac{\mu_1 + \mu_2}{2} \qquad (7.3.14)$$

129

因此，如果背景和目标像素灰度级服从正态分布，且两者偏差相等 $(\sigma_1^2 = \sigma_2^2)$，背景和目标像素总数相等 $\left(\theta = \dfrac{1}{2}\right)$，则背景和目标像素灰度级两个均值的平均值是该图像的最佳分割阈值。当然，这是一种非常特殊的情况，一般来说，找到最佳阈值并不是一件容易的事情。

7.3.2　最大类间方差阈值分割法

最大类间方差阈值分割法，也叫大津法（OTSU）或最大类间方差法。其思想为：通过阈值把图像中的数据分成两类，一类的像素灰度小于此阈值，另一类的像素灰度大于或等于此阈值。如果两类像素灰度的方差为最大，则说明得到的阈值为最佳阈值（方差是灰度分布是否均匀的度量。当前景的一部分被错误地归类为背景或者背景的一部分被错误地归类为前景时，都会使两部分的差异缩小，当所取阈值的分割使类间方差最大时就意味着错误分类的概率最小）。然后通过阈值把图像分成前景和背景，一般感兴趣的是前景。

设原始图像灰度级为 L，灰度级 i 的像素个数为 n_i，则该图像的像素总数为

$$N = \sum_{i=0}^{L-1} n_i \qquad (7.3.15)$$

归一化直方图，则有

$$p_i = \frac{n_i}{N}, \ \sum_{i=0}^{L-1} p_i = 1 \tag{7.3.16}$$

通过阈值 t 将灰度级分为两类：$C_0 = (0,1,2,\cdots,t)$ 和 $C_1 = (t+1,t+2,\cdots,L-1)$。因此，$C_0$ 和 C_1 的出现概率及均值分别为

$$\omega_0 = P_r(C_0) = \sum_{i=0}^{t} p_i = \omega(t) \tag{7.3.17}$$

$$\omega_1 = P_r(C_1) = \sum_{i=t+1}^{L-1} p_i = 1 - \omega(t) \tag{7.3.18}$$

$$\mu_0 = \sum_{i=0}^{t} i p_i / \omega_0 = \mu(t) / \omega(t) \tag{7.3.19}$$

$$\mu_1 = \sum_{i=t+1}^{L-1} i p_i / \omega_1 = \frac{\mu_T(t) - \mu(t)}{1 - \omega(t)} \tag{7.3.20}$$

式中，$\mu(t) = \sum\limits_{i=0}^{t} i p_i$；$\mu_T = \mu(L-1) = \sum\limits_{i=0}^{L-1} i p_i$。

可知，对任何 t 值，有

$$\omega_0 \mu_0 + \omega_1 \mu_1 = \mu_T, \ \omega_0 + \omega_1 = 1 \tag{7.3.21}$$

C_0 和 C_1 的方差分别为

$$\sigma_0^2 = \sum_{i=0}^{t} (i - \mu_0)^2 p_i / \omega_0 \tag{7.3.22}$$

$$\sigma_1^2 = \sum_{i=t+1}^{L-1} (i - \mu_1)^2 p_i / \omega_1 \tag{7.3.23}$$

定义类内方差为

$$\sigma_w^2 = \omega_0 \sigma_0^2 + \omega_1 \sigma_1^2 \tag{7.3.24}$$

类间方差为

$$\sigma_B^2 = \omega_0 (\mu_0 - \mu_T)^2 + \omega_1 (\mu_1 - \mu_T)^2 = \omega_0 \omega_1 (\mu_1 - \mu_0)^2 \tag{7.3.25}$$

则总体方差为

$$\sigma_T^2 = \sigma_B^2 + \sigma_\omega^2 \tag{7.3.26}$$

引入下列关于 t 的等价判别准则：

$$\begin{cases} \lambda(t) = \sigma_B^2 / \sigma_\omega^2 \\ \eta(t) = \sigma_B^2 / \sigma_T^2 \\ \kappa(t) = \sigma_T^2 / \sigma_\omega^2 \end{cases} \tag{7.3.27}$$

这三个判据是互相等价的，使 C_0、C_1 两类最佳分离的 t 值为最佳阈值，将 $\lambda(t)$、$\eta(t)$ 和 $\kappa(t)$ 定义为最大判别准则。根据二阶统计特性 σ_ω^2 和一阶统计特性 σ_B^2 可知，它们是阈值 t 的函数，而 σ_T^2 与 t 不相关，因此在这几个准则中 $\eta(t)$ 最简单，选择它能够得到最佳阈值 t^*：

$$t^* = \mathrm{Arg} \max_{0 \leqslant t \leqslant L-1} \eta(t) \tag{7.3.28}$$

图 7-14 所示为最大类间方差阈值分割示例。最大类间方差阈值分割法在一定阈值下将直方图分为两组，目前划分的两组之间的方差最大。在这个例子中，通过计算，选择阈值为 0.4627（标定在区间 [0，1]）作为分割阈值，可使得直方图两组间的方差最大。

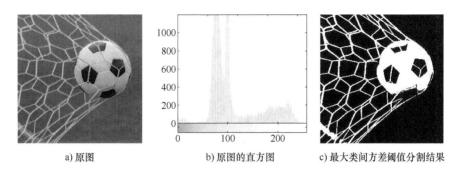

a) 原图   b) 原图的直方图   c) 最大类间方差阈值分割结果

图 7-14 最大类间方差阈值分割示例

参考程序如下：

```
I=imread('football.jpg');I1=rgb2gray(I);[T,SM]=graythresh(I);
imhist(I1);
g=imbinarize(I1,T);
imshow(g);
```

7.4 基于区域的分割

图像分割就是把具有均匀光滑表面的图像分解成多个意义特别的子模块，这些子模块对应于图像中变化缓慢或者恒定的区域，也就是说各个子区域都有一定的均匀形状。在前面的讨论中，被边界包围的部分被视为一个区域；或者通过找一个阈值，使得分割后得到的同一区域内每个像素点的灰度分布具有相同的统计特征。虽然这种分割在分割定义中没有明确使用统一度量，但它根据直方图确定阈值，这实际上暗示了某种测度度量。常见的基于事先确定的相似性准则进行分割的方法有区域增长法、分裂合并法和空间聚类法等。

7.4.1 区域增长法

把拥有相似属性的像素组合起来形成区域，这就是区域增长法。一般而言，首先找到一个种子像素作为每个待分割区域的生长起点，然后选择种子像素附近具有相似属性的像素（根据一些预先确定的生长或相似性标准来确定），归并到种子所在的地方，直到它们不可以合并，最后形成每个具有不同特征的区域。具体操作步骤如下：

1）对图像进行光栅扫描，计算出不属于任何区域的像素。

2）将该像素的灰度值与 4 邻域或 8 邻域内不属于任何一个区域的像素灰度值相比较，如果灰度小于阈值，则与该区域合并。

3）以新合并的像素为起点，重复进行步骤 2）的操作。

4）重复步骤 2）和 3），直至不可以合并。

5）返回至步骤 1），找到新区域起点的像素。

图 7-15 所示为区域增长示例，图 7-15a 所示为需要分割的图像，假设已经有两个种子像素（着色方块），现在需要进行区域增长。相似度准则为：如果子像素与其区域内的像素的

绝对值小于阈值 T，则该像素包含在子像素区域内。图 7-15b 所示为 $T=3$ 时的结果，整个图片被分成两个较好的区域。图 7-15c 所示为 $T=1$ 时的结果，有些像素无法判定。图 7-15d 所示为 $T=8$ 时的结果，此时所有像素都包含在一个区域中。这表明了选择生长标准的重要性。

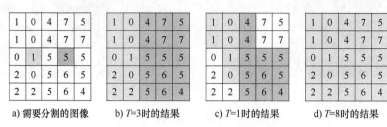

a) 需要分割的图像　　b) $T=3$时的结果　　c) $T=1$时的结果　　d) $T=8$时的结果

图 7-15　区域增长示例

在实际区域增长方法中，应该考虑以下三个问题。

1）初始种子像素的选择。选择种子像素通常需要根据具体问题来确定。一种经典方法是通过迭代从大到小逐步收缩，适用于 2D 和 3D 图像。

2）选择相似性标准。它由图像的数据类型及其本身的具体问题所决定。例如，灰度图像处理可以使用纹理、灰度值等作为标准。此外，必须以像素之间的邻近性和连通性作为参考，不然可能得到没有意义的分割效果。

3）停止生长标准的确定。通常，当没有满足生长标准的像素时，其生长过程停止。然而，常用的基于灰度和纹理的准则主要基于图像中的局部属性，不考虑增长的"历史"。为了提高区域增长的分割能力，有必要考虑一些与尺度、形状有关的准则。

图 7-16 所示为区域增长分割示例。图 7-16a 所示为两片红叶在雪地上的图像，希望将红叶的大体轮廓描绘出来，与雪景分割开。将雪景的一个像素点（其远离红叶）作为种子像素，进行区域增长；然后选择一个阈值，本例中阈值为 0.15（标定在区间 $[0,1]$），阈值的 8 邻域内像素点大于图中灰度值与种子像素灰度值的差，即是可以连接到的点，通过一点传递一点形成区域增长，可得到图 7-16b 所示结果。

a) 原图　　　　　　　　b) 区域增长结果

图 7-16　区域增长分割示例

参考程序如下：

```
f=imread('原图.jpg');I=rgb2gray(f);
if isinteger(I)
```

```
        I=im2double(I);
end
[M,N]=size(I);[y,x]=getpts;              %选择一点作为起始像素点
x1=round(x);y1=round(y);
seed=I(x1,y1);                           %获取中心像素灰度值
J=zeros(M,N);J(x1,y1)=1;count=1;         %待处理点个数
threshold=0.15;
while count>0
        count=0;
        for i=1:M %遍历整幅图像
        for j=1:N
            if J(i,j)==1 %点在"栈"内
            if (i-1)>1&(i+1)<M&(j-1)>1&(j+1)<N %3*3邻域在图像范围内
                for u=-1:1 %8-邻域生长
                for v=-1:1
                    if J(i+u,j+v)==0&abs(I(i+u,j+v)-seed)<=threshold
                        J(i+u,j+v)=1;
                        count=count+1;   %记录此次新生长的点个数
                    end
                end
                end
            end
            end
        end
        end
end
imshow(J);
```

7.4.2　分裂合并法

当事先对区域数目或形状毫无所知时，可使用分裂合并法。它是根据四叉树的思想，以原始图像为零层或根，把图像均分为 4 个子块当作第一层的分裂。对于第一层的各个子块，如果像素属性相同，则不均分；如果属性不一致，则必须将子块划分为与第二层相同的 4 个块，以此来作为第二层，重复循环，如图 7-17 所示。其中小块中的标签是按顺时针方向顺序定义的，第一层的 4 个块，从左上块开始分别标记为 1、2、3、4；同样，第二层的每个块也是如此。第二层从左上块开始分

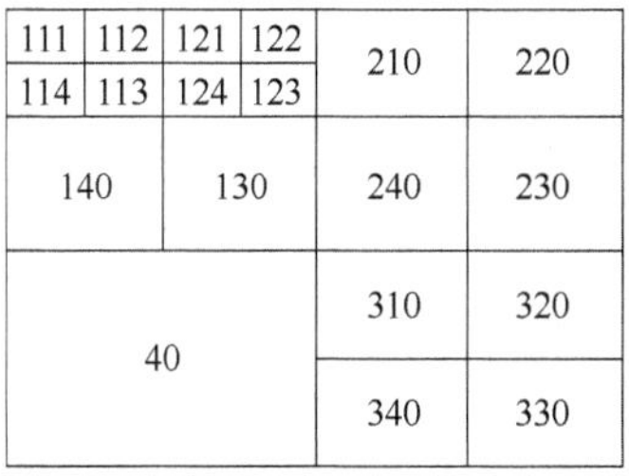

133

111	112	121	122	210	220
114	113	124	123		
140		130		240	230
40				310	320
				340	330

图 7-17　分裂合并标号示意图

别标记为 11、12、13、14，即下一层子块的标签加在其所属的上层标签之后。当子块不再往下分时，其尾数添 0。

对于设置的 2^N 像素×2^N 像素的数字图像 $f(x,y)$，如果层次是由 n 表示的，则第 n 层图像的分辨率大小是 $2^{N-n}×2^{N-n}$ 像素。如果 $N=7$，最小方块为 $2^l×2^l$ 像素 = $2^4×2^4$ 像素 = 16×16 像素，则分裂层数 $n=N-l=7-4=3$。对于四叉树来说，第 n 层共有 4^n 个节点。如图 7-18 所示，第零层的根可以认为是一个节点，第一层有 4 个节点，第二层有 16 个节点，第三层有 64 个节点。

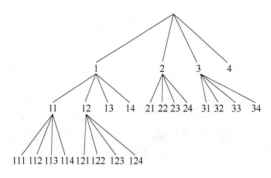

图 7-18　四叉树

分裂或合并按下列原则进行：

1）合并：当 4 块同一层的像素符合某个特征的均匀性时，合并成一个母块。例如，图 7-19 中的 31、32、33、34 符合均匀性条件时，把它们合并为 30。

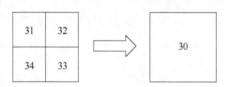

图 7-19　子块合并

2）分裂：当第一层的子块像素不符合均匀性条件时，将其分成 4 个子块。如图 7-20 所示，子块 11 不符合均匀性条件，将其分为 111、112、113 和 114。

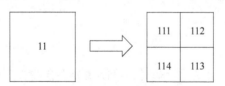

图 7-20　子块分裂

分裂合并算法的步骤如下：

1）确定均匀性测试准则 H，以四叉树数据结构来构造原始图像。

2）在图像的四叉树结构中使用一个中间层作为原始区域的划分。若对于任意一个区域 R，有 $H(R)$ 为假，那么将该区域划分成 4 个子区，如果任一 1/4 子区，$H(R_i)$ 为假，那么再把该子区划分成 4 个部分。若对随机 4 个子区有 $H(R_{a1}∪R_{a2}∪R_{a3}∪R_{a4})$ 为真，那么再将这 4 个子区合并成一个区。重复上述操作，直至不能再合并或分割为止。

3）若有两个相邻的大小不相同的区域 R_i 和 R_j，满足 $H(R_i \cup R_j)$ 为真，则合并这两个区域。

图 7-21 所示为分裂合并分割示例，图 7-21a 所示为一幅图像分辨率大小为 256 像素×256 像素的汽车灰度图像。本例是为了分割出小轿车的外形轮廓，感兴趣的区域拥有一系列对分割有用的显著特征。首先，感兴趣区域的数据具有随机性，它的标准差应该比背景的标准差（趋于 0）大，汽车区域的均值大于背景的均值，可以使用这两个参数来分割感兴趣的区域。图 7-21b～f 所示分别为将允许的最小块限制为 32×32 像素、16×16 像素、8×8 像素、4×4 像素、2×2 像素时得到的结果。

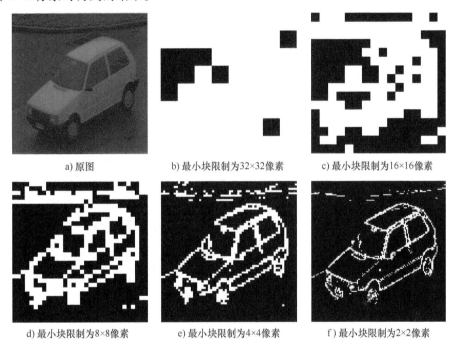

a) 原图　　　　b) 最小块限制为32×32像素　　　　c) 最小块限制为16×16像素

d) 最小块限制为8×8像素　　　　e) 最小块限制为4×4像素　　　　f) 最小块限制为2×2像素

图 7-21　分裂合并分割示例

Horowtiz 和 Pavlids 率先将分裂合并方法用于图像分割。最初，分裂合并方法使用的均匀度测试标准是基于图像区域的最大和最小灰度值之差是否超出了预设的偏差区间，后来引入了模型拟合和统计测试等方法来评估均匀度，现在常用的一致性验证标准包括最小均方误差和 F 检验等统计检验方法。

参考程序如下：

```
imag1=imread('原图.jpg');
f=rgb2gray(imag1);
g32=splitmerge(f,32,@predicate);        %调用 splitmerge 函数
g16=splitmerge(f,16,@predicate);
g8=splitmerge(f,8,@predicate);
g4=splitmerge(f,4,@predicate);
g2=splitmerge(f,2,@predicate);
```

135

```
imshow(g32,'g32.jpg');
imshow (g16,'g16.jpg');
imshow (g8,'g8.jpg');
imshow (g4,'g4.jpg');
imshow (g2,'g2.jpg');


function g=splitmerge(f,mindim,fun)
```

%f 是待分割的原图,mindim 是定义分解中所允许的最小的块,必须是 2 的正整数次幂

```
Q=2^nextpow2(max(size(f)));[M,N]=size(f);
f=padarray(f,[Q-M,Q-N],'post');                %填充图像或填充数组
S=qtdecomp(f,@ split_test,mindim,fun);
Lmax=full(max(S(:)));g=zeros(size(f));MARKER=zeros(size(f));
for k=1:Lmax
        [vals,r,c]=qtgetblk(f,S,k);
        if ~isempty(vals)
            for I=1:length(r)
                    xlow=r(I);ylow=c(I);xhigh=xlow+k-1;yhigh=ylow+k-1;

                    region=f(xlow:xhigh,ylow:yhigh);%找到对应的区域
                    flag=feval(fun,region);
                    if flag                 %如果返回的是1,则进行标记
                        g(xlow:xhigh,ylow:yhigh)=1;%然后将对应的区域置1
                        MARKER(xlow,ylow)=1;
                    end
            end
        end
    end
    g=bwlabel(imreconstruct(MARKER,g));        %imreconstruct 默认 2D 图像
8 连通
    g=g(1:M,1:N);                %返回原图像的大小
    end
```

7.5　基于深度学习的图像分割

简而言之,图像分割即根据某种规则将图片中的像素分成不同的区域(或部分)。随着图像分割场景越来越复杂,一系列基于深度学习的图像分割方法被提出,以实现更准确、更

高效的分割。在早期研究阶段，研究人员使用卷积神经网络作为特征提取器和分类器，从像素和周围像素中提取特征，以确定像素的类别。直到全卷积网络（FCN）的引入，使得深度学习正式进入语义分割的领域。语义分割即把图像中每个像素赋予一个类别标签（如人、车、道路等）。之后，在全卷积网络的基础上，不断有改进方法被提出，如基于多尺度特征聚合的金字塔场景解析网络（PSPNet）、基于扩张卷积模型的深度实验室（Deep Lab）和基于区域卷积神经网络的掩膜区域卷积神经网络（Mask R-CNN）等。

7.5.1　基于全卷积网络的图像分割

全卷积网络被认为是图像分割领域的里程碑。由于它仅包含卷积层，能够输出与输入具有相同大小的分割图，因此允许深度网络在可变大小的图像上进行端到端训练，主要适用于语义分割任务。通过多层卷积后，卷积神经网络与若干个全连接层相连接，把卷积层生成的特征图映射成长度不变的特征向量，最后进行分类。但是，全卷积网络不同于卷积神经网络，如图 7-22 所示，全卷积网络使用"全卷积"方法，经过 8 层卷积之后，上采样特征图完成反卷积操作，最后经过 Softmax 层分类，得到分割结果。

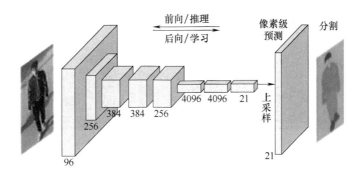

图 7-22　全卷积网络分割模型

在全卷积网络分割模型中，通过多次卷积运算，输入图像的大小远大于特征图的大小，同时大量底层图像信息流失，分割精度受到影响。因此，全卷积网络在上采样的时候使用跳层连接的方法。如图 7-23 所示，输入图像通过多次卷积和池化之后，能获得层次不同的特征图。将通过 7 次卷积得到的 Conv7 层进行上采样再分类输出，以获取 FCN-32s 模型的分割结果。将通过 4 次池化得到的 Pool4 层与双线性内插处理后的 Conv7 层融合，上采样后分类以获取 FCN-16s 模型的分割结果。将通过 3 次池化得到的 Pool3 层与双线性内插处理后的 Pool4 层、Conv7 层融合，上采样后分类以获取 FCN-8s 模型的分割结果。图 7-24 所示为不同全卷积网络模型分割同一图像的结果。从图 7-24 可以看出，因为融合了更多层的特征信息，FCN-8s 模型比 FCN-32s 模型和 FCN-16s 模型分割效果更好，轮廓信息更加清晰。

全卷积网络是第一个端到端的分割网络模型，它能够输入任意大小的图像，并且对图像分类能够达到像素级别，这使得图像分割的难题得到有效解决。图 7-25 所示为 FCN-8s 模型对不同种类图像的分割结果。从图 7-25 可以看出，全卷积网络的网络规模比较大，对图像细节的敏感度不高，像素点间的关联性比较低，从而使得目标边界模糊。

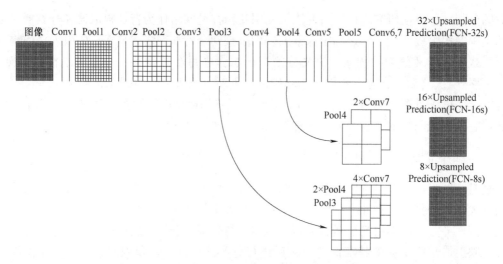

图 7-23 全卷积网络结构图

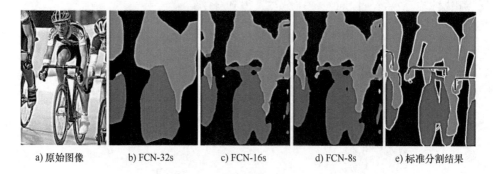

a) 原始图像　　　b) FCN-32s　　　c) FCN-16s　　　d) FCN-8s　　　e) 标准分割结果

图 7-24 不同全卷积网络模型分割同一图像的结果

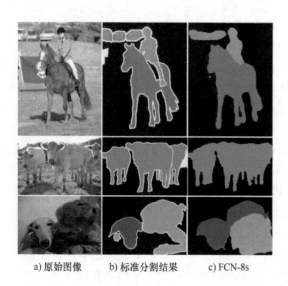

a) 原始图像　　　b) 标准分割结果　　　c) FCN-8s

图 7-25 FCN-8s 模型对不同种类图像的分割结果

7.5.2　基于多尺度特征聚合的图像分割

多尺度分析是图像处理中的一个古老思想，已经被广泛应用到各种神经网络结构中。其中金字塔场景解析网络（PSPNet）最具有代表性，其基本思想是通过组合上下文信息，利用预先知道的全局特征，分析不同场景，完成场景目标的分割。如图 7-26 所示，首先利用卷积神经网络以获取最后一层卷积的特征图；然后通过金字塔池化模块得到不同子区域的特征，上采样后将子区域特征融合以获取包括全局上下文信息和局部的特征表示；最后，对特征表示进行卷积和归一化指数分类，得到每个像素的最终预测结果。

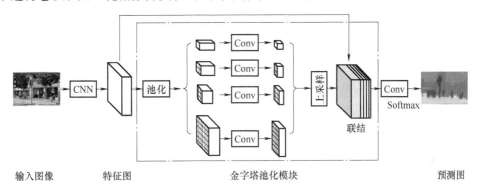

图 7-26　金字塔场景解析网络框架

金字塔场景解析网络可以有效获取全局特征，金字塔池化模块融合全局和局部信息，同时采用适当监督损失的优化方法，在很多个数据集的分割精度方面都优于全卷积网络，性能良好。图 7-27 所示为金字塔场景解析网络模型对不同目标进行分割的结果。可以看出，前景目标的分割效果很好，但是当目标空间被遮挡时，分割效果不太理想。

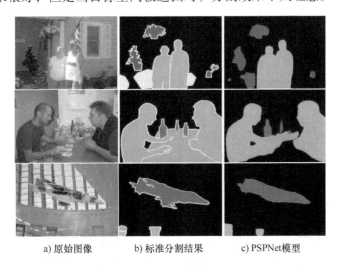

a) 原始图像　　　b) 标准分割结果　　　c) PSPNet模型

图 7-27　金字塔场景解析网络模型对不同目标进行分割的结果

7.5.3　基于区域卷积神经网络的图像分割

掩膜区域卷积神经网络（Mask R-CNN）主要用在图像分割方面，是由何凯明等人提出的，其优点在于进行目标检测的同时，还能高质量地分割图像，其框架如图 7-28 所示。首先使用 RPN（区域建议网络）对候选目标进行边界框提取，接着对边界框里面的物体进行感兴趣区域处理，将这些感兴趣区域分成 $m \times m$ 个子区域，然后分别对目标边界框和预测的类别进行线性回归处理，用全卷积网络分割各个边界框内容，以像素到像素的方法预测分割掩码。

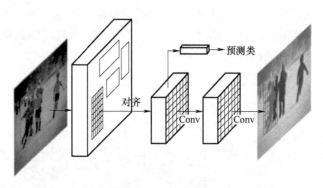

图 7-28　掩膜区域卷积神经网络的框架

与全卷积网络和金字塔场景解析网络等模型实现的语义分割不同，掩膜区域卷积神经网络基于语义分割实现实例分割。语义分割是在辨别图像中的位置和内容方面起作用，而实例分割是在语义分割的基础上区分同一类别中的不同个体，以获得更准确的目标信息。和现在拥有的实例分割模型相比，掩膜区域卷积神经网络模型不仅有更好的分割精度，而且具有更灵活的模型，能完成大量计算机视觉任务，如目标检测、目标分类、人体手势识别、实例分割等。训练时，掩膜区域卷积神经网络模型采用多任务损失约束 L，它的表达式为

$$L = L_{cls} + L_{box} + L_{mask}$$

式中，L_{cls} 代表分类任务的损失；L_{box} 代表检测任务的损失；L_{mask} 代表实例分割的损失。

掩膜区域卷积神经网络模型对于复杂场景的分割效果如图 7-29 所示，图中的前景物体不仅实现了准确的检测定位，还实现了实例分割，能够区分出同类物体的不同个体。

图 7-29　掩膜区域卷积神经网络模型对于复杂场景的分割效果

7.5.4　基于注意力机制的图像分割

注意力机制在深度学习中的出现，使得模型能够在处理数据时为不同的输入部分分配不同的权重，以便更好地捕捉和处理重要的信息。在神经网络中，特别是循环神经网络（RNN）和 Transformer 结构中，注意力机制已经得到了广泛的应用。在图像分割领域，注意力机制也显示出其巨大的潜力。图像分割的任务是将一个图像划分为多个有意义的部分，目的是识别图像中的不同物体及其边界。传统的卷积神经网络在处理像素与像素之间的依赖性时可能会比较困难，特别是当这些依赖关系在空间上距离较远时。引入注意力机制可以帮助网络学习到这些依赖关系，并根据其重要性加权像素信息。因此，模型能够更加专注于图像的某些关键部分，从而提高分割的准确性。Fu 等人提出了双重注意网络（DANet），同时结合了空间注意力和通道注意力机制来实现图像分割。双重注意网络框架如图 7-30 所示。

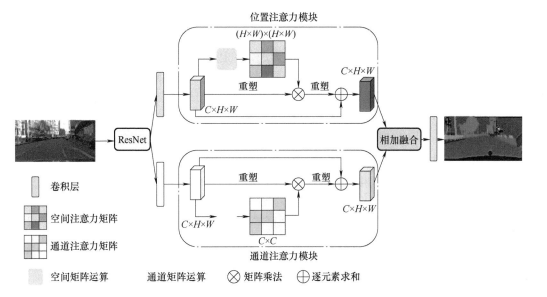

图 7-30　双重注意网络框架

在双重注意网络中，空间注意力机制捕获了图像中像素与像素之间的空间依赖关系。简而言之，它允许模型为每个像素位置考虑全局上下文，使得模型在决策某个像素的类别时能够考虑到其他像素的信息，这对于理解复杂的场景和物体结构尤为重要。通道注意力机制针对不同的特征通道，捕获了通道与通道之间的依赖关系。每个通道通常对应于某种特定的特征或模式，通过通道注意力机制，模型可以为每个通道分配一个权重，这样在决策时可以更重视某些通道，而忽略其他不太相关的通道。将这两种注意力机制结合起来，形成一个双重注意力机制，这允许模型在空间和通道维度上都能捕获到重要的依赖关系。图 7-31 所示为双重注意网络模型的分割效果。从图 7-31 可以明显看出，在处理复杂多样的场景时，使用注意力机制比以往的方法更加灵活和有效。前景目标中的一些细节和物体边界会更加清晰，不完整的以及不同尺度的物体也能够被准确地识别。

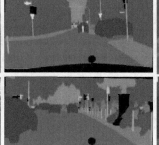

a) 原始图像   b) 标准分割结果   c) DANet模型

图 7-31 双重注意网络模型的分割效果   图 7-31 彩图

本章小结

本章主要介绍了各种图像分割方法，掌握图像分割是图像理解和分析的前提，图像分割结果的好坏将直接影响后续的图像分析，需要根据不同的图像目标选择图像分割方法。

图像分割是指将图像划分为若干个有意义的区域，或是从图像中提取出感兴趣目标的图像。图像中各个组成区域具有不同的特征，如灰度、颜色和纹理等，这些特征在不同区域之间有着明显区别，由此根据特征的不连续性，实现基于边界的图像分割。具体实现方法为利用各种边缘检测算子，可以检测出图像目标边缘，以达到图像分割的效果。

针对图像目标特征在同一区域表现的相似性，可分为图像阈值分割和基于区域的分割。使用图像阈值分割时，阈值选定的好坏决定了此方法的成败，因此需要选择合适的阈值；使用基于区域的分割时，相似性准则的拟定会影响分割结果，并且往往会造成过度分割的结果，此时可以和边缘检测的方法结合起来，取长补短。

基于深度学习的图像分割方法通过训练多层感知机来生成决策函数，并使用该函数对像素进行分类，从而实现图像分割。这种方法需要大量的训练数据，且对特定的数据集有着非常好的分割效果。

习题

7-1 简述图像分割的基本概念及其在图像处理中的作用。

7-2 解释边缘检测在图像分割中的作用。

7-3 比较 Sobel 和坎尼边缘检测算子的优缺点。

7-4 解释图像阈值分割的原理，并讨论如何选择合适的阈值。

7-5 描述基于区域的图像分割方法的原理，包括区域增长法和分裂合并法。

7-6 比较区域增长和边缘检测这两种图像分割技术的不同之处。

7-7 试述基于卷积神经网络的图像分割方法相比于传统方法的优势。

7-8 解释注意力机制在图像分割中的作用以及如何提高分割的准确性。

7-9 试述基于深度学习的图像分割面临的主要挑战和未来的发展方向。

7-10 如何评估图像分割的准确性？哪些因素是关键？

7-11 在不同的图像（如医学图像、卫星图像）分割应用中，如何选择合适的分割技术？

7-12 使用 Python 或 Matlab 编写程序实现 Roberts 算子、Prewitt 算子、Sobel 算子、拉普拉斯算子和坎尼算子的边缘检测算法，并在性能上进行比较。

7-13 编写程序实现全局阈值分割算法，并对比不同阈值设置下的分割效果。

7-14 编写程序实现一个简单的区域增长算法，并在测试图像上展示结果。

7-15 以遥感图像为例，用现有的深度学习框架实现全卷积网络和金字塔场景解析网络的图像分割模型，并进行性能对比。

第8章 图像识别

图像识别（Image Recognition）是一种先进的计算机视觉技术，它使计算机能够识别和处理图像中的内容。这个过程涉及让计算机"理解"图像中的视觉信息，如物体、场景、人脸、文字等，并将其转换为有用的数字信息。图像识别的根本目的在于模仿人类视觉系统的功能，通过算法和数据处理的方式能够实现这一点。其实现方法主要是从原始图像数据中提取特征，如边缘、颜色、形状和纹理，并将这些特征与已知的模式进行比较，以识别和分类图像内容。

随着人工智能和机器学习技术的发展，图像识别作为计算机视觉、模式识别与图像处理的重要研究课题，已经取得了巨大进步。特别是深度学习技术的应用，如卷积神经网络（CNN），极大地提高了图像识别的准确性和效率。这些技术能够处理复杂和高维度的图像数据，通过学习大量的样本来更准确地识别复杂的图像模式。

图像识别的应用非常广泛，它不仅被用于日常的应用程序，如智能手机中的面部识别解锁、社交媒体中的图像标注，还在安全监控、自动驾驶车辆、医学诊断、地理信息系统等高端领域中发挥着关键作用。例如，在医学诊断中，图像识别可以帮助识别和分类医学影像中的病变；在自动驾驶技术中，图像识别可以帮助识别道路上的车辆、行人和路标，以确保安全驾驶。

8.1 图像识别概述

在数字图像处理过程中，首先要研究图像的固有特性，然后对其进行测量提取和量化。图像中存在的可用于识别的属性称为图像特征。一般来说，图像特征是能够有效地分辨图像集合或图像的一种属性。将特征视为一种属性有助于为图像中的目标对象分配唯一标签。图像特征应具备以下四个特点：

1）区别性：对象的类别模式不同，则其在特征需求上存在差异，特征差异越大，越能够区分不同的类别模式，所以，特征差异越大越好。

2）可靠性：相同的类别模式中，特征应具有相似的值。

3）独立性：不同的特征不应该相互关联。若存在两个具有相似属性的特征，则它们不适合同时使用。

4）数目小：特征数越多，图像识别越困难，识别系统也越发复杂，并且其复杂程度会随着特征数的增加呈几何级数增加。同时，越来越多的特征数也加速了用于训练样本的分类器的数量增长。

图像识别分为三个步骤：①提取图像中可区分的特征信息；②区分不同属性的图像；③将不同属性的图像分为几个类型。图像识别包括图像预处理、图像分割、特征提取、分类识别等几个过程，如图 8-1 所示。

图 8-1　图像识别过程

具体来说，每个过程的对应任务如下：

（1）输入图像

输入图像是借助光电传感器、数字摄像机、扫描仪和数码相机等设备经过采样数字化的图像。

（2）图像预处理

图像预处理包括图像归一化、中值滤波、高斯滤波、图像滤波和均值滤波等。它保留了图像的有用信息，提高了特征提取的可靠性。

（3）图像分割

选择预处理图像中的目标所在区域，对其进行感兴趣区域检测、图像分割等。

（4）特征提取

特征提取根据特定的规则改变输入图像，可得到一种新的具有结构化、低冗余、低噪声和低维度等特点的特征表示。

（5）分类识别

分类识别包括分类器设计以及分类决策两个过程，分类器首先将特征空间里面待辨认的物体归类，然后把提取的特征图像结果输送到训练好的分类器里得到分类决策的最终结果。

总的来说，图像分类器的训练和分类过程如图 8-2 所示。首先提取训练集的特征，然后设计并学习一个分类器，最后使用相同的方法提取测试图像的特征，并通过训练好的分类器做出决策来得到最终的分类结果。

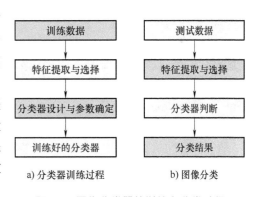

a) 分类器训练过程　　　　b) 图像分类

图 8-2　图像分类器的训练和分类过程

8.2　图像特征提取

一般图像的特征包括颜色、纹理、形状、空间关系等特征。下面对这几个特征分别进行说明。

8.2　图像特征提取

8.2.1　颜色特征

颜色特征描述的是图像中全部或部分区域对应场景的表面性质。颜色特征与图像方向、大小等性质无关，因此常被用来进行图像识别。颜色特征常见的表示方法包括颜色直方图、颜色矩、颜色集、颜色聚合向量、颜色相关图、主成分分析法等。接下来，将对这些表示方法依次进行介绍。

1. 颜色直方图

颜色直方图显示了整张图像中各颜色的占比，其优势在于无论图像怎么旋转和平移，都不会受到影响，但无法表示图像的空间分布信息。

2. 颜色矩

提取颜色特征通常需要量化颜色空间，但空间量化容易产生更大的维度，增加计算量，不利于图像识别，并容易造成误检。为解决上述问题，AMA Stricker 和 M Orengo 提出了颜色矩，这种方法简单可行，不需要空间量化和特征向量的低维性质。由于低阶矩存在大量颜色信息，因此均值（一阶矩）、方差（二阶矩）和斜率（三阶矩）足以完成对颜色信息的描述。但该方法的恢复效率较低，在实际应用中常用于对图像进行过滤以缩小恢复范围。

一阶、二阶和三阶颜色矩分别用 μ_i、σ_i 和 s_i 表示，其数学定义如下：

$$\mu_i = \frac{1}{N} \sum_{j=1}^{N} p_{i,j} \tag{8.2.1}$$

$$\sigma_i = \left(\frac{1}{N} \sum_{j=1}^{N} (p_{i,j} - \mu_i)^2 \right)^{\frac{1}{2}} \tag{8.2.2}$$

$$s_i = \left(\frac{1}{N} \sum_{j=1}^{N} (p_{i,j} - \mu_i)^3 \right)^{\frac{1}{3}} \tag{8.2.3}$$

式中，$p_{i,j}$ 表示图像中第 j 个像素的第 i 个彩色颜色分量；N 是整张图像的像素数。图像的颜色特征指的是 RGB 图像中前三阶的颜色矩阵组合产生的 9 维直方图向量，其表示为：$F_{\text{color}} = [u_r, \sigma_r, s_r, u_g, \sigma_g, s_g, u_b, \sigma_b, s_b]$。

3. 颜色集

颜色集可以近似为颜色直方图，首先把图像从 RGB 颜色空间转换为视觉平衡的颜色空间，并将颜色空间量化为几个柄，然后利用色彩自动分割技术将图像划分为几个部分，每个部分用颜色空间的某个颜色分量来索引，将图像表达为一个二进制的颜色索引集。

4. 颜色聚合向量

颜色聚合向量在进行连通区域的计算时，将每个句柄的像素分为非聚合和聚合两部分，使同一区域的像素量化值相同，且路径通路存在于同一区域的任意两个像素之间。在对比图像时，评估每个颜色簇的两个部分的相似性，并从综合比较中得出结论。颜色聚合向量法虽然比较烦琐，但是它解决了颜色矩和颜色直方图不能判断颜色空间位置的难题。

5. 颜色相关图

颜色相关图不仅可以描述不同颜色之间的空间关系，还可以描述颜色的统计信息。它比前面提到的颜色聚合向量、颜色矩和颜色直方图更有效，特别是对于基于内容的图像检索而言。

6. 主成分分析法

在高光谱图像处理中，常在光谱维度上使用主成分分析（PCA）法来提取光谱特征，也可以称为颜色特征。通过正交变换，主成分分析法将线性相关变量转换为线性无关变量，利用新变量使得数据特征在较小维度上进行展示，是一种无监督的数学降维方法。PCA 本质上是一种空间映射方法，为了减少变量之间的线性相关，它通过矩阵变换操作把正交坐标系变量映射到另一个正交坐标系主元。

将原有的变量进行线性组合得到主成分，且主成分的数目要少于原有变量。利用线性组合能得到新的低维观测数据，这些新的低维观测数据包含大量原有数据的特征，但数据含义与原有数据有一定区别，以便于后续分析。

先简单了解一下主成分分析法的相关概念。假设原始数据是一个 $m×n$ 的矩阵，m 表示数据样本的数量，n 表示每一份数据样本的特征数目。一般地，先对原始数据进行预处理：

1）中心化：将原始数据每一列进行零均值化，即将该列上的每一个数值都减去该列的均值。

2）归一化：将中心化后的数据的每一列进行方差归一化，即将该列上的每一个数值都除以该列的标准差。

以上两步预处理是通常做法。中心化是为了在不影响特征值分解的条件下得到更加简洁的公式；归一化则是为了消除不同量纲之间的差异，让变量的方差变化范围相同，使其更具有可比性。将预处理之后的矩阵表示为 X，则主成分分析法的主要步骤如下：

1）计算协方差矩阵 $C = \dfrac{1}{m-1} X^T X$。

2）计算协方差矩阵的特征值 $\lambda_1, \lambda_2, \cdots, \lambda_i$ 和特征向量 $e_1, e_2, \cdots, e_i$。

3）按照特征值从大到小的顺序，从左至右排列特征向量。将前 k 个特征向量组成的矩阵表示为 P_k。

4）将 X 映射到低维的 k 维空间($k \ll n$)，则映射之后的数据 $Y_k = X P_k$ 即为降维到 k 维后的数据。

将原始数据映射到低维空间之后，也可以根据数据在低维空间里的坐标来重构原始数据，即

$$X' = Y_k P_k^T \tag{8.2.4}$$

8.2.2　纹理特征

纹理特征描述了图像场景的表面属性。但是，纹理只是物体表面特征而非本质特征，因此无法通过纹理功能获得图像高层次的内容。纹理特征也是一种统计特征，它具有很强的抗噪能力以及旋转不变性。然而，纹理特征也有两个缺点：一是计算出的纹理偏差会随着图像分辨率的变化而变化；二是二维图像反射的纹理与三维物体表面的真实纹理可能不匹配，因为它可能会受到光照和反射的影响。下面介绍常见的纹理提取和特征匹配方法。

1. 统计方法

统计方法运用统计特征在图像灰度空间的分布来对纹理的方向性、均匀性和粗细度等信息进行描述。

纹理看似杂乱无章，实则具有一定的规律性，这为统计方法提供了条件。统计方法是基于像素和区域的灰度特性，比较容易实现。其主要方法包括灰度共生矩阵、灰度游程长度矩阵、基于自相关的方法、梯度幅度直方图、基于局部映射模式的方法、局部能量模式、半方差图、局部二值模式（LBP）等。

作为一种典型的统计方法，灰度共生矩阵是一种矩阵函数，它关乎像素距离和方向，用

于计算在空间距离 d 和方向 θ 上两点之间的相关性，反映图像的变化速度、方向等信息。

局部二值模式是一种用于刻画图像部分纹理特征的算法，其特征的显著优势为灰度不变性和旋转不变性。它把图像的各个相邻像素值通过做比较得到的二进制数作为结果，并将得到的二进制比特串作为中心像素的编码值，即 LBP 特征值。LBP 能够有效地提取图像部分特征，主要应用在目标检测、人脸检测等领域。

（1）原始 LBP 特征

图像里选 3×3 大小的邻域窗来表示最初的 LBP 算子，将阈值（窗口中心像素灰度值）与 8 个相邻像素灰度值做对比，若邻近像素的值大于中心像素值，则结果为 1，否则为 0。重复此操作，窗口内的 8 个相邻点经过比较后能获得 8 位二进制数，将其以一定规律进行排序便能获得中心像素点的 LBP 值。该值一共有 $2^8(256)$ 种可能，这与一般的灰度图相似，所以可用灰度图表示 LBP 特征。又因 LBP 特征关注的不是颜色信息而是纹理信息，所以要进行彩色图和灰度图之间的转换。原始 LBP 特征的提取过程如图 8-3 所示。

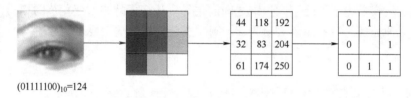

$(01111100)_{10}=124$

图 8-3　原始 LBP 特征的提取过程

用公式表示即

$$LBP(x_c, y_c) = \sum_{p=0}^{P-1} 2^p s(i_p - i_c) \tag{8.2.5}$$

式中，(x_c, y_c) 代表中心像素；i_c 代表灰度值；i_p 代表相邻像素的灰度值；s 代表一个符号函数，有

$$s(x) = \begin{cases} 1, & x \geqslant 0 \\ 0, & \text{其他} \end{cases} \tag{8.2.6}$$

（2）圆形 LBP 算子

为了得到不同尺寸的纹理，满足旋转不变性和灰度的需要，Ojala 等人对 LBP 算子做了改善，主要是对邻域进行改进：将正方形替换为圆形，以及将 3×3 邻域大小扩展到任意大小，从而得到半径为 R 的圆形区域内的采样点（即 LBP 算子），如图 8-4 所示。

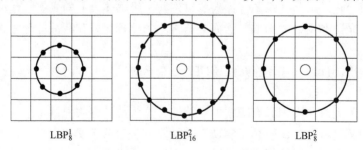

LBP_8^1　　　　LBP_{16}^2　　　　LBP_8^2

图 8-4　圆形 LBP 算子

无论是原始还是圆形 LBP 算子都只是灰度不变，而旋转图像会导致不同的 LBP 特征值。

之后研究者们还提出了一种旋转不变的 LBP 算法。这个算法首先获取像素中心点周围各个位置的标记值，然后把这些标记值首尾连成一个圆形序列，再通过旋转圆形序列获取不一样的二进制序列，最后把各个二进制序列变换成十进制值，将其中最小的二进制值提取出来替换原来的 LBP 值，这个值就旋转不变。据统计，仅有 36 种 LBP 模式旋转不变，这大大减小了 LBP 的维度。

LBP 特征经扩展后具有灰度不变性和旋转不变性等优势，在模式识别和数字图像处理领域获得了广泛应用。与其他全局纹理特征相比，LBP 算子具有以下特点：

1）计算简单，速度快，通过模型一次遍历即可得到整幅图像的比较。

2）对局部变换和光照有一定的鲁棒性。

3）具有尺度不变性。LBP 特征按照改进的旋转不变纹理特征思想，不会随着图像的旋转而变化。

4）特征维度比较低，"等效模型"的 LBP 特征减少了模型类别，从而减少了特征向量的尺寸。

2. 模型方法

通过建立相应的数学模型来解决问题的方法称为模型方法。该方法假定纹理特征符合某些模型分布，然后特征提取就可以转换为参数估计，最后专注于模型参数的估计。典型的模型方法包括随机场法和分形法。其中具有代表性意义的方法是吉布斯（Gibbs）和马尔可夫等随机场模型法。

3. 结构方法

结构方法将繁杂绘图纹理变换成简单纹理，即简化复杂问题。虽然纹理看起来很繁杂，但大多数人造纹理都相对规则。这种相对规则的属性使得我们能够很容易找到它的纹理基元及其有序排列，从而可以使用树和图等句法结构来描述。由于结构方法需要规律性，因此从基元中不易获得的自然纹理相对较难解决。目前有两种代表性的结构方法，即数学形态学方法和句法纹理描述。

4. 信号处理方法

信号处理方法一般是基于纹理并且可以由能量分布进行识别，常用的有傅里叶级数法、Gabor 滤波法、小波法、离散余弦变换法等。虽然这些方法对图像纹理的处理方法不相同，但都是在变换域中提取图像纹理特征。

8.2.3 形状特征

使用任一基于形状特征的检索方法都可以利用图像中感兴趣的目标，但这些检索方法也存在一些共性问题，包括：①基于形状的检索方法复杂繁多，缺少完整统一的数学模型；②目标产生形变后，检索结果将不再可靠；③形状的很多特征只对目标的局部属性进行描述，对目标的完整描述往往需要很高的存储容量和计算时间；形状的许多特征反映了目标形状的信息，而这些信息不完全符合人的直觉，或者人类视觉系统感知的相似度与特征空间的相似度不同。常见的形状特征匹配与提取方法有几何参数法、傅里叶形状描述法、边界特征法等。

1. 几何参数法

几何参数法使用形状参数法完成形状的定量检测（如矩、面积、周长等），并利用圆度、偏心率和主轴方向等几何参数进行图像检索。

2. 傅里叶形状描述法

该方法采用形状描述的方法，借助区域边界具有的封闭性和周期性，把二维问题转换为一维问题。而物体边界的傅里叶变换便称为形状描述。

3. 边界特征法

常见的边界特征法包括边界方向直方图法与霍夫变换检测平行直线法等，它们获取其形状参数的方式皆是基于图像的边界特征。

8.2.4 空间关系特征

将同一图像中不同对象间的相互空间位置和相对方向关系称为空间关系。一般来说，空间位置包括绝对空间位置和相对空间位置。绝对空间位置突出的是对象之间的方向和距离。相对空间位置突出的是对象之间的相对状况，如左右、上下的关系。虽然相对空间位置是绝对空间位置的一种特殊表示，但由于前者更易表达，所以相对空间位置的适用范围更广。使用空间关系特征来加强图像内容的描述和区分能力是常用方法之一，但该方法对图像缩放、反转、旋转等很敏感。事实上，仅使用空间关系往往得不到准确的场景信息，因此应该将空间关系特征和其他特征结合使用。基于图像空间关系的特征提取方式一般分为两种：第一种是把图像分成几个均匀规则的模块，再提取各个模块的特征并建立索引；第二种是提取出自动分割所划分出的包含对象或颜色的图像区域，再建立索引。

8.3 传统图像识别方法

图像识别的发展经历了数字图像处理与识别、物体识别和文字识别三个阶段。1950年开始研究的手写文字识别和印刷文字识别用途都非常广泛，一般用于识别数字、字母和符号。图像识别主要有结构模式、模糊模式和统计模式三种识别方法。

1. 结构模式识别

语法、句法模式识别就是结构模式识别。在统计模式识别中，用特征空间的向量来表达样本，每个样本在每个特征维度都有各自的特征值，统计模式识别依据样本集在特征空间里的统计规律来实现类别划分。但有些问题不能用统计模式识别来解决，如：汉字识别，通过偏旁部首和笔画的类型及其相互结构关系来确定汉字是什么；语音识别，连续的音素构成了语音信息，包括音节、字和词，语音识别不仅要识别音素，更要识别出音素之间的结构关系。结构模式识别就是专门解决此类问题的，该方法以结构基元为基础，采用结构特征对模式对象进行描述和判别。其中，构成结构模式信息的基本单元是基元，它的选择与应用有关系，如音素可被语音识别选择作为基元，偏旁部首可被汉字识别选择作为基元。其结构框图如图8-5所示。

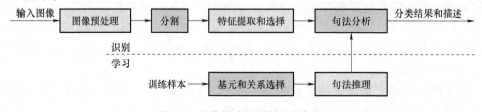

图 8-5　结构模式识别的结构框图

2. 模糊模式识别

实际上，有一部分模式限制是清楚的，如车牌识别、汉字识别、字母和阿拉伯数字识别等，但有一部分模式限制不清楚，如人的身高、胖瘦等的识别。界限不清楚的模式即为模糊模式，对应的问题即为模糊模式识别问题，而图像识别中模糊集理论的使用就是运用了模糊模式识别方法。它将确定子集用模糊集的概念替换，以实现识别结果模糊化，也就是得到模糊的识别结果。

模糊模式识别问题通常可划分为两种：第一种是要识别的物体和模型库都是模糊不清的；第二种是模型库模糊，而待识别对象清晰。在很多传统的控制问题中，如洗衣机、热水器、电饭煲等的模糊控制取得成功的应用后，模糊技术的研究再次流行起来。在图像识别系统中使用模糊集理论中的模糊信息来决策以及分类图像模型，更接近于模拟人脑的思维活动。目前，主要的模糊模式识别包括模糊聚类法、择近原则识别法和最大隶属原则识别法。模糊模式识别的结构框图如图 8-6 所示。

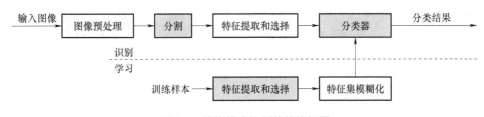

图 8-6　模糊模式识别的结构框图

3. 统计模式识别

在统计模式识别中，各模式都被描述为特征向量，每个向量都对应一个随机分布在高维空间中的数据点。其理论依据为：类间样本互相远离，类内样本互相吸引，以"数据簇"进行聚类。常见的统计模式识别包括判别分析方法和统计决策理论。聚类分析法、统计决策法、最近邻法等都是此方法的基本技术。选取适当的特征，让特征空间中的类内物体的相似性程度相邻，从而能够利用高维特征空间中的超曲面（或者分类曲线）作为判别函数，并将相似程度较大的物体归纳合并为一类（见图 8-7）。

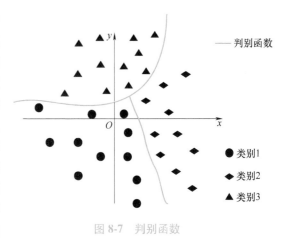

图 8-7　判别函数

8.4　基于深度学习的图像识别

深度学习技术的兴起使得图像分类技术达到新高。深度学习能够通过学习大量图像直接获得有用的图像特征，而不需要用到传统识别算法中的数据重建和特征提取。基于深度学习的图像分类法可以根据深度架构自动学习更多抽象的数据能力，无须针对特定图像数据设计人工功能或分类方法，显著地提高了图像的分类能力。由于深度学习中的网络模型对自然图

151

像有更好的理解、识别能力，因此基于深度学习的图像识别成为图像识别的主流任务。

8.4.1 粗粒度图像识别

最早将基本的图像变换应用到深度学习的工作是 LeNet 网络。1998 年 LeCun 等人提出了 LeNet 网络，该网络的结构示意图如图 8-8 所示。LeNet 也叫作 LeNet-5，有一个输入层、两个卷积层、两个池化层和三个全连接层（最后一个全连接层是输出层）。

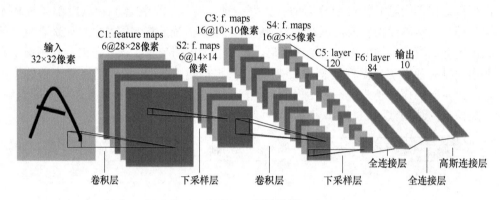

图 8-8　LeNet 网络的结构示意图

LeNet-5 一共由 7 个层级组成，即卷积层 C1、C3、C5，池化层 S2、S4，全连接层 F6，以及一个高斯连接层，使用 Softmax 函数分类输出图像。为了匹配模型的输入结构，将 MNIST 数据集中 28×28 像素的图像扩展为 32×32 像素。下面详细介绍每一层。

1）C1 层（卷积层）：C1 层由 6 个大小为 5×5、步长为 1 的不同类型卷积核组成，卷积后输出 6 个 28×28 像素的特征图像。这层共有 6×（5×5+1）= 156 个训练参数，各个像素点都由上层 5×5 = 25 个像素点和 1 个阈值连接计算得到，共 28×28×156 = 122304 个连接。

2）S2 层（池化层）：S2 层是池化层或下采样层，池化大小为 2×2，步长为 2，通过 S2 层池化后得到 6 个 14×14 像素大小的特征图。这层共有 1×6+6 = 12 个学习参数，S2 层中的全部像素都与 C1 层中的 1 个阈值和 2×2 个像素连接，共 6×（2×2+1）×14×14 = 5880 个连接。

3）C3 层（卷积层）：C3 层的输入为 14×14×6，S2 层和 C3 层的连接比较复杂，C3 层采用 16 个尺寸为 5×5 的卷积核，包含 6 个 5×5×3 的卷积核、9 个 5×5×4 的卷积核及 1 个 5×5×6 的卷积核，步长均为 1。前 6 个 C3 层的特征图连接到 S2 层的 3 个特征图，后 6 个 C3 层的特征图连接到 S2 层的 4 个特征图，然后 3 个特征图连接到与 S2 层部分断开的 4 个特征图，最后一个特征图与所有 S2 层的特征图连接。C3 层输出的最终大小为 10×10×16。这层卷积核大小为 5×5，共 6×（3×5×5+1）+9×（4×5×5+1）+1×（6×5×5+1）= 1516 个学习参数。

4）S4 层（池化层）：S4 层是对 C3 层进行的下采样，功能与 S2 层相同，输出为 5×5×16 的特征图。

5）C5 层（卷积层）：C5 层的卷积核大小为 5×5×16，步长为 1，共 120 个，且不使用填充，所以 C5 层输出维度为 1×1×120 的特征图，实现了二维数据的展平。

6）F6 层（全连接层）：F6 层是全连接层，有 84 个输出节点，共有 84×（120+1）= 10164 个学习参数。

7）输出层（高斯连接层）：输出层即高斯连接层，一共有 10 个节点，分别代表数字

0~9，共有 84×10＝840 个参数。先将 10 个节点的输出经过 Softmax 回归计算，再将结果映射到一系列从 0 到 1 的概率值，即 1 到 10 个类别的概率值，作为网络的最终预测值。

利用 LeNet-5 实现手写数字识别的过程如下：

MNIST 数据集包含 10000 个用于测试的示例以及 60000 个用于训练的示例，它是一个手写数字图像数据集。首先加载并处理 MNIST 数据集，将输入图片尺寸归一化为 32×32 像素，然后进行模型的训练以及测试。其结果如图 8-9 所示，识别成功率可以达到 98%。

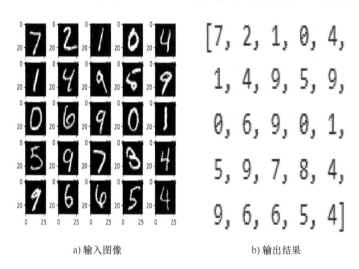

a）输入图像   b）输出结果

图 8-9   LeNet-5 手写数字识别结果

2014 年，谷歌旗下 DeepMind 公司和牛津大学计算机视觉组共同提出了 VGGNet 卷积神经网络，为了提高网络的性能，VGGNet 不断堆叠 3×3 小卷积核和 2×2 最大池化层，对网络结构进行持续加深，构造出了 16~19 个卷积层的神经网络。在 2014 年举办的 ImageNet 图像识别竞赛中，VGGNet 获得了分类任务第二和定位任务一名的佳绩。目前，VGGNet 仍然被广泛用于提取图像特征。

VGGNet 包含六种不同的网络结构，分别是 A、A-LRN、B、C、D 和 E，具体见表 8-1。这六种网络都由 3 层全连接层和 5 层卷积层构成，区别是每个卷积层的子层数量不同（用粗体表示添加的层）。表 8-1 中的卷积层均是大小为 3×3、步长为 1、填充为 1 的卷积操作；最大池化层均是池化核大小为 2，步长为 2 的池化操作。参数为 "Conv 卷积核大小-卷积核个数"，如 Con3-64，表示使用 64 个大小为 3×3 的卷积核。随着 A 至 E 的递增，网络深度从 11 层变到 19 层。网络结构 D 和 E 分别是著名的 VGG-16 和 VGG-19。VGG-16 网络包含 16 层，共包含约 1.38 亿个参数。下面以 VCG-16 为例，对其网络架构进行说明。

表 8-1   不同网络结构的 VGGNet

A	A-LRN	B	C	D	E
11 个权值层	11 个权值层	13 个权值层	16 个权值层	16 个权值层	19 个权值层
输入（224×224×3）					
Conv3-64	Conv3-64 **LRN**	Conv3-64 **Conv3-64**	Conv3-64 Conv3-64	Conv3-64 Conv3-64	Conv3-64 Conv3-64

（续）

A	A-LRN	B	C	D	E
最大池化层					
Conv3-128	Conv3-128	Conv3-128 **Conv3-128**	Conv3-128 Conv3-128	Cony3-128 Conv3-128	Cony3-128 Conv3-128
最大池化层					
Conv3-256 Conv3-256	Conv3-256 Conv3-256	Conv3-256 Conv3-256	Conv3-256 Conv3-256 **Conv3-256**	Conv3-256 Conv3-256 **Conv3-256**	Conv3-256 Conv3-256 Conv3-256 **Conv3-256**
最大池化层					
Conv3-512 Conv3-512	Conv3-512 Conv3-512	Conv3-512 Conv3-512	Conv3-512 Conv3-512 **Conv3-512**	Conv3-512 Conv3-512 **Conv3-512**	Conv3-512 Conv3-512 Conv3-512 **Conv3-512**
最大池化层					
Conv3-512 Conv3-512	Conv3-512 Conv3-512	Conv3-512 Conv3-512	Conv3-512 Conv3-512 **Conv3-512**	Conv3-512 Conv3-512 **Conv3-512**	Conv3-512 Conv3-512 Conv3-512 **Conv3-512**
最大池化层					
FC-4096					
FC-4096					
FC-1000					
输出层（Softmax）					

1）输入层：输入图像大小为 224×224×3。

2）第 1 层卷积层：第 1 层卷积层由 2 个 Conv3-64 组成。该层的处理流程是：卷积→ReLU→卷积→ReLU→最大池化，得到的输出为 112×112×64。

3）第 2 层卷积层：第 2 层卷积层由 2 个 Conv3-128 组成。该层的处理流程是：卷积→ReLU→卷积→ReLU→池化，得到的输出为 56×56×128。

4）第 3 层卷积层：第 3 层卷积层由 3 个 Conv3-256 组成。该层的处理流程是：卷积→ReLU→卷积→ReLU→池化，得到的输出为 28×28×256。

5）第 4 层卷积层：第 4 层卷积层由 3 个 Conv3-512 组成。该层的处理流程是：卷积→ReLU→卷积→ReLU→池化，得到的输出为 14×14×512。

6）第 5 层卷积层：第 5 层卷积层由 3 个 Conv3-512 组成。该层的处理流程是：卷积→ReLU→卷积→ReLU→池化，得到的输出为 7×7×512。

7）第 1 层全连接层：第 1 层全连接层由 4096 个神经元组成。该层的处理流程是：全卷积→ReLU→Dropout。该层输入是 7×7×512 的特征图，展开为 7×7×512 的一维向量，即 7×7×512 个神经元，输出为 4096 个神经元。这 4096 个神经元通过 ReLU 函数激活。随机地断开全连接层某些神经元的连接，通过不激活某些神经元的方式可防止过拟合。

8）第 2 层全连接层：第 2 层全连接层由 4096 个神经元组成。该层的处理流程是：全卷积→ReLU→Dropout。该层输入是 4096 个神经元，输出为 4096 个神经元。

9）第 3 层全连接层：第 3 层全连接层由 1000 个神经元组成，对应 ImageNet 数据集的 1000 个类别。该层输入是 4096 个神经元，输出为 1000 个神经元。

10）输出层：这 1000 个神经元的运算结果通过 Softmax 函数输出 1000 个类别对应的预测概率值。

VGG-16 由若干卷积层和一个能够压缩图像大小的池化层组成，网络结构非常规矩和整齐，超参数使用比较少，专注于构造一个简单的网络，其结构如图 8-10 所示。图像的高度和宽度都随网络的加深而有规律地稳步减小，每次池化后减小一半。VGGNet 简单、灵活、可扩展性强，在变更到其他数据集时具有良好的泛化性能。当前，VGG-19 和 VGG-16 比较常用。虽然 VGGNet 的网络规模比之前的 LeNet 大很多，但也存在一些很明显的问题，如网络参数规模急剧增加，致使网络训练更烦琐，运行速度更慢。

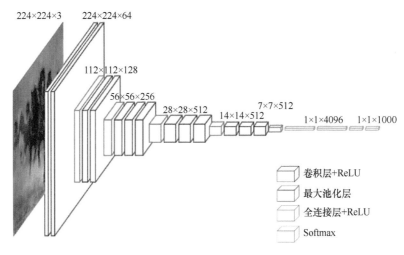

图 8-10　VGG-16 的结构

从 LeNet 到 VGGNet，网络不断加深，性能不断变好。根据经验，网络越深越能更全面、更好地描述目标，越能提取更复杂的图像特征。但实验证明，当网络的深度到达一定程度时，网络的性能随着深度的不断增加会变得越来越差，同时增加了梯度消失或爆炸的风险。何凯明等人认为这是因为在深度网络传递的过程中信息会失真，失真也随着网络的加深而变得更严重，这是一种系统误差。为了去除这种误差，何凯明等人设计了一个残差学习单元，即包含恒等映射的网络模块，如图 8-11 所示。

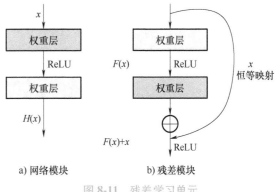

图 8-11　残差学习单元

残差学习可以解决残差学习单元的退化问题。假设普通学习单元接收输入数据 x 后学习到的特征为 $H(x)$，则引入恒等映射后成为残差学习单元，此时希望它能够学习到残差

155

$F(x) = H(x) - x$，所以原来学习到的特征其实是 $F(x) + x$。残差学习比原始学习更简单。当残差为 0 时，网络性能不会降低，因为残差单元只进行恒等映射。事实上残差不会等于 0，堆积层能从中提炼学习到新的特征表示，从而提高性能。恒等映射与电路中的短路有点相似，因此也叫作短路连接。修改普通的神经网络，再利用短路机制增加残差单元，就可以构造出不同深度的 ResNet 网络，具体见表 8-2。与 VGG 网络相比，ResNet 在下采样时直接使用步幅为 2 的卷积，并用全连接层代替全局平均池化层。ResNet 的一个关键的设计准则是：特征图的大小随着数量变化，从而维持了网络层的复杂性。从图 8-11 中可以看出，ResNet 在每两层之间增加了一个短路机制，构成了残差学习。从表 8-2 可以看出，对于 18 层和 34 层的 ResNet，它的残差学习在两层之间进行，当网络更深时，残差学习在三层之间进行，三层卷积核分别是 1×1、3×3 和 1×1。

表 8-2 不同深度的 ResNet 网络参数

层名	输出大小	18 层	34 层	50 层	101 层	152 层
卷积层一	112×112	7×7, 64, 步长为 2				
卷积层二	56×56	3×3 最大池化，步长为 2				
卷积层二	56×56	$\begin{bmatrix}3\times3,\ 64\\3\times3,\ 64\end{bmatrix}\times2$	$\begin{bmatrix}3\times3,\ 64\\3\times3,\ 64\end{bmatrix}\times3$	$\begin{bmatrix}1\times1,\ 64\\3\times3,\ 64\\1\times1,\ 256\end{bmatrix}\times3$	$\begin{bmatrix}1\times1,\ 64\\3\times3,\ 64\\1\times1,\ 256\end{bmatrix}\times3$	$\begin{bmatrix}1\times1,\ 64\\3\times3,\ 64\\1\times1,\ 256\end{bmatrix}\times3$
卷积层三	28×28	$\begin{bmatrix}3\times3,\ 128\\3\times3,\ 128\end{bmatrix}\times2$	$\begin{bmatrix}3\times3,\ 128\\3\times3,\ 128\end{bmatrix}\times4$	$\begin{bmatrix}1\times1,\ 128\\3\times3,\ 128\\1\times1,\ 512\end{bmatrix}\times4$	$\begin{bmatrix}1\times1,\ 128\\3\times3,\ 128\\1\times1,\ 512\end{bmatrix}\times4$	$\begin{bmatrix}1\times1,\ 128\\3\times3,\ 128\\1\times1,\ 512\end{bmatrix}\times8$
卷积层四	14×14	$\begin{bmatrix}3\times3,\ 256\\3\times3,\ 256\end{bmatrix}\times2$	$\begin{bmatrix}3\times3,\ 256\\3\times3,\ 256\end{bmatrix}\times6$	$\begin{bmatrix}1\times1,\ 256\\3\times3,\ 256\\1\times1,\ 1024\end{bmatrix}\times6$	$\begin{bmatrix}1\times1,\ 256\\3\times3,\ 256\\1\times1,\ 1024\end{bmatrix}\times23$	$\begin{bmatrix}1\times1,\ 256\\3\times3,\ 256\\1\times1,\ 1024\end{bmatrix}\times36$
卷积层五	7×7	$\begin{bmatrix}3\times3,\ 512\\3\times3,\ 512\end{bmatrix}\times2$	$\begin{bmatrix}3\times3,\ 512\\3\times3,\ 512\end{bmatrix}\times3$	$\begin{bmatrix}1\times1,\ 512\\3\times3,\ 512\\1\times1,\ 2048\end{bmatrix}\times3$	$\begin{bmatrix}1\times1,\ 512\\3\times3,\ 512\\1\times1,\ 2048\end{bmatrix}\times3$	$\begin{bmatrix}1\times1,\ 512\\3\times3,\ 512\\1\times1,\ 2048\end{bmatrix}\times3$
	1×1	平均池化，1000 维全连接层，Softmax				
参数量		1.8×10^9	3.6×10^9	3.8×10^9	7.6×10^9	11.3×10^9

在部分 ImageNet 2012 的分类数据集上对 ResNet 的效果进行评测，图 8-12 所示为在一般网络和残差网络下测试的损失变化曲线。从图 8-12a 可以看到，101 层的一般网络由于层数较多，出现了网络性能退化现象，训练损失比 34 层网络的大且下降趋势不明显；而在图 8-12b 里，由于残差结构的加入，101 层 ResNet 的性能得到明显改善，损失也与 34 层网络接近。通过实验验证，ResNet 在一定程度上可解决前文提及的网络越深训练效果越差的问题，也对深层次网络当中的梯度消失和梯度爆炸问题有一定的缓解作用。

随着卷积神经网络 LeNet、ImageNet、ResNet 等在图像识别和图像分类任务上的成功应用，越来越多的研究者开始使用各种深度学习的算法模型来解决图像识别的任务。得益于深度学习的方法，计算机视觉领域的发展使计算机达到了可以比肩人类的图像识别能力。

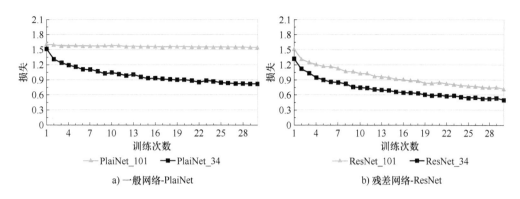

a) 一般网络-PlaiNet　　　　　　　b) 残差网络-ResNet

图 8-12　在一般网络和残差网线下测试的损失变化曲线

8.4.2　细粒度图像识别

随着科技的快速发展，人们对图像识别的需求越来越精细化，细粒度图像识别开始广泛应用到社会生活的多个领域，如物体型号识别、生物特征识别等识别任务。在人脸、指纹等生物物种识别任务中，细粒度的识别能够有效地帮助警察办案，在智能交通中的车辆型号识别可以高效地处理交通事故。因此，基于细粒度的图像识别成为研究热点。

如何从图像中提取有效的细粒度特征是图像细粒度识别的关键，早期的方法是通过人工标注的信息来为模型提供更详细的图像信息。Zhang 等人提出 Part-based R-CNNs 模型进行细粒度识别，如图 8-13 所示。首先使用 R-CNN 对图像中的目标进行特征提取，再利用位置几何约束条件对 R-CNN 提取到的区域信息进行修正，然后对获取到的目标及部件区域提取深度特征，最后输入到 SVM（支持向量机）分类器进来完成对图像细粒度的识别任务。Krause 等人则采用协同分割技术来增强细粒度的分类，在仅使用目标标注框的前提下，完成对目标部件的分割和对齐操作，实现了较高的识别精度。

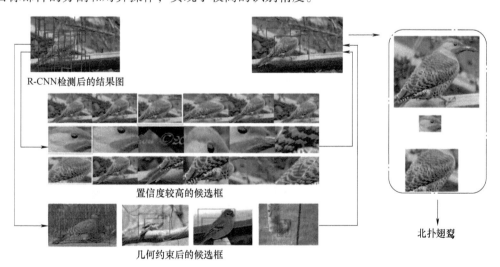

图 8-13　Part-based R-CNNs 网络模型

由于人工标注成本高，基于弱监督的细粒度图像识别方法相继被提出，该类方法仅仅使用图像的类别标签来训练网络模型。研究者们将深度学习和注意力机制相结合，通过引入注意力模块，网络模型能够具备自动学习图像重要特征的能力，并能有效替代分割、目标检测等模块，提高模型的准确性和鲁棒性。得益于注意力机制的优点，Sun 等人提出了一种多重注意力机制的弱监督细粒度图像识别（Multi-Attention Multi-Class Constraint for Fine-Grained Image Recognition，MAMCC）模型。MAMCC 模型的结构如图 8-14 所示。MAMCC 模型包括 OSME（One-Squeeze Multi-Excitation Module）和 MAMC（Multi-Attention Multi-Class Constraint）两个模块。具体地，首先模型的输入是四张图像，两个类别，然后利用 OSME 模块来提取特征注意力向量，最后使用 MAMC 模块将 OSME 模块输出的特征注意力向量指向类别，产生判别性注意力特征。

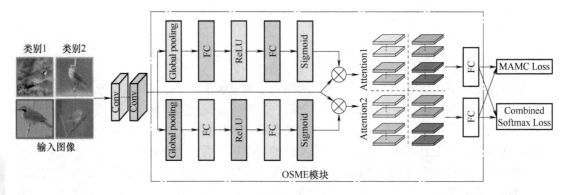

图 8-14　MAMCC 模型的结构

本章小结

本章主要介绍了传统的图像识别方法和基于深度学习的识别方法。通过学习本章内容，重点掌握图像特征的提取方法，选择合适的判别函数和判别规则进行分类判决，以识别图像。

图像识别是指对图像进行整体分析来达到预测图像类别的技术。将原始图像进行预处理后，提取图像特征，图像特征包含了颜色、纹理、空间关系和形状等，主要作用在于将预处理后的图像数据进行分析归纳。

传统的图像识别方法包括结构模式识别、模糊模式识别和统计模式识别。结构模式识别适用于语法、句法模式的识别；模糊模式识别包括模糊聚类法、择近原则识别法和最大隶属原则识别法；统计模式识别包括判别分析方法和统计决策理论。

基于深度学习的图像识别能够从大量样本中得到数据集的深层特征表示，与传统图像识别方法相比更加高效、准确，提取到的特征的鲁棒性和泛化性更好，并且能够实现端到端映射。

习题

8-1　什么是图像识别？它与目标检测和图像分类有什么区别？

8-2　图像识别在现实生活中有哪些应用?

8-3　简述图像识别问题的挑战。

8-4　图像特征提取的原则有哪些?

8-5　图像识别流程包括哪些步骤?

8-6　解释一下传统图像识别中常用的颜色直方图的特征是如何计算的。

8-7　为什么传统图像识别在复杂场景和大尺寸图像上可能表现不佳?

8-8　对比传统图像识别,深度图像识别对标注数据的需求有何不同?

8-9　与传统图像识别方法相比,基于深度学习的图像识别方法的优势有哪些?

8-10　传统图像识别和深度图像识别在实际应用中分别有哪些局限性和适用场景?

8-11　深度图像识别中的卷积和池化层有什么作用? 为什么它们被广泛采用?

8-12　基于细粒度的图像识别的难点是什么?

8-13　基于卷积神经网络的手写字体识别的原理是什么? 请搭建 CNN 网络模型,设计损失函数,选择优化函数,实现模型训练与测试。

8-14　图像识别中的模型部署有哪些挑战和最佳实践?

8-15　基于深度学习的图像识别方法在实际落地中存在哪些挑战?

第9章 智能遥感领域应用实例

遥感定义为使用对电磁波敏感的各类传感器，在远离或者不接触目标的条件下对目标地物进行探测，主要的处理对象是以图像为表达形式的遥感信息。遥感图像具有覆盖范围广、信息复杂多变的特点，在军事国防、智慧农业、灾害应急、矿产勘探、环境监测等众多领域具有重要的应用价值。本章将以渤海湾海洋溢油检测和DOTA数据集目标检测为例，介绍智能图像处理在遥感领域的典型应用。

9.1 渤海湾海洋溢油检测

1973—2006年间我国沿海区域共发生溢油事故2635起，其中69起为重大船舶溢油事故（溢油量超过50t的事故），总溢油量达37077t。渤海油田开采失误导致的石油泄漏和东海油轮与货轮相撞产生的原油泄漏更是进一步引发了人们对于海洋溢油问题的关注。

海洋上发生石油泄漏事故会带来严重的生态环境问题，污染溢油区域及其附近的水体和大气，并通过生物圈循环最终影响到人类的生命健康安全。同时，石油及其炼制品往往悬浮于海水表面，存在潜在的火灾和爆炸危险，危及海洋航道的安全。当石油泄漏事故发生后，需要采取紧急措施进行处理，快速锁定溢油影响区域是决策基础。

可见光图像无法观测到所有的溢油区域，为了获取差异性更强的信息，可采用高光谱成像技术对潜在区域进行观测，以确定精确的影响范围。但是海洋环境十分特殊，在强烈的阳光照射下，高光谱图像的很多波段容易出现过曝现象，且海面起伏的波浪会使阳光发生不规则的折射，从而产生各种耀斑干扰。此外，受成像传感器与光照影响，成像过程中会产生大量的噪声，干扰对海洋的正常观测，破坏目标的光谱特性。这些都会使得直接通过高光谱图像探测溢油区域变得十分困难，也无法为常规监督算法提供所需的标注数据。针对海洋溢油探测中高光谱图像受耀斑污染、高质量样本标注难和代价高，传统溢油探测方法采用监督方式对溢油进行识别的鲁棒性差、成本代价高、效率低等问题，本章介绍了一种基于孤立森林的无监督高光谱溢油探测方法，如图9-1所示。该方法能够自动生成伪标签训练样本，实现无监督高光谱溢油精确探测。

本实例采用蓬莱数据集，该数据集由AISA+传感器于2011年8月23日在我国渤海的蓬莱19-3C油井平台上空拍摄获得，当时该油井发生了一起严重的溢油事故。该数据集高光谱图像的光谱范围从500nm覆盖至970nm，包含258个光谱波段，光谱分辨率为2.3nm，图像大小为610×340像素。其检测结果如图9-2所示。

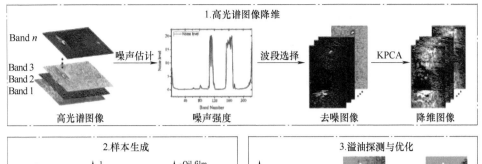

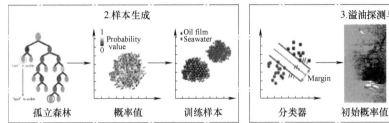

图 9-1　基于孤立森林的无监督高光谱溢油探测方法

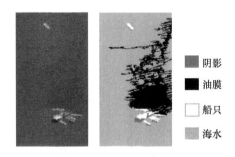

阴影

油膜

船只

海水

图 9-2　蓬莱溢油数据检测结果

9.1.1　耀斑去除与噪声估计

海洋高光谱图像的耀斑不同于普通成像噪声，它是因为过曝和光线不规则折射所引起的，无法使用基于高斯分布的噪声模型进行建模。但是，海洋高光谱图像有其自身的特性，海洋区域地物构成简单，相互之间混杂程度低，主要目标为海洋和船舰，卫星拍摄的高光谱图像或有云层遮挡，不同地物之间差异性大。

如图 9-3 所示，在阳光作用下，海水、油层和耀斑的光谱极其相似，难以区分，但是从伪彩色图像中可以清晰地观测出耀斑区域与其他区域的差异性，所以充分利用图像的空间特性，提出了基于图像结构特性的去耀斑方法，其算法流程如图 9-4 所示。

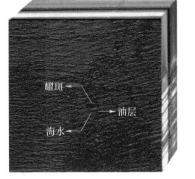

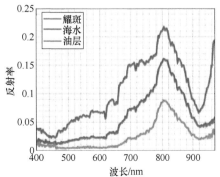

图 9-3　地物光谱相似性分析

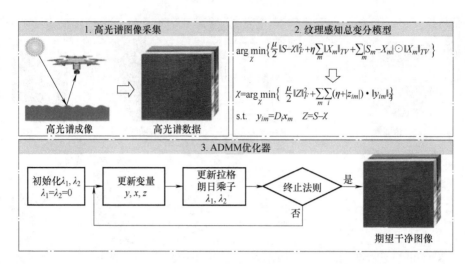

图 9-4 耀斑去除算法流程

通过图 9-5 可以观测到，基于图像结构特性的去耀斑的方法不仅可以有效地去除耀斑产生的不利影响，而且不会对图像的纹理结构产生破坏，保障了海洋溢油检测工作的进一步开展。

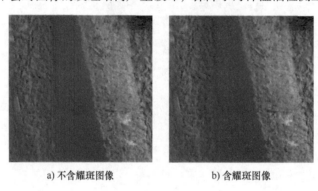

a) 不含耀斑图像   b) 含耀斑图像

图 9-5 耀斑去除前后图像

受传感器的不稳定性、校准误差和光照等因素影响，获取的高光谱图像经常遭受噪声污染，高光谱图像的质量严重降低，给后续图像处理和分析带来了负面影响。研究者通常在进行图像解译和识别前手动移除噪声波段或者对源图像进行去噪。然而高光谱图像拥有较高的光谱维度，手动去除噪声波段或去噪是非常耗时的，且带来了额外的计算代价。为了克服该问题，本例提出了一种基于高斯统计的噪声波段去除方法。首先计算每个波段的噪声方差：

$$\sigma_n = \sqrt{\frac{\pi}{2}} \frac{1}{6(I_W-2)(I_H-2)} \sum_{i,j} |I_n(i,j) * M|, n = 1, 2, \cdots, I_N \tag{9.1.1}$$

式中，I_W 和 I_H 表示图像空间维度；I_N 是总的光谱数目；M 是拉普拉斯的图像掩模，用于估计局部区域的噪声强度。然后，利用阈值分割方法剔除噪声强度高的波段，则有

$$S_n = \begin{cases} I_n, & \sigma_n < \dfrac{1}{2I_n} \sum_n \sigma_n \\ \phi, & 其他 \end{cases} \tag{9.1.2}$$

式中，S_n 是噪声去除后的图像。

9.1.2　溢油区域探测

溢油高光谱图像的复杂性使得直接肉眼观察变得不现实，必须依赖伪彩色图像或专业软件进行标注。无论采用哪种方式，都要求标注人员具有较高的专业素养。由于溢油问题的复杂性，需要综合考虑多个波段反映出的不同特性，因此，人工标注不仅存在成本高昂的问题，还面临效率低下的挑战。

针对这一问题，本例提出了一种基于核函数的孤立森林方法，以充分利用目标与背景间的光谱差异性。孤立森林的结构如图 9-6 所示。该方法通过将高光谱图像映射至核特征空间，抽取前几个特征主成分分别构建全局孤立森林，将其中明显异常的点认定为溢油区域，在此基础之上构建局部孤立森林，获取更精确的溢油区域。

由于光谱分类器普遍会引起"椒盐"噪声的问题，本实例充分挖掘了相邻像素间的空间相关性，采用随机行走方法优化光谱分类器的初始探测结果，进一步提升了溢油区域的探测性能。

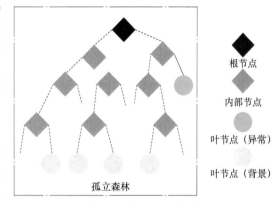

图 9-6　孤立森林的结构

最后，溢油检测也体现了图像分析的基本流程，即数据的预处理和信息表达。数据预处理是为了提升信噪比，减少不必要信息的干扰，为信息表达奠定基础，同时预处理也可以让研究者更好地观测图像，为后续信息表达方法的设计铺平道路。信息表达多采用监督学习的方法，因为其在表达效果上相较于无监督方法有明显的优势。

参考程序如下：

1. 主函数

```
clear,close all
addpath(genpath('./Data'));%加载数据
addpath(genpath('./Kernel'));
[data1,map]=ReadData(num2str(2));
row=size(data1,1);
col=size(data1,2);
data2=NormalizeData(data1);
tic
data_kpca=kpca(data2,10000,300,'Gaussian',1);
data=NormalizeData(data_kpca);%高光谱数据
data=ToVector(data);
tree_size=floor(3 * row * col /100);%子样本大小
tree_num=1000;%孤立树的数量
s=iforest(data,tree_num,tree_size);
```

```
img=reshape(s,row,col);
stop_flag=0;
index=[];
num=1;
r0=img;
lev=graythresh(r0);
while stop_flag == 0
    [r1,flag,s1,index1]=Local_iforest(r0,data,s,index,lev);
    r0=r1;
    s=s1;
    index=index1;
    stop_flag=flag;
    num=num + 1;
    if num > 5
        break;
    end
end
img=zeros(row,col);
img(index1)=1;
index=(1:row*col)';
index(index1,:)=[];
Data_d=data(:,:);
Data_d(index1,:)=[];
s_d=iforest(Data_d,tree_num,tree_size);
r1(index)=s_d;
r2=10.^r1;
%评估结果
toc
r0=mat2gray(r2);
[PD0,PF0]=roc(map(:),r0(:));
AUC =  -sum((PF0(1:end-1)-PF0(2:end)).* (PD0(2:end)+PD0(1:end-1))/2);
r0_rgb=ImGray2Pseudocolor(r0,'bone',255);
figure,imshow(r0_rgb);
imwrite(r0_rgb,'./KIFD.jpg');
```

2. 子函数
```
function scores=iforest(TreeData,NumTree,NumSub)
```

```
rounds=1;
NumDim=size(TreeData,2);
auc=zeros(rounds,1);
mtime=zeros(rounds,2);
rseed=zeros(rounds,1);
for r=1:rounds
    rseed(r)=sum(100 * clock);
    Forest=IsolationForest(TreeData,NumTree,NumSub,NumDim,
rseed(r));
    mtime(r,1)=Forest.ElapseTime;
    [Mass,~]=IsolationEstimation(TreeData,Forest);
    Score=-mean(Mass,2);
end
Tree.Size=NumSub;
c=2 * (log(Tree.Size - 1) + 0.5772156649) - 2 * (Tree.Size - 1) /
Tree.Size;
scores=2.^(Score/c);
end


function rgb=ImGray2Pseudocolor(gim,map,n)
[nr,nc,nz]=size(gim);
rgb=zeros(nr,nc,3);
if ( ~IsValidColormap(map) )
    disp('Error in ImGray2Pseudocolor: unknown colormap! ');
elseif (~(round(n) == n) || (n < 0))
    disp('Error in ImGray2Pseudocolor: non-integer or non-positive
colormap size');
else
    fh=str2func(ExactMapName(map));
    rgb=ind2rgb(gray2ind(gim,n),fh(n));
    rgb=uint8(rgb*255);
end

if (nz == 3)
    rgb=gim;
    disp('Input image has 3 color channel,the original data returns');
end
```

```matlab
function y=IsValidColormap(map)
    y = strncmpi (map,'jet',length (map)) | strncmpi (map,'hsv',length
(map)) |...
        strncmpi(map,'hot',length(map)) | strncmpi(map,'cool',leng-
th(map)) |...
        strncmpi(map,'spring',length(map)) | strncmpi(map,'summer',
length(map)) |...
        strncmpi(map,'autumn',length(map)) | strncmpi(map,'winter',
length(map)) |...
        strncmpi(map,'gray',length(map)) | strncmpi(map,'bone',
length(map)) |...
        strncmpi(map,'copper',length(map)) | strncmpi(map,'pink',
length(map)) |...
        strncmpi(map,'lines',length(map));


function emapname=ExactMapName(map)
if strncmpi(map,'jet',length(map))
        emapname='jet';
elseif strncmpi(map,'HSV',length(map))
        emapname='HSV';
elseif strncmpi(map,'hot',length(map))
        emapname='hot';
elseif strncmpi(map,'cool',length(map))
        emapname='cool';
elseif strncmpi(map,'spring',length(map))
        emapname='spring';
elseif strncmpi(map,'summer',length(map))
        emapname='summer';
elseif strncmpi(map,'autumn',length(map))
        emapname='autumn';
elseif strncmpi(map,'winter',length(map))
        emapname='winter';
elseif strncmpi(map,'gray',length(map))
        emapname='gray';
elseif strncmpi(map,'bone',length(map))
        emapname='bone';
elseif strncmpi(map,'copper',length(map))
        emapname='copper';
```

```matlab
elseif strncmpi(map,'pink',length(map))
        emapname='pink';
elseif strncmpi(map,'lines',length(map))
        emapname='lines';
end

function [Mass,ElapseTime]=IsolationEstimation(TestData,Forest)
NumInst=size(TestData,1);
Mass=zeros(NumInst,Forest.NumTree);
et=cputime;
for k=1:Forest.NumTree
        Mass(:,k)=IsolationMass(TestData,1:NumInst,Forest.Trees{k,
1},zeros(NumInst,1));
    end
    ElapseTime=cputime - et;

function Forest = IsolationForest (Data, NumTree, NumSub, NumDim,
rseed)
    [NumInst,DimInst]=size(Data);
    Forest.Trees=cell(NumTree,1);
    Forest.NumTree=NumTree;
    Forest.NumSub=NumSub;
    Forest.NumDim=NumDim;
    Forest.HeightLimit=ceil(log2(NumSub));
    Forest.c=2 * (log(NumSub - 1) + 0.5772156649) - 2 * (NumSub - 1) /
NumSub;
    Forest.rseed=rseed;
    rand('state',rseed);
    Paras.HeightLimit=Forest.HeightLimit;
    Paras.NumDim=NumDim;
    et=cputime;
    for i=1:NumTree
        if NumSub < NumInst
            [temp,SubRand]=sort(rand(1,NumInst));
            IndexSub=SubRand(1:NumSub);
        else
```

167

```
            IndexSub=1:NumInst;
        end
        if NumDim < DimInst
            [temp,DimRand]=sort(rand(1,DimInst));
            IndexDim=DimRand(1:NumDim);
        else
            IndexDim=1:DimInst;
        end
        Paras.IndexDim=IndexDim;
        Forest.Trees{i}=IsolationTree(Data,IndexSub,0,Paras);
    end

    Forest.ElapseTime=cputime - et;
    function mass=IsolationMass(Data,CurtIndex,Tree,mass)
    if Tree.NodeStatus == 0

        if Tree.Size <= 1
            mass(CurtIndex)=Tree.Height;
        else
            c = 2 * (log(Tree.Size - 1) + 0.5772156649) - 2 *
(Tree.Size - 1) / Tree.Size;
            mass(CurtIndex)=Tree.Height + c;
        end
        return;
    else
        LeftCurtIndex=CurtIndex(Data(CurtIndex,Tree.SplitAttribute) <
Tree.SplitPoint);
        RightCurtIndex=setdiff(CurtIndex,LeftCurtIndex);
        if ~isempty(LeftCurtIndex)
            mass = IsolationMass(Data,LeftCurtIndex,Tree.LeftChild,
mass);
        end
        if ~isempty(RightCurtIndex)
            mass=IsolationMass(Data,RightCurtIndex,Tree.RightChild,
mass);
        end
    end
    function Tree=IsolationTree(Data,CurtIndex,CurtHeight,Paras)
```

```
Tree.Height=CurtHeight;
NumInst=length(CurtIndex);
if CurtHeight >= Paras.HeightLimit || NumInst <= 1
        Tree.NodeStatus=0;
        Tree.SplitAttribute=[];
        Tree.SplitPoint=[];
        Tree.LeftChild=[];
        Tree.RightChild=[];
        Tree.Size=NumInst;
        return;
    else
        Tree.NodeStatus=1;
        [temp,rindex]=max(rand(1,Paras.NumDim));
        Tree.SplitAttribute=Paras.IndexDim(rindex);
        CurtData=Data(CurtIndex,Tree.SplitAttribute);
        Tree.SplitPoint=min(CurtData) + (max(CurtData) - min(CurtDa-
ta)) * rand(1);
        LeftCurtIndex=CurtIndex(CurtData < Tree.SplitPoint);
        RightCurtIndex=setdiff(CurtIndex,LeftCurtIndex);
        Tree.LeftChild=IsolationTree(Data,LeftCurtIndex,CurtHeight +
1,Paras);
        Tree.RightChild=IsolationTree(Data,RightCurtIndex,CurtHeight +
1,Paras);
        iTree.size=[];
    end


function [L,C]=kmeans(X,k)
L=[];
L1=0;
while length(unique(L)) ~= k
        C=X(:,1+round(rand*(size(X,2)-1)));
        L=ones(1,size(X,2));
        for i=2:k
                D=X-C(:,L);
                D=cumsum(sqrt(dot(D,D,1)));
                if D(end) == 0,C(:,i:k)=X(:,ones(1,k-i+1));return;end
                C(:,i)=X(:,find(rand < D/D(end),1));
```

169

```
            [~,L]=max(bsxfun(@minus,2*real(C'*X),dot(C,C,1).'));
        end
        while any(L~=L1)
            L1=L;
            for i=1:k,l=L==i;C(:,i)=sum(X(:,l),2)/sum(l);end
            [~,L]=max(bsxfun(@minus,2*real(C'*X),dot(C,C,1).'),
[],1);
        end
    end

    function [output_img,stop_flag,s1,index1]=Local_iforest(input_
img,data,s,index,lev)
    r0=input_img;
    row=size(input_img,1);
    col=size(input_img,2);
    stop_flag=0;
    am=im2bw(r0,lev);
    [bw_img,bw_num]=bwlabel(am,8);
    first_flag=0;
    index1=index;
    for i=1:bw_num
        abstract=find(bw_img==i);
        abstract_num=size(abstract,1);
        if abstract_num>=floor(row*col/120)
            first_flag=first_flag+1;
            if first_flag==1
                s1=s;
            end
            TreeData=data(abstract,:);
            NumSub=round(abstract_num*0.5);
            s2=iforest(TreeData,100,NumSub);
            index_global=abstract;
            index1=[index1;index_global];
            s2(s2<0.5)=s2(s2<0.5);
            s1(abstract)=s2;
        end
    end
```

```
if first_flag == 0
stop_flag=1;
s1=s;
end
r1=reshape(s1,row,col);
output_img=r1;
end


function [ data ]=NormalizeData( data )
[M N D]=size(data);
data=reshape(data,[M*N D]);
data=scale_new(data);
data=reshape(data,[M N D]);
end


function [data,map]=ReadData(data_name)
switch lower(data_name)
     case '1'
     load('./data/SanDiego');
     case '2'
     load('./data/HYDICE');
     case '3'
     load('./data/Segundo');
     case '4'
     load('./data/GrandIsle');
     end
end


function [tp,fp]=roc(t,y)
ntp=size(y,1);
[y,idx]=sort(y,'descend');
t     = t(idx) > 0;
P     = sum(t);
N     = ntp - P;
fp    = zeros(ntp+2,1);
```

```
tp      = zeros(ntp+2,1);
FP      = 0;
TP      = 0;
n       = 1;
yprev =-realmax;
for i=1:ntp
    if y(i) ~= yprev
        tp(n)=TP/P;
        fp(n)=FP/N;
        yprev=y(i);
        n     = n + 1;
    end
    if t(i) == 1
        TP=TP + 1;
    else
        FP=FP + 1;
    end
end
tp(n)=1;
fp(n)=1;
fp     = fp(1:n);
tp     = tp(1:n);
end


function [data M m] =scale_new(data,M,m)
[Nb_s Nb_b]=size(data);
if nargin==1
    M=max(data,[],1);
    m=min(data,[],1);
end
data=(data-repmat(m,Nb_s,1))./(repmat(M-m,Nb_s,1));
function v=ToVector(im)
sz=size(im);
v=reshape(im,[prod(sz(1:2)) sz(3)]);
function K=centering(K)
[nrow nclom]=size(K);
if nrow ~= nclom
```

```matlab
            error('input matrix must be symmetric matrax')
        end
        D=sum(K)/nrow;
        E=sum(D)/nrow;
        J=ones(nrow,1)*D;
        K=K-J-J'+E;


        function [Ktrn,Ktst]=kernel(X_train,X_test,opt)
        N=size(X_train,2);
        Nt =size(X_test,2);
        switch opt.type
            case'rbf'
                X2_train=sum(X_train.*X_train,1)';
                if isfield(opt,'test') && opt.test ==1
                    dist_train=nan;
                else
                    dist_train = repmat(X2_train,1,size(X_train,2)) +
        repmat(X2_train',size(X_train,2),1) -2*X_train'*X_train;
                end
                X2_test=sum(X_test.*X_test,1)';
                dist_test=repmat(X2_test,1,size(X_train,2)) +repmat(X2_
        train',size(X_test,2),1) -2*X_test'*X_train;
                dist_test=dist_test';
                Ktrn=exp(-dist_train/opt.sigma);
                Ktst=exp(-dist_test/opt.sigma);
            case'linear'
                Ktrn=X_train'*X_train;
                Ktst=X_train'*X_test;
        end


        function [Ktrn,Ktst]=kernel2(X_train,X_test,kernel,sigma)
        switch kernel
            case'rbf'
                X2_train=sum(X_train.*X_train,1)';
                dist_train = repmat(X2_train,1,size(X_train,2)) +
        repmat(X2_train',size(X_train,2),1) -2*X_train'*X_train;
```

173

```
            X2_test=sum(X_test. * X_test,1)';
            dist_test=repmat(X2_test,1,size(X_train,2)) +repmat(X2_
train',size(X_test,2),1) -2*X_test'*X_train;
            dist_test=dist_test';
            Ktrn=exp(-dist_train/sigma);
            Ktst=exp(-dist_test/sigma);
        case'linear'
            Ktrn=X_train'*X_train;
            Ktst=X_train'*X_test;
    end

    function K=kernelize_test(kernel,Xtrain,Xtest,parameter,Xtrain-
sum)
    if nargin<4,error('not enough input');end
    [ntrain dimtrain]=size(Xtrain);
    [ntest dimtest]=size(Xtest);
    if dimtrain~=dimtest,error('Xtrain and Xtest must have same dimen-
sion');end
    if ~strncmp(kernel,'linear',1)
        if nargin<5,Xtrainsum=sum(Xtrain. * Xtrain,2);end
        Xtestsum=sum(Xtest. * Xtest,2);
        K0=repmat(Xtestsum',ntrain,1);
        Ki=repmat(Xtrainsum',ntest,1);
        K=K0 + Ki' - 2*Xtrain*Xtest';
        clear K0 Ki
    end

    switch kernel
        case'linear'
            K   = Xtrain*Xtest';
        case'Gaussian'
            sigma2=2*parameter^2;
            K=exp(-K/sigma2);
        case'poly'
            param1=parameter(1);param2=parameter(2);
            K=(K + param1) .^ param2;
        otherwise
```

174

```matlab
            error('Unknown kernel function. ');
    end


function [K,scale,Xtrainsum]=kernelize_training(kernel,X,parame-
ter)
    if nargin<3,error('not enough input');end
    [ntrain dimtrain]=size(X);
    Xtrainsum=NaN;
    if ~strncmp(kernel,'l',1)
        Xtrainsum=sum(X.*X,2);
        K=repmat(Xtrainsum',ntrain,1);
        K=K+K'-2*X*X';
    end
    switch kernel
        case'linear'
            K   =X*X';
            scale=NaN;
        case'Gaussian'
            scale=parameter*sum(real(sqrt(K(:))))/(ntrain*nt-
rain);
            sigma2=2*scale^2;
            K=exp(-K/sigma2);
        case'poly'
            param1=parameter(1);param2=parameter(2);
            scale=[param1,param2];
            K=(K+param1).^param2;
        otherwise
            error('Unknown kernel function. ');
    end


function [out,idxtrain,eigvector,eigvalue]=kpca(spectraldata,No_
Train,dimension,kernel,parameter)
    if nargin <  3,error('not enough input');end
    if nargin <  4
        if strncmp(kernel,'Gaussian',1)
            parameter=1;
```

```
        elseif strncmp(kernel,'poly',1)
            parameter=[1,3];
        end
    end

    [nrows,ncols,nbands]=size(spectraldata);
    X0=reshape(spectraldata,nrows*ncols,nbands);
    clear spectraldata
    rand('state',4711007);
    if No_Train>nrows*ncols,No_Train=nrows*ncols;end
    idxtrain=randsample(nrows*ncols,No_Train);
    X=double(X0(idxtrain,:));
    ntrain=size(X,1);
    Xtest=X0;
    ntest=size(Xtest,1);
    clear X0;
    [K scale sums]=kernelize_training(kernel,X,parameter);
    meanK=mean(K(:));
    meanrowsK=mean(K);
    K=centering(K);
    dimout=ntrain;
    if dimout>dimension,dimout=dimension;end
    [eigvector,eigvalue,flagk]=eigs(K,dimout,'LM');
    if flagk~=0,warning('* * * Convergence problems in eigs * * *');end
    eigvalue=diag(abs(eigvalue))';
    eigvector=sqrt(ntrain-1)*eigvector*diag(1./sqrt(eigvalue));
    clear K

    out=NaN(ntest,dimout);
    for rr=1:nrows
        idx=(rr-1)*ncols+1;
        idx=idx:(idx+ncols-1);
        Xk=kernelize_test(kernel,X,Xtest(idx,:),scale,sums);
        Xk=Xk - repmat(meanrowsK,ncols,1)' - repmat(mean(Xk),ntrain,
1) + meanK;
        out(idx,:)=Xk'*eigvector;
    end
    out=reshape(out,nrows,ncols,dimout);
```

```
function out = pre_image(spectraldata,No_Train,dimension,kernel,
KNN,parameter)
    if nargin < 3,error('not enough input');end
    if nargin < 4
        if strncmp(kernel,'Gaussian',1)
            parameter=1;
        elseif strncmp(kernel,'poly',1)
            parameter=[1,3];
        end
    end
    [nrows,ncols,nbands]=size(spectraldata);
    X0=reshape(spectraldata,nrows*ncols,nbands);
    clear spectraldata
    rand('state',4711007);
    if No_Train>nrows*ncols,No_Train=nrows*ncols;end
    idxtrain=randsample(nrows*ncols,No_Train);
    Xtrain=double(X0(idxtrain,:));
    ntrain=size(Xtrain,1);
    Xtest=X0;
    ntest=size(Xtest,1);
    clear X0;
    [Ktrain scale Xtrainsum]=kernelize_training(kernel,Xtrain,parame-
ter);
    Ktrain=centering(Ktrain);
    dimout=ntrain;
    if dimout>dimension,dimout=dimension;end
    [eigvector,eigvalue,flagk]=eigs(Ktrain,dimout,'LM');
    if flagk~=0,warning('* * * Convergence problems in eigs * * *');end
    eigvalue=diag(abs(eigvalue))';
    eigvector=sqrt(ntrain-1)*eigvector*diag(1./sqrt(eigvalue));
    sigma=2*scale^2;
    z=nan(nbands,ntest);

    for i=1:ntest
        k=kernelize_test(kernel,Xtrain,Xtest(i,:),scale,Xtrainsum);
        z(:,i)=kwokaux(eigvector',Xtrain',Ktrain',k',sigma,KNN);
    end
    out= reshape(z',nrows,ncols,nbands);
```

```matlab
    clear z
    end
    function z=kwokaux(eigvector,Xtrain,Ktrain,k,sigma,KNN)
    N=size(Xtrain,2);
    H=eye(N)-1/N*ones(N);
    M=eigvector*eigvector';
    o=ones(N,1);
    q=H'*M*H*(k-1/N*Ktrain*o);
    const=(k+1/N*Ktrain*o)'*q+1/power(N,2)*o'*Ktrain*o+1;
    df2=-2*Ktrain*q-2/N*Ktrain*o+const;
    d2=real(-sigma*log(1-0.5*df2));
    [~,inx]=sort(df2);
    Xtrain=Xtrain(:,inx(1:KNN));
    d2=d2(inx(1:KNN));
    H=eye(KNN,KNN)-1/nn*ones(KNN,KNN);
    [U,L,V]=svd(Xtrain*H,0);
    r=rank(L,1e-5*max(diag(L)));
    U=U(:,1:r);
    L=L(1:r,1:r);
    V=V(:,1:r);
    Z=L*V';
    d02=sum(Z.^2)';
    z=-0.5*pinv(Z')*(d2-d02);
    z=U*z+sum(Xtrain,2)/KNN;
    end

    function y=randsample(n,k)
    if nargin < 2
        error('Requires two input arguments. ');
    end
    if 4*k > n
        rp=randperm(n);
        y=rp(1:k);
    else
        x=zeros(1,n);
        sumx=0;
        while sumx < k
```

```
        x(ceil(n * rand(1,k-sumx)))=1;
        sumx=sum(x);
    end
    y=find(x > 0);
    y=y(randperm(k));
end
```

9.2 DOTA 数据集目标检测

遥感图像因其成像距离远、视场大，会导致图像中地物较多且复杂度高。随着成像分辨率不断上升，实时性更好的无人机航拍图像已成为遥感图像应用中的重要组成部分。航拍图像中的目标检测主要是定位地面上感兴趣的物体（如车辆、飞机）并进行分类。随着越来越多的航拍图像的出现，目标检测已经成为计算机视觉中一个具体而活跃的课题。提取航拍图像中感兴趣目标的具体位置成为迫切需要突破的技术，在此背景下，由武汉大学研究团队整理并发布的 DOTA 数据集成为了重要的基准数据集，并举办了相关赛事。

DOTA 数据集是航空图像中最大的带有定向包围标注的目标检测数据集。它一共包含 **179** 2806 张可见光图像，图像空间尺寸大小从 800×800 像素到 4000×4000 像素不等，共设定了包括飞机、船只、棒球场、网球场、游泳池、直升机、篮球场在内的 15 个感兴趣目标类别，共标注了 188282 个感兴趣目标的空间位置和类别，设置 1/2 的原始数据集为训练集，1/6 的原始数据为验证集，1/3 的原始数据为测试集。图 9-7 所示为 DOTA 数据集部分样例。

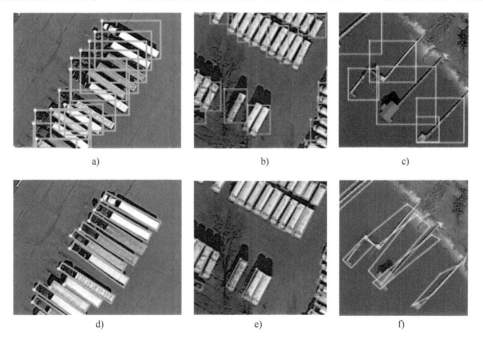

a)　　　　　　　　　　b)　　　　　　　　　　c)

d)　　　　　　　　　　e)　　　　　　　　　　f)

图 9-7　DOTA 数据集部分样例

相关赛事包含两个赛道，这两个赛道的标注方式不同。图 9-7a~c 所示为第一个赛道的标注方式，仅需记录两个坐标点的水平框和目标类别；图 9-7d~f 所示为第二个赛道的标注方式，需要记录四个坐标点的不规则四边形和目标类别，将 MAP（均值平均精度）作为最终衡量性能的客观指标，即通过计算各类别的平均精度（AP）并取其均值来反映模型的整体检测效果。

9.2.1　数据预处理

除了原始尺寸的数据外，对训练数据和测试数据分别增加了 0.4 倍和 0.5 倍尺度的数据。由于数据集内部尺寸不一致，因此对图像进行 1024×1024 像素的采样以统一图像尺寸，以便单批次可以使用更多图像进行训练。训练样本采样步长为 824，测试样本采样步长为 512，对于原始数据中图像尺寸不足 1024×1024 像素的图像进行补 0 填充。

通过上述采样方式可以获得 37373 个图像块，计算训练样本中各类别的目标数量，对于样本数量较少的类别，采取旋转 90°、180° 和 270° 的方法来增加样本数量，以平衡各类别目标。

9.2.2　方法设计

目标检测的任务是获取目标的空间位置和类别，解决该类问题的深度学习模型可分为两大类，分别为单步模型和两步模型。其中，单步模型通过回归的方式同时获得目标的空间位置和类别，而两步模型则首先区分前景和背景，提取感兴趣目标的空间位置，再对这些感兴趣的目标进行分类。单步模型的参数量更小，运行速度更快，但是采用回归的方式获得目标的类别限制了分类精度，同时定位任务和分类任务特征上的差异性也导致了两者之间的冲突；两步模型因其任务的合理细化，在定位精度和分类准确率上都更胜一筹，但是模型的参数量相比单步模型要大得多，运行时间更长，限制了其在实时性要求高的任务中的应用。

在本应用实例中，为了保证最后的精度，采用了两步模型。一般的目标检测模型只回归四个参数，即左上坐标点和右下坐标点（或中心坐标点、高度和宽度），仅适用于赛道一的水平目标框任务，但无法完成赛道二的不规则目标框任务。完成赛道二的任务需要回归八个参数，即四个点的坐标，但在本应用实例中，根据感兴趣目标的情况，认为目标框均为规则方框，仅存在角度上的差异，将八参数回归问题变为五参数回归问题，在中心坐标点、高度和宽度的基础上增加旋转角度的回归值，如图 9-8 所示，旋转角度范围为 $[-90°, 90°)$。

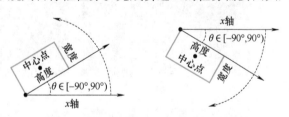

图 9-8　目标框旋转角度示意图

在本应用实例中采用了旋转感兴趣区域（Rotating Region of Interest，RROI）学习器模块学习从水平目标框到带角度目标框的映射，即学习赛道一到赛道二的映射，旋转角度可以根据八参数进行计算。如图 9-9 所示，该模块除了学习旋转角度，还学习目标框的偏移量。它有三个坐标系。XOY 坐标系与图像绑定，$x_1O_1y_1$ 和 $x_2O_2y_2$ 坐标系分别绑定到两个 RROI（蓝色矩形）。黄色矩形表示旋转的真实目标框 RGT，$(\Delta x, \Delta y)$ 用于表示 RROI 与 RGT 之间的中心点偏移量。右边两个蓝色矩形分别由左边对应的黄色矩形通过平移和旋转得到，同时相对位置保持不变。如果$(\Delta x_1, \Delta y_1)$和$(\Delta x_2, \Delta y_2)$都在XOY坐标系中，则$(\Delta x_1, \Delta y_1)$不等于$(\Delta x_2, \Delta y_2)$。如果$(\Delta x_1, \Delta y_1)$在$x_1 O_1 y_1$坐标系中，$(\Delta x_2, \Delta y_2)$在$x_2 O_2 y_2$坐标系中，则它们是相同的。α_1和α_2分别表示两个 RROI 的角度。

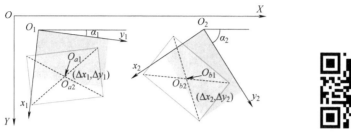

图 9-9　RROI 学习器模块的学习过程　　　　图 9-9 彩图

　　传统目标检测算法对旋转、尺度变换的泛化性较差，因此需要设计有一定方向、尺度不变性的 ROI 并提取特征。Spatial Transformer、可形变卷积和 ROI 池化层等模块能够对图像的几何变化进行建模，但仅对一般几何形变有效，没有使用定向包围框注释。在航空图像领域，只有刚性变形，有方向包围框标注。因此，提取旋转不变的区域特征和消除区域特征与对象之间的不对齐是很重要的，特别是对于密集填充的区域特征。基于此，提出了 ROI Transformer 模块，通过两阶段框架，采用基于位置敏感对齐的特征提取，以及有监督 RROI 学习器实现对定向、密集填充目标的检测。

　　上述方法示意图如图 9-10 所示，对于每一个 HROI（水平感兴趣区域），它被传递给一个 RROI 学习器。网络中的 RROI 学习器是一个位置敏感的 ROI 对齐模块，后面是一个 5 维的全连接层，它使 HROI 的偏移量回归。Box 解码器位于 RROI 学习器的末尾，以 HROI 和偏移量作为输入输出解码后的 RROI。然后将特征映射和 RROI 传递给 RROI 池化层，进行几何鲁棒特征提取。ROI 学习器和 ROI 翘曲相结合形成 ROI 变压器，从 ROI 变压器得到的几何鲁棒池特征被用于分类和 ROI 回归。除了一个可训练的完全连接层 RROI 学习器模块以外，该应用实例中还设计了一个旋转位置敏感 ROI 对齐模块，这两个层对于端到端训练都是可微分的，以提取空间不变特征，从而有效地促进感兴趣目标的位置回归和分类，同时该模块采用 Transformer 模型，并对其中的多头部分进行轻量化设计，降低了计算复杂度，提升了效率。其中 490 通道的特征提取可采用任意在 ImageNet 数据集上预训练的模型，该应用实例中采用 ResNet-50 作为骨架网络，同时引入了特征金字塔网络对特征进行增强。

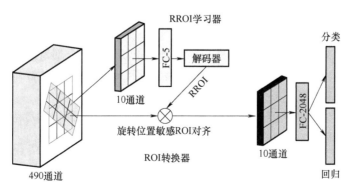

图 9-10　方法示意图

图 9-11 所示为赛道一和赛道二的检测结果，其中图 9-11a 所示为赛道一水平目标框的检测结果，图 9-11b 所示为赛道二不规则目标框的检测结果。

a)   b)

图 9-11　赛道一和赛道二的检测结果　　　　　　　　　图 9-11 彩图

本章小结

本章通过两个典型实例，深入探讨了智能图像处理技术在遥感领域的实际应用。在渤海湾海洋溢油检测中，针对高光谱成像中因耀斑和噪声导致的观测难题，提出了一种基于孤立森林的无监督检测方法。通过去除耀斑干扰、估计噪声波段，以及利用核函数孤立森林方法和随机行走优化，实现了高效的溢油区域探测效果。此方法克服了传统监督学习在高光谱溢油检测中的成本高、鲁棒性差等问题。在 DOTA 数据集目标检测中，讨论了单步和两步目标检测模型的优缺点。为了提高检测精度，本章案例采用两步模型，并引入旋转兴趣区域（RROI）学习器模块，通过 Transformer 模型和特征金字塔网络，实现了定向目标检测的高效性和鲁棒性，特别是在处理旋转、尺度变换等几何变换问题时表现出色。这些实例展示了智能图像处理技术在复杂遥感数据中的应用潜力，为相关领域的研究与应用提供了重要参考。

习题

9-1　解释为什么在渤海湾进行海洋溢油检测是重要的，以及对环境监测的意义。

9-2　去除耀斑在海洋溢油检测工作中有什么作用？如何有效地去除耀斑？

9-3　对 DOTA 数据集进行目标检测时面临的主要挑战有哪些？

9-4　结合图像融合的知识，尝试给出提高 DOTA 数据集目标检测算法性能的方案。

9-5　探讨智能遥感技术在未来可能的发展方向和应用。

第 10 章　智慧医疗领域应用实例

医疗影像是在医疗或医学研究中，以非侵入的方式对人体或人体某部分取得内部组织影像的技术与处理过程。医疗影像包括核磁共振影像、造影成像影像、电子计算机断层扫描所获取的 X-CT（X 射线计算机断层成像）、U-CT（超声波计算机断层成像）、γ-CT（γ 射线计算机断层成像）等透视性影像，近年来也有对皮肤表皮影像、心电图影像等医疗影像进行处理的研究。这些影像可以反映全身不同位置的健康状态，已成为辅助医生进行诊断的重要手段。本章以视网膜光学相干断层扫描（OCT）图像和脑高光谱图像为例，介绍智能图像处理技术在其中的应用。

10.1　视网膜光学相干断层扫描图像智能处理技术

眼睛是人类感知外界信息的主要器官，超过80%的外界信息由眼睛获取，眼睛一旦发生病变将严重影响人类的各种生命活动，但眼睛结构精密复杂、组织细微脆弱，其病理机制未知。在人类视觉信息获取过程中，视网膜发挥了至关重要的作用，视网膜中心存在一个椭圆形的深色结构，称为视网膜黄斑，这是视觉、色觉最为敏锐的区域。视网膜黄斑区域发生病变后，中央视力会严重下降，甚至失明。黄斑病变主要包括年龄相关性黄斑变性（AMD）、黄斑裂孔、黄斑水肿（ME）等。在世界范围内，AMD 常使老年人视力下降，据统计，全球 60 岁以上的人中有15%的人是 AMD 患者。AMD 主要表现为视网膜色素上皮层存在大量凸起，这些凸起也被称为玻璃膜疣（Drusen）。ME 也是常见的黄斑病变之一，常伴随着葡萄膜炎、糖尿病、视网膜静脉阻塞等情况的发生，表现为视网膜增厚，并于其中出现不同水平的低反射空洞区域。

如图 10-1 所示，眼睛发生病变后将严重影响对外界的观测，而仅仅通过观测人眼表面很难对相关疾病进行诊断，需要进行视网膜层的深度成像，通常应用 OCT 图像来对相关疾病进行辅助诊断。本实例中采用的 OCT 图像数据集主要是由美国杜克大学相关研究机构所提供以及以张康教授为首的团队所公开的 OCT 图像数据集。以张康教授为首的团队公布的OCT 图像数据集共包含十万余张 OCT 图像，其中脉络膜新生血管膜影像 37206 张，糖尿病性黄斑水肿影像 11349 张，玻璃膜疣影像 8617 张，正常影像 51140 张，共来自 4686 位患者。

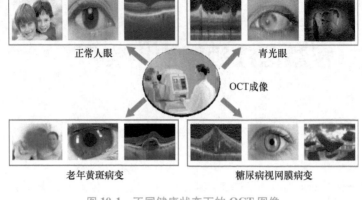

图 10-1　不同健康状态下的 OCT 图像

10.1.1　视网膜光学相干断层扫描图像的去噪

OCT 图像主要包含四类噪声，分别为扫描噪声、暗噪声、电子噪声和散斑噪声。扫描噪声是由反射到传感器的光子不足所导致的，暗噪声是由杂光影响了原始光谱数据所导致的，通过控制和提升成像条件，这两类噪声是可以消除或者测量出来的。但电子噪声是电子元器件本身所固有的特性，而散斑噪声更是由于眼睛组织本身所导致的，这两者无法消除。

传统去噪方法在去除噪声的同时还会带来过平滑、模糊、伪影等问题，这些问题都会影响医生对眼睛精细结构的观察，不利于做出正确的诊断。经过对成像原理的分析可以发现，所有的噪声均为加性噪声，在假设噪声在影像各处独立同分布的前提下，如果能提取到纯净的噪声即可通过减去噪声获得干净的 OCT 图像。

如图 10-2 所示，因为 OCT 图像本身的特性，在影像的下半部分不存在有意义的组织细节，是"天然的噪声区域。"通过对该区域的分析，可以获得该图像的噪声分布，基于之前的假设，当组织细节被加性噪声污染后，减去噪声即可获得干净图像。

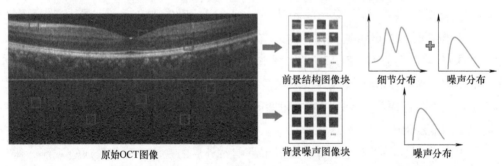

图 10-2　OCT 图像在不同位置的内容分布

基于以上分析，该实例中提出了基于对抗生成网络的方式对 OCT 图像提取纯净噪声，如图 10-3 所示，从图像的下半部分提取出纯净的噪声，从图像的上半部分提取出带有噪声的组织细节，送入生成器获得噪声部分与纯净噪声部分，然后一起送入判别器判别真伪。交替训练判别器和生成器，最终生成器成为一个可以有效提取噪声分布的模块。结构图像块减去从其中提取出来的噪声即可获得干净的组织结构。

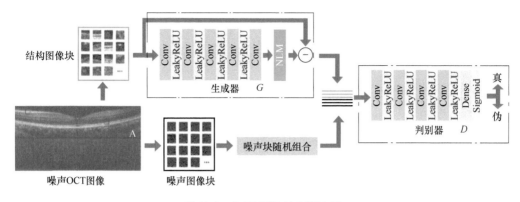

图 10-3　OCT 图像的去噪流程

如图 10-4 所示，通过上述方法可以有效地去除图像的噪声并保留图像精细的结构，对于视网膜 OCT 图像，可以观测到去噪后的 OCT 图像保留了其膜层结构。

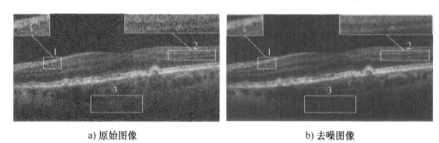

a) 原始图像　　　　　　　　　　　b) 去噪图像

图 10-4　OCT 图像的去噪结果

OCT 图像去噪的对应参考程序如下：

```
from_future_import absolute_import,division
from keras.engine.topology import Layer
import tensorflow as tf
from keras.layers import Input,Conv2D
from keras.layers.advanced_activations import LeakyReLU
import numpy as np
from keras.models import Model
import cv2
import argparse
import time
# NLM(非局部均值滤波算法)流程
class NLM(Layer):
    def_init_(self,batch_size=128,h_=10,templateWindowSize=5,
searchWindowSize=10,**kwargs):
        self.sigma=h_
```

```
            self.template=templateWindowSize
            self.search=searchWindowSize
            self.batch_size=batch_size
            super(NLM,self)._init_(**kwargs)

        def call(self,x):
            I=x*255
            x_shape=x.get_shape()
            f=int(self.template/2)
            t=int(self.search/2)
            height=int(x_shape[1])
            width=int(x_shape[2])
            padLength=t+f
            I2=tf.pad(I,[[0,0],[int(padLength),int(padLength)],[int(pad-
Length),int(padLength)],[0,0]],'SYMMETRIC')

            kernel=tf.constant([[0.02,0.02,0.02,0.02,0.02],
                                [0.02,0.07555556,0.07555556,
0.07555556,0.02],
                                [0.02,0.07555556,0.07555556,
0.07555556,0.02],
                                [0.02,0.07555556,0.07555556,
0.07555556,0.02],
                                [0.02,0.02,0.02,0.02,0.02]]
                                )
            kernel=tf.reshape(kernel,[5,5,1,1])
            h=(self.sigma**2)
            I_=I2[:,padLength-f:padLength+f+height,padLength-f:pad-
Length+f+width,:]
            average=tf.zeros((self.batch_size,int(x_shape[1]),int(x_
shape[2]),int(x_shape[3])))
            sweight=tf.zeros((self.batch_size,int(x_shape[1]),int(x_
shape[2]),int(x_shape[3])))
            wmax = tf.zeros((self.batch_size,int(x_shape[1]),int(x_
shape[2]),int(x_shape[3])))

            for i in range(-t,t+1):
                for j in range(-t,t+1):
```

```
                if i==0 and j==0:
                    continue
                I2_=I2[:,padLength+i-f:padLength+i+f+height,pad-
Length+j-f:padLength+j+f+width,:]
                w=tf.exp(-tf.nn.conv2d((I2_ - I_)* * 2,kernel,str-
ides=[1,1,1,1],padding='VALID')/h)[:,:,:,:]
                sweight += w
                wmax=tf.maximum(wmax,w)
                average += (w * I2_[:,f:f+height,f:f+width,:])
            return (average+wmax * I)/(sweight+wmax)/255


    def compute_output_shape(self,input_shape):
        return input_shape


def eval_generator_model(input_shape=(450,900,1),trainable=
True):
        inputs=l=Input(input_shape,name='input1')
        l=Conv2D(64,(3,3),padding='same',name='conv11',trainable=
trainable)(l)
        l=LeakyReLU()(l)
        l=Conv2D(64,(3,3),padding='same',strides=(1,1),name='conv12',
trainable=trainable)(l)
        l=LeakyReLU()(l)
        l=Conv2D(64,(3,3),padding='same',strides=(1,1),name='conv13',
trainable=trainable)(l)
        l=LeakyReLU()(l)
        l=Conv2D(64,(3,3),padding='same',strides=(1,1),name='conv14',
trainable=trainable)(l)
        l=LeakyReLU()(l)
        l=Conv2D(1,(3,3),padding='same',strides=(1,1),name='conv15',
trainable=trainable)(l)
        outputs=NLM(batch_size=1)(l)
        generator_model=Model(inputs,outputs)
        return generator_model


def generate(im_data):
        im_data=np.expand_dims(im_data,0)
        im_data=np.expand_dims(im_data,-1)
```

187

```
im_get=np.float64(im_data)/255
g2=eval_generator_model(im_data.shape[1:])
g2.compile(loss='binary_crossentropy',optimizer="SGD")
g2.load_weights('./generator2_120')
time1=time.time()
get2=g2.predict(im_get,batch_size=1,verbose=1)
time2=time.time()
get2=np.clip(get2,0,1.0)
print(time2-time1)
nl_recon_img=np.uint8(get2*255)
nl_recon_img=np.squeeze(nl_recon_img)
cv2.imwrite('deimage.tif',nl_recon_img)


#训练参数设置
def get_args():
    parser=argparse.ArgumentParser()
    parser.add_argument("--mode",default='generate',type=str)
    parser.add_argument("--image",default='./images/1.tif',type=
str)
    args=parser.parse_args()
    return args


if_name_=="_main_":
    args=get_args()
    if args.mode=="generate":
        example_img=cv2.imread(args.image,0)
        generate(example_img)
```

10.1.2　视网膜光学相干断层扫描图像的压缩重建

对病人进行 OCT 获取的 OCT 图像不是一张单独的图像，单张图像仅仅反映了眼睛的一个切面。为了完整地了解整个眼睛的健康状态，需要获取成百上千个眼睛切面的 OCT 图像，所以进行一次 OCT 获取的是几百上千张图像。为了便于传输，需要对 OCT 图像进行压缩，传输至计算机后再进行重建。

根据稀疏编码理论，一张图像可以通过寻找一组简单的"超完备"基向量来对整张图像进行编码，但是这一理论在应用到 OCT 图像时却不够完善。因为眼睛的不同切面之间存在极大的相似性，可以通过寻找一组简单的"超完备"基向量来对整个序列的 OCT 图像进行编码，从而大大压缩了存储空间。

对于 OCT 图像可以从三种情况进行分析，即非常相似邻近图像块、一般相似邻近图像块和相异邻近图像块，如图 10-5 所示。对这三种情况采用不同的编码方式，从而实现对整个 OCT 图像的自适应编码。

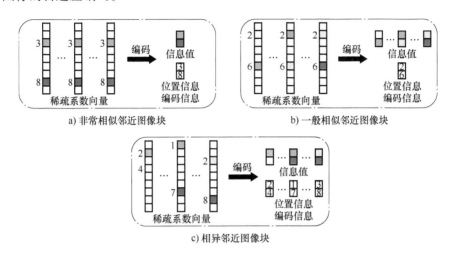

图 10-5　三种情况的编码方式

10.1.3　视网膜光学相干断层扫描图像的病灶定位与诊断

对于视网膜 OCT 图像来说，大部分区域均为正常部分，仅有少部分区域可以反映出病人存在的问题，而这部分区域才是需要重点关注的区域，所以 OCT 图像辅助诊断技术应该首先确定病灶区域，然后再对病灶区域所反映的疾病进行诊断。整张影像的分析不仅会降低分析效率，也会由于正常区域与病变区域数量上的巨大差异而引起方法的不稳定性。

对于定位问题，往往采用监督学习的方式进行模型参数的学习，但是这种方式需要较多的标注样本来训练模型参数，而且完整地标注一张视网膜 OCT 图像的病变区域需要专业的医生花费几个小时来完成。这使得获取有标注的 OCT 图像的代价变得十分高昂，但是如果仅仅让医生对病变区域画一个点作为示意，则需要花费几分钟即可，大大提升了标注速度。但是这会带来两个问题，首先这种标注方式无法提供有关病灶形状、范围和边界的监督信息，再者序列切片给出的点位置可能会有较大差异，这也会导致预测结果上存在较大差异。

对于上述两个问题，提出了一种自监督的方案，其病灶定位方法示意如图 10-6 所示。该方法充分利用图像内部的相似性和差异性以及序列图像之间的相似性和差异性来进行对比学习，使最终的定位结果在图像内部有较准确的形状、范围和边界，在序列图像之间也有较好的一致性。

如图 10-7 所示为病灶分类方法示意图。该方法利用所获取的病灶区域生成注意力区域，通过该注意力区域引导图像卷积神经网络对包含病变的 OCT 图像进行诊断，获得最终的诊断结果，实现智慧医疗的目的。

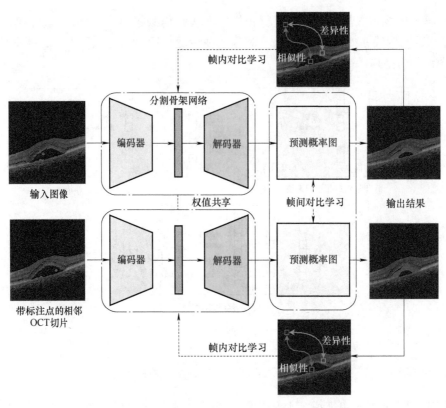

图 10-6　病灶定位方法示意图

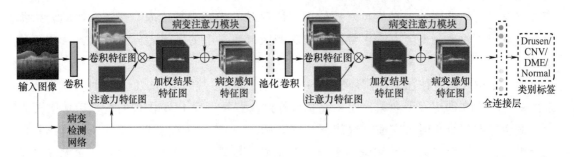

图 10-7　病灶分类方法示意图

OCT 图像病灶定位的参考程序如下：

```
1. 网络模型建立
from nets.UNet import *
def net_builder(name,pretrained_model=None,pretrained=False):
    if ('resunet50' in name.lower()):
        net=resnet50_UNet(pretrained=pretrained)
    elif ('resunet34' in name.lower()):
        net=resnet34_UNet(pretrained=pretrained)
```

```
    elif ('deeplabv3' in name.lower()):
        net=DeepLabv3_plus(2,small=True,pretrained=pretrained)
    elif ('drn' in name.lower()):
        net=DRNSeg('drn_d_105',2,pretrained_model=None,pretrain-
ed=pretrained)
    elif name == 'ResUnet':
        net=ResUnet(channel=1)
    elif name == 'unet':
        net=UNet(n_classes=4,feature_scale=4)
    elif name == 'deeplab':
        net=DeepLab(num_classes=4)
    elif name == 'unet_2':
        net=UNet_2(feature_scale=4)
    elif name == 'unet_3d':
        net=UNet_3D(n_classes=4,feature_scale=8)
    elif name == 'unet_old':
        net=UNet_old(n_classes=4,feature_scale=4)
    elif name == 'rnn_gru_unet':
        net=RNN_GRU_UNet2d()
    elif name == 'unet_aspp':
        net=UNet_aspp(feature_scale=4)
    elif name == 'unet_nonlocal':
        net=UNet_nonlocal(feature_scale=4)
    elif name == 'unet_nopooling':
        net=UNet_nopooling(feature_scale=4)
    elif name == 'unet_dilation':
        net=UNet_dilation(feature_scale=4)
    elif name == 'unet_k':
        net=UNet_k(feature_scale=4,k=2)
    elif name == 'unet_selu':
        net=UNet_SELU(feature_scale=4)
    elif name == 'unet_multi':
        net=UNet_M(feature_scale=4)
    elif name == 'unet_nested':
        net=UNet_Nested(feature_scale=4)
    elif name == 'unet_nested_1c':
        net=UNet_Nested_1c(feature_scale=4)
    elif name == 'unet_nested_superds':
```

```
            net=UNet_Nested_superds(feature_scale=4)
        elif name == 'unet_nested_res':
            net=UNet_Nested_Res(feature_scale=4)
        elif name == 'unet_nested_se':
            net=UNet_Nested_SE(feature_scale=4)
        elif name == 'unet_nested_dilated':
            net=UNet_Nested_dilated(feature_scale=4)
        elif name == 'unet_nested_dilated2':
            net=UNet_Nested_dilated2(feature_scale=4)
        elif name == 'unet_nested_dual_super':
            net=UNet_Nested_Dual_Super(feature_scale=4)
        elif name == 'unet_nested_botong':
            net=UNet_Nested_botong(feature_scale=4)
        elif name == 'unet_nested_botong_plus':
            net=UNet_Nested_botong_plus(feature_scale=4)
        elif name == 'unet_nested_dialted_botong':
            net=UNet_Nested_dialted_botong(feature_scale=4)
        elif name == 'denseaspp121':
            net=DenseASPP121()
        elif name == 'densenet':
            net=DenseNet121()
        elif name == 'resnet':
            net=ResNet18()
        elif name == 'vgg':
            net=VGG19()
        elif name == 'squeeze':
            net=squeezenet1_0()
        else:
            raise NameError("Unknow Model Name! ")
    return net
```

2. 数据预处理

```
from torch.utils.data import Dataset
from os.path import join,exists
from PIL import Image
import torch
import os
```

```
import numpy as np
import torchvision. transforms as tt
import data. seg_transforms as st
import PIL
import random
# 定义数据集
class SegList(Dataset):
    def _init_(self,data_dir,phase,transforms,list_dir=None):
        self. list_dir=data_dir if list_dir is None else list_dir
        self. data_dir=data_dir
        self. phase=phase
        self. transforms=transforms
        self. image_list=None
        self. label_list=None
        self. bbox_list=None
        self. read_lists()
```

```
    def _getitem_(self,index):
        if self. phase == 'train':
            data=[Image. open(join(self. data_dir,self. image_list
[index]))]
            data. append(Image. open(join(self. data_dir,self. label_
list[index])))
            data=list(self. transforms(*data))
            p=os. path. split(self. label_list[index])
            file_name=p[-1]
            patient=os. path. split(p[0])[-1]
            id=int(file_name. split('. ',1)[0])
            data=[data[0],data[1]. long(),torch. tensor(id),patient]
            return tuple(data)

        if self. phase == 'val':
            pic=sorted(os. listdir(join(self. data_dir,self. image_
list[index])))[0]
            img=Image. open(join(self. data_dir,self. image_list[in-
dex],pic))
            w,h=512,496
```

```
                image = torch. zeros (len (os. listdir (join (self. data_dir,
self. image_list[index]))),3,w,h)
                label = torch. zeros (len (os. listdir (join (self. data_dir,
self. image_list[index]))),w,h)
                 imt = torch. zeros (len (os. listdir (join (self. data_dir,
self. image_list[index]))),w,h)

                for i,pic_name in enumerate (sorted (os. listdir (join
(self. data_dir,self. image_list[index])))):
                    data = [Image. open (join (self. data_dir,self. image_
list[index],pic_name))]
                imt_3 = torch. from_numpy (np. array (data[0]. resize ((h,
w))). transpose (2,0,1))
                imt_i = imt_3[1]
                imt[i,:,:] = imt_i
                label_name = str (int (pic_name. split ('. ')[0])) + '. bmp'
                data. append (Image. open (join (self. data_dir,self. label_
list[index],label_name)))
                data = list (self. transforms (*data))
                image[i,:,:,:] = data[0]
                label[i,:,:] = data[1]
            return (image,label. long (),imt)
        elif self. phase == 'test':
            pic = sorted (os. listdir (join (self. data_dir,self. image_
list[index])))[0]
                img = Image. open (join (self. data_dir,self. image_list[in-
dex],pic))
                w,h = img. size
                image = torch. zeros (len (os. listdir (join (self. data_dir,
self. image_list[index]))),3,h,w)
                for i,pic_name in enumerate (
                    sorted (os. listdir (join (self. data_dir,self. image_
list[index])),key=lambda x: int (x[:-4]))):
                    data = [Image. open (join (self. data_dir,self. image_
list[index],pic_name))]
                data = list (self. transforms (*data))
                image[i,:,:,:] = data[0]
            return image,self. image_list[index][:-4]. split ('/')[-1]
```

194

```
    def_len_(self):
        return len(self.image_list)
    def read_lists(self):
        image_path=join(self.list_dir,self.phase +'_images.txt')

        if self.phase ! ='test':
            label_path=join(self.list_dir,self.phase +'_labels.txt')
        assert exists(image_path)
        self.image_list=[line.strip() for line in open(image_path,'r')]
        if self.phase ! ='test':
            self.label_list =[line.strip() for line in open(label_
path,'r')]
            assert len(self.image_list) == len(self.label_list)
        if self.phase =='train':
            print('Total train image is : %d'%len(self.image_list))
        else:
            print('Total val pid is : %d'%len(self.image_list))
```

195

3. 训练模块

```
import os
import os.path as osp
from os.path import exists
import argparse
import json
import logging
import time
import numpy as np
import shutil
import torch
import torch.backends.cudnn as cudnn
from torch.autograd import Variable
import torch.nn.functional as F
import data.seg_transforms as dt
from data.Seg_dataset import SegList
from utils.logger import Logger
from models.net_builder import net_builder
from utils.loss import loss_builder
```

```
    from utils.utils import compute_average_dice,AverageMeter,save_
checkpoint,count_param,target_seg2target_cls
    from utils.utils import aic_fundus_lesion_segmentation,aic_fundus_
lesion_classification,compute_segment_score, \
        compute_single_segment_score

    FORMAT="[%(asctime)-15s %(filename)s:%(lineno)d %(funcName)s]
%(message)s"
    logging.basicConfig(format=FORMAT)
    logger_vis=logging.getLogger(_name_)
    logger_vis.setLevel(logging.DEBUG)

    def adjust_learning_rate(args,optimizer,epoch):
        if args.lr_mode =='step':
            lr=args.lr * (0.1 ** (epoch // args.step))
        elif args.lr_mode =='poly':
            lr=args.lr * (1 - epoch / args.epochs) ** 0.9
        else:
            raise ValueError('Unknown lr mode {}'.format(args.lr_mode))
        for param_group in optimizer.param_groups:
            param_group['lr']=lr
        return lr

    def train(args,train_loader,model,criterion,optimizer,epoch,print_
freq=10):
        batch_time=AverageMeter()
        losses=AverageMeter()
        dice=AverageMeter()
        Dice_1=AverageMeter()
        Dice_2=AverageMeter()
        Dice_3=AverageMeter()
        model.train()
        end=time.time()
        correct,total=0,0

        for i,(input,target,id,patient) in enumerate(train_loader):
            target_seg=target.numpy()
            target_cls=target_seg2target_cls(target_seg).cuda()
```

```
input_var=Variable(input).cuda()
target_var_seg=Variable(target).cuda()
target_var_cls=Variable(target_cls).cuda()
id_1=id[::2]
id_2=id[1::2]
patient_1=patient[::2]
patient_2=patient[1::2]
target_var_seg_1=target_var_seg[::2]
target_var_seg_2=target_var_seg[1::2]
target_var_cls_1=target_var_cls[::2]
target_var_cls_2=target_var_cls[1::2]
input_var_1=input_var[::2]
input_var_2=input_var[1::2]
 output_seg_1,output_cls_1,cls_logits_1,seg_logits_1 =
model(input_var_1)
 output_seg_2,output_cls_2,cls_logits_2,seg_logits_2 =
model(input_var_2)
output_seg=torch.cat([output_seg_1,output_seg_2],dim=0)
output_cls=torch.cat([output_cls_1,output_cls_2],dim=0)
loss_seg_1=criterion[0](output_seg_1,target_var_seg_1)
loss_seg_2=criterion[0](output_seg_2,target_var_seg_2)
loss_seg=(loss_seg_1 + loss_seg_2) / 2
loss_cls_1=criterion[2](output_cls_1,target_var_cls_1)
loss_cls_2=criterion[2](output_cls_2,target_var_cls_2)
loss_cls=(loss_cls_1 + loss_cls_2) / 2
c=0

cls_con_loss=0
seg_con_loss=0
loss_super=loss_seg + loss_cls
loss_back=torch.nn.KLDivLoss().cuda()
back_region=input_var[:,:,496 - 70:496 - 30,:]
background=torch.zeros_like(input_var)
yushu=input_var.shape[2]%40
background[:,:,:yushu,:]=back_region[:,:,:yushu,:]
for k in range(int(496 / 40)):
    background[:,:,yushu + k * 40:yushu + (k + 1) * 40,:] =
back_region
```

197

```
        seg_region = torch. mul (F. softmax (1000 * output_seg, dim = 1),
input_var)
        loss_background = loss_back (seg_region, background. cuda ())
        loss_cls_con_L2 = torch. nn. MSELoss (reduction = 'mean')
        loss_seg_con_L1 = torch. nn. L1Loss (reduction = 'mean')
        loss_inter = 0

        for j in range (input_var_1. shape [0]):
            for k in range (input_var_1. shape [0]):
                if patient_1 [j] == patient_2 [k] and abs (id_1 [j] -
id_2 [k]) < 3:
                    c += 1
                    cls_con_loss = cls_con_loss + loss_cls_con_L2 (cls_
logits_1 [j], cls_logits_2 [k])
                    seg_con_loss = seg_con_loss + loss_seg_con_L1 (seg_
logits_1 [j], seg_logits_2 [k])
                    print ('find %s, id:%d,%d' % (patient_1 [j], id_1
[j], id_2 [k]))
        if c > 0:
            loss_inter = seg_con_loss / c + cls_con_loss / c
        loss = loss_super +  loss_background + loss_inter
        losses. update (loss. data, input. size (0))
        _, pred_seg = torch. max (output_seg, 1)
        pred_seg = pred_seg. cpu (). data. numpy ()
        label_seg = target_var_seg. cpu (). data. numpy ()
        dice_score, dice_1, dice_2, dice_3 = compute_average_dice (pred_
seg. flatten (), label_seg. flatten ())
        # 计算分类准确率 (acc)
        pred_cls = (output_cls > 0. 5)
        total += target_var_cls. size (0)  * 3
        dice. update (dice_score)
        Dice_1. update (dice_1)
        Dice_2. update (dice_2)
        Dice_3. update (dice_3)
        optimizer. zero_grad ()
        loss. backward ()
        optimizer. step ()
        batch_time. update (time. time () - end)
```

```
        end=time.time()
        if i%print_freq == 0:
            logger_vis.info('Epoch: [{0}][{1}/{2}]\t'
                                    'Time {batch_time.val:.3f} ({batch_
time.avg:.3f})\t'
                              'Dice {dice.val:.4f} ({dice.avg:.4f})\t'
                               'Dice_1 {dice_1.val:.6f} ({dice_1.avg:
.4f})\t'
                                'Dice_2 {dice_2.val:.6f} ({dice_2.avg:
.4f})\t'
                                'Dice_3 {dice_3.val:.6f} ({dice_3.avg:
.4f})\t'.format(
                    epoch,i,len(train_loader),batch_time=batch_time,
dice=dice,dice_1=Dice_1,dice_2=Dice_2,dice_3=Dice_3,loss=losses))
            print('loss: %.3f (%.4f)' % (losses.val,losses.avg))
    return losses.avg,dice.avg,Dice_1.avg,Dice_2.avg,Dice_3.avg


def train_seg(args,result_path,logger):
    for k,v in args._dict_.items():
        print(k,':',v)
    # 加载训练网络
    net=net_builder(args.name,args.model_path,args.pretrained)
    model=torch.nn.DataParallel(net).cuda()
    param=count_param(model)
    print('Model #%s# parameters: %.2f M' % (args.name,param / 1e6))
    # 设置损失准则
    criterion=loss_builder(args.loss)
    # 数据加载
    info=json.load(open(osp.join(args.list_dir,'info.json'),'r'))
    normalize=dt.Normalize(mean=info['mean'],std=info['std'])
    # 数据处理
    t=[]
    if args.resize:
        t.append(dt.Resize(args.resize))
    if args.random_rotate > 0:
        t.append(dt.RandomRotate(args.random_rotate))
    if args.random_scale > 0:
        t.append(dt.RandomScale(args.random_scale))
```

199

```python
    if args.crop_size:
        t.append(dt.RandomCrop(args.crop_size))
    t.extend([dt.Label_Transform(),
              dt.RandomHorizontalFlip(),
              dt.ToTensor(),
              normalize])
    train_loader=torch.utils.data.DataLoader(
        SegList(args.data_dir,'train',dt.Compose(t),list_dir=
args.list_dir),batch_size=args.batch_size,
        shuffle=True,num_workers=args.workers,pin_memory=True,
drop_last=True)

    # 定义损失函数和优化器
    if args.optimizer=='SGD':    # SGD 优化器
        optimizer=torch.optim.SGD(net.parameters(),
                                  args.lr,
                                  momentum=args.momentum,
                                  weight_decay=args.weight_decay)
    elif args.optimizer=='Adam':    # Adam 优化器
        optimizer=torch.optim.Adam(net.parameters(),
                                   args.lr,
                                   betas=(0.9,0.99),
                                   weight_decay=args.weight_decay)
    cudnn.benchmark=True
    best_dice=0
    start_epoch=0

    # 加载预训练模型
    if args.model_path:
        print("=> loading pretrained model '{}'".format(args.model_
path))
        checkpoint=torch.load(args.model_path)
        model.load_state_dict(checkpoint['state_dict'])
    # 可选择的恢复中断的训练
    if args.resume:
        if os.path.isfile(args.resume):
            print("=> loading checkpoint '{}'".format(args.resume))
            checkpoint=torch.load(args.resume)
```

```
            start_epoch=checkpoint['epoch']
            best_dice=checkpoint['best_dice']
            dice_epoch=checkpoint['dice_epoch']
            model.load_state_dict(checkpoint['state_dict'])
            print("=> loaded checkpoint '{}' (epoch {})"
                    .format(args.resume,checkpoint['epoch']))
        else:
                print("=> no checkpoint found at '{}'".format
(args.resume))


    for epoch in range(start_epoch,args.epochs):
        lr=adjust_learning_rate(args,optimizer,epoch)
        logger_vis.info('Epoch: [{0}] \tlr {1:.06f}'.format(epoch,
lr))
            loss,dice_train,dice_1,dice_2,dice_3=train(args,train_
loader,model,criterion,optimizer,epoch)
            dice_val,dice_11,dice_22,dice_33,dice_list,auc,auc_1,auc_
2,auc_3=val_seg(args,model)
        is_best=dice_val > best_dice
        best_dice=max(dice_val,best_dice)
        checkpoint_dir=osp.join(result_path,'checkpoint')
        if not exists(checkpoint_dir):
            os.makedirs(checkpoint_dir)
        checkpoint_latest=checkpoint_dir +'/checkpoint_latest.pth.tar'
        save_checkpoint({
            'epoch': epoch + 1,
            'state_dict': model.state_dict(),
            'dice_epoch': dice_val,
            'best_dice': best_dice,
        },is_best,checkpoint_dir,filename=checkpoint_latest)
        if args.save_every_checkpoint:
            if (epoch + 1) %1 == 0:
                    history_path = checkpoint_dir + '/checkpoint_{:
03d}.pth.tar'.format(epoch + 1)
                    shutil.copyfile(checkpoint_latest,history_path)
        logger.append([epoch,dice_train,dice_val,auc,dice_11,dice_
22,dice_33,auc_1,auc_2,auc_3])
```

```python
# 验证
def val(args,eval_data_loader,model):
    model.eval()
    batch_time=AverageMeter()
    dice=AverageMeter()
    end=time.time()
    dice_list=[]
    Dice_1=AverageMeter()
    Dice_2=AverageMeter()
    Dice_3=AverageMeter()
    ret_segmentation=[]

    for iter,(image,label,_) in enumerate(eval_data_loader):
        image=image.squeeze(dim=0)
        label=label.squeeze(dim=0)
        target_seg=label.numpy()
        target_cls=target_seg2target_cls(target_seg)
        with torch.no_grad():
            # 批量检测以减少内存
            batch=16
            pred_seg=torch.zeros(image.shape[0],image.shape[2],
image.shape[3])
            pred_cls=torch.zeros(image.shape[0],3)
            for i in range(0,image.shape[0],batch):
                start_id=i
                end_id=i + batch
                if end_id > image.shape[0]:
                    end_id=image.shape[0]
                image_batch=image[start_id:end_id,:,:,:]
                image_var=Variable(image_batch).cuda()
                output_seg,output_cls,_,_  = model(image_var)
                _,pred_batch=torch.max(output_seg,1)
                pred_seg[start_id:end_id,:,:]=pred_batch.cpu().data
                pred_cls[start_id:end_id,:]=output_cls.cpu().data
            pred_seg=pred_seg.numpy().astype('uint8')
            batch_time.update(time.time() - end)
            label_seg=label.numpy().astype('uint8')
```

```
                ret=aic_fundus_lesion_segmentation(label_seg,pred_
seg)
                ret_segmentation.append(ret)
                dice_score=compute_single_segment_score(ret)
                dice_list.append(dice_score)
                dice.update(dice_score)
                Dice_1.update(ret[1])
                Dice_2.update(ret[2])
                Dice_3.update(ret[3])
                ground_truth=target_cls.numpy().astype('float32')
                prediction=pred_cls.numpy().astype('float32')
                if iter == 0:
                    detection_ref_all=ground_truth
                    detection_pre_all=prediction
                else:
                    detection_ref_all=np.concatenate((detection_ref_
all,ground_truth),axis=0)
                    detection_pre_all=np.concatenate((detection_pre_
all,prediction),axis=0)


        end=time.time()
        logger_vis.info('Eval:[{0}/{1}]\t'
                        'Dice {dice.val:.3f} ({dice.avg:.3f})\t'
                        'Dice_1 {dice_1.val:.3f} ({dice_1.avg:.3f})\t'
                        'Dice_2 {dice_2.val:.3f} ({dice_2.avg:.3f})\t'
                        'Dice_3 {dice_3.val:.3f} ({dice_3.avg:.3f})'
                        ' Time {batch_time.val:.3f} ({batch_
time.avg:.3f})\t'
                        .format(iter,len(eval_data_loader),dice=
dice,dice_1=Dice_1,dice_2=Dice_2,dice_3=Dice_3,
                        batch_time=batch_time))
    # 计算分割的准确率
    final_seg,seg_1,seg_2,seg_3=compute_segment_score(ret_segmen-
tation)
    print('Final Seg Score:{}'.format(final_seg))
    print('Final Seg_1 Score:{}'.format(seg_1))
    print('Final Seg_2 Score:{}'.format(seg_2))
    print('Final Seg_3 Score:{}'.format(seg_3))
```

```
        ret_detection=aic_fundus_lesion_classification(detection_ref
_all,detection_pre_all,
num_samples=len(eval_data_loader) * 128)
        auc=np.array(ret_detection).mean()
        print('AUC :',auc)
        auc_1=ret_detection[0]
        auc_2=ret_detection[1]
        auc_3=ret_detection[2]
        return final_seg,seg_1,seg_2,seg_3,dice_list,auc,auc_1,auc_2,
auc_3


    def val_seg(args,model):
        info=json.load(open(osp.join(args.list_dir,'info.json'),'r'))
        normalize=dt.Normalize(mean=info['mean'],std=info['std'])

        t=[]
        if args.resize:
            t.append(dt.Resize(args.resize))
        if args.crop_size:
            t.append(dt.RandomCrop(args.crop_size))
        t.extend([dt.Label_Transform(),
                dt.ToTensor(),
                normalize])
        dataset=SegList(args.data_dir,'val',dt.Compose(t),list_dir=
args.list_dir)
        val_loader=torch.utils.data.DataLoader(dataset,batch_size=1,
shuffle=False,
                                        num_workers=args.workers,
pin_memory=False)
        cudnn.benchmark=True
        dice_avg,dice_1,dice_2,dice_3,dice_list,auc,auc_1,auc_2,auc_
3=val(args,val_loader,model)
        return dice_avg,dice_1,dice_2,dice_3,dice_list,auc,auc_1,auc_
2,auc_3


    def parse_args():
        parser=argparse.ArgumentParser(description='train')
```

```python
        # 训练参数设置
        parser.add_argument('-d','--data-dir',default='./data/dataset/')
        parser.add_argument('-l','--list-dir',default='./data/data_
path/',
                            help='List dir to look for train_images.txt
etc.'
                            'It is the same with --data-dir if not set.')
        parser.add_argument('--name',dest='name',help='change model',
default='unet',type=str)
        parser.add_argument('--resume',default='',type=str,metavar=
'PATH',
                            help='path to latest checkpoint (default:
none)')
        parser.add_argument('-j','--workers',type=int,default=0)
        parser.add_argument('--step',type=int,default=200)
        parser.add_argument('--batch-size',type=int,default=8,metavar=
'N',
                            help='input batch size for training (default:
64)')
        parser.add_argument('--epochs',type=int,default=30,metavar='N',
                            help='number of epochs to train (default: 10)')
        parser.add_argument('--lr',type=float,default=0.001,meta-
var='LR',
                            help='learning rate (default: 0.01)')
        parser.add_argument('--lr-mode',type=str,default='step')
        parser.add_argument('--momentum',type=float,default=0.9,meta-
var='M',
                            help='SGD momentum (default: 0.9)')
        parser.add_argument('--weight-decay','--wd',default=1e-4,type=
float,
                            metavar='W',help='weight decay (default: 1e-4)')
        parser.add_argument('--loss',help='change model',default=
[0.01,20,20,20]+cls_bce+inter',type=str)
        parser.add_argument('-o','--optimizer',default='Adam',type=str)
        # 数据处理
        parser.add_argument('--random-rotate',default=0,type=int)
        parser.add_argument('--random-scale',default=0,type=float)
        parser.add_argument('--resize',default=[512,496],type=int)
```

```
        parser.add_argument('-s','--crop-size',default=0,type=int)
        parser.add_argument('--supervision',default='point',help='full
or point')
        #预训练以及权重保存
        parser.add_argument('-p','--pretrained',type=bool)
        parser.add_argument('--model-path',default=None,type=str)
        parser.add_argument('--save-every-checkpoint',action='store_
true')
        parser.add_argument('--describe',default='12.28v1',help='addi-
tional information')
        args=parser.parse_args()
        return args


    def main():
        args=parse_args()
        seed=1234
        torch.manual_seed(seed)
        torch.cuda.manual_seed(seed)
        print('torch version:',torch._version_)
        task_name=args.list_dir.split('/')[-1]
        pretrained='pre' if args.pretrained else 'nopre'
        result_path=osp.join('result',task_name,'train',
                                args.name +'_'+ pretrained +'_'+args.loss +'_'
+ str(
                                    args.lr) +'_' + args.supervision +'_' +
args.describe)
        if not exists(result_path):
            os.makedirs(result_path)
        resume=True if args.resume else False
        logger=Logger(osp.join(result_path,'dice_epoch.txt'),title=
'dice',resume=resume)
        logger.set_names(
            ['Epoch','Dice_Train','Dice_Val','AUC','Dice_11','Dice_22',
'Dice_33','AUC_1','AUC_2','AUC_3'])
        train_seg(args,result_path,logger)


    if_name_ == '_main_':
        main()
```

OCT 图像病灶诊断的参考程序如下：

1. 数据集处理模块：

```python
import cv2
import numpy as np
import os
import sys
import tensorflow as tf
import time
import vgg16
import LDN
import glob
import utils


img_size=np.array([224,224])
label_size=img_size / 2


if _name_ == "_main_":
    batch_size=1
    images_holder=tf.placeholder(tf.float32,[batch_size,img_size[0],img_size[1],3])
    atten_holder = tf.placeholder(tf.float32,[batch_size,label_size[0],label_size[1],2])
    # 建立 LDN 网络模型
    model=LDN.Model(images_holder,atten_holder)
    model.build_model()
    attention_map=tf.reshape(model.Prob,[batch_size,label_size[0],label_size[1],2])[:,:,:,0]
    sess=tf.Session()
    sess.run(tf.global_variables_initializer())
    ckpt=tf.train.get_checkpoint_state('./Model/LDN')
    saver=tf.train.Saver()
    saver.restore(sess,ckpt.model_checkpoint_path)
    # 数据集路径设置
    images_dir="/media/fly/4898FC1598FC02EC/ChongWang/OCT2017"
    attenmap_dir = '/media/fly/4898FC1598FC02EC/ChongWang/OCT2017_attenmap"
    image_lists=utils.create_image_lists(images_dir)

    for category in image_lists:
```

```
        for mode in image_lists[category]:
            for f_img in image_lists[category][mode]:
                if mode == 'training':
                    mode_1='train'
                elif mode == 'testing':
                    mode_1='test'
                else:
                    mode_1='val'
                attenmap_path=os.path.join(attenmap_dir,mode_1,
category,f_img)
                img=cv2.imread(os.path.join(images_dir,mode_1,cat-
egory,f_img))
                attenmap_name,ext=os.path.splitext(attenmap_path)
                if img is not None:
                    ori_img=img.copy()
                    img_shape=img.shape
                    img=cv2.resize(img,(img_size[0],img_size[1]))
                    img=img.reshape((1,img_size[0],img_size[1],3))
                    start_time=time.time()
                    result=sess.run(model.Prob,
                                    feed_dict={model.input_holder:
img})
                    print("--- %s seconds ---"%(time.time() - start_
time))
                    result=np.reshape(result,(label_size[0],label_
size[1],2))
                    result=result[:,:,0]
                    result=cv2.resize(np.squeeze(result),(img_
shape[1],img_shape[0]))
                    utils.mkdir(os.path.dirname(attenmap_name))
                    save_name=os.path.join(attenmap_name +'_LDN.png')
                    cv2.imwrite(save_name,(result * 255).astype(np.
uint8))
    sess.close()
```

2. 训练模块:

```
from_future_import print_function
from_future_import division
```

```
import tensorflow as tf
import numpy as np
from glob import glob
import os,sys
import random
import time
import cv2
import LACNN
import utils

img_size=np.array([224,224])
label_size=img_size / 2

if_name_=='_main_':
    images_dir="/media/fly/4898FC1598FC02EC/ChongWang/OCT2017"
    attenmap_dir=''/media/fly/4898FC1598FC02EC/ChongWang/OCT2017_
attenmap"
    image_lists=utils.create_image_lists(images_dir)
    class_count=len(image_lists.keys())
    path_CNV=sorted(glob(os.path.join(images_dir,'train','CNV') +
'/*.jpeg'))
    path_DME=sorted(glob(os.path.join(images_dir,'train','DME') +
'/*.jpeg'))
    path_DRUSEN = sorted (glob (os.path.join (images_dir,'train',
'DRUSEN') +'/*.jpeg'))
    path_NORMAL = sorted (glob (os.path.join (images_dir,'train',
'NORMAL') +'/*.jpeg'))
    i_subset=1
    n_subset=6
    path_train,path_test=utils.split_samples(path_CNV,path_DME,
path_DRUSEN,path_NORMAL,i_subset,n_subset)
    save_path='./Model/LACNN/LACNN_' + str(n_subset) +'_' + str(i_
subset)
    input_holder=tf.placeholder(tf.float32,[None,img_size[0],img_
size[1],3])
    label_holder=tf.placeholder("float",[None,class_count])
    # 建立 LACNN
    attenmap_holder=tf.placeholder(tf.float32,[None,label_size
```

```
[0],label_size[1]])
        model=LACNN.Model(vgg16_npy_path=None,mode='train')
        model.build(input_holder,attenmap_holder,keep_prob=1.0)
        print('LACNN Created')


        loss_reg=tf.add_n(tf.get_collection(tf.GraphKeys.REGULARIZA-
TION_LOSSES))
        loss_cls=tf.reduce_mean(tf.nn.softmax_cross_entropy_with_
logits(logits=model.fc8,labels=label_holder))
        loss_total=loss_cls + loss_reg
        accuracy=tf.reduce_mean(tf.cast(tf.equal(tf.argmax(model.fc8,
1),tf.argmax(label_holder,1)),tf.float32))
        prediction=tf.argmax(model.fc8,1)
        probability=tf.nn.softmax(model.fc8,-1)


        # 训练 LACNN
        eval_frequency=10
        logs_frequency=50
        save_frequency=200
        lr=1e-5
        epochs=10
        batch_size=24
        Total_samples=sum([len(temp)for temp in path_train.values()])
        Training_steps=int(epochs * Total_samples / batch_size)
        print('Total Training Step: ',Training_steps)
        sess=tf.Session()
        saver=tf.train.Saver(max_to_keep=5)
        optimizer=tf.train.AdamOptimizer(learning_rate=lr).minimize(loss_
total)
        sess.run(tf.global_variables_initializer())
        tf.summary.scalar('train_class_loss',loss_cls)
        tf.summary.scalar('train_accuracy',accuracy)
        train_writer=tf.summary.FileWriter(save_path + '/logs',sess.graph)
        tf.logging.set_verbosity(tf.logging.INFO)
        label_dict={'CNV': 0,'DRUSEN': 1,'DME': 2,'NORMAL': 3}
        (val_target,val_filenames,val_images)=utils.get_val_sam-
ples(image_lists,"validation",images_dir,label_dict)
```

```
        val_attenmap = utils.get_batch_of_attenmap_from_name(val_
filenames)
      print('Starting training')
      Train_Loss = 0
      Train_Acc = 0
      since = time.time()
      for i in range(Training_steps):
          is_finalstep = (i + 1 == Training_steps)
          (train_target, train_filenames, train_images) = utils.get_
batch_of_samples(path_train, batch_size, label_dict)
          train_attenmap = utils.get_batch_of_attenmap_from_name
(train_filenames)
          _, train_acc, loss = sess.run([optimizer, accuracy, loss_to-
tal],
                                        feed_dict = {input_holder: train_
images,
                                             label_holder: train_
target,
                                          attenmap_holder: train_
attenmap})
          Train_Loss += loss
          Train_Acc += train_acc
          # 指定频率评估
          if i < 0.5 * Training_steps:
              eval_frequency = 100
          else:
              eval_frequency = 10
          if (i % eval_frequency) == 0 or is_finalstep:
              predictions = []
              for j in range(len(val_filenames)):
                  pred = sess.run(prediction, feed_dict = {input_holder:
val_images[j][np.newaxis, :],
                                                  label_holder:
val_target[j][np.newaxis, :],
                                                  attenmap_holder:
val_attenmap[j][np.newaxis, :]})
                  predictions.append(pred)
              predictions = np.squeeze(np.array(predictions))
```

211

```
            val_acc=np.sum(np.equal(predictions,np.argmax(val_tar-
get,-1)))/predictions.size
            tf.logging.info("Step:{},Total loss:{:0.6f},Train acc:
{:0.6f},Val acc:{:0.6f}".
                            format(i+1,Train_Loss/(i+1),Train_
Acc/(i+1),val_acc))
        if(i%logs_frequency)==0 or is_finalstep:
            summary_op=tf.summary.merge_all()
            summary_str=sess.run(summary_op,feed_dict={input_
holder:train_images,
                                            label_holder:
train_target,
attenmap_holder:train_attenmap})
            train_writer.add_summary(summary_str,i)
        if(i%save_frequency)==0 or is_finalstep:
            checkpoint_path=os.path.join(save_path,'model','LAC-
NN.ckpt')
            saver.save(sess,checkpoint_path,global_step=i+1)
    time_elapsed=time.time()-since
    print("Total Runtime:{}min,{:0.2f}sec".format(int(time_
elapsed//60),time_elapsed%60))
```

10.2 脑高光谱图像智能处理技术

脑和中枢神经系统肿瘤是目前最常见的致命性的癌症，脑肿瘤中最常见的为高级别恶性脑胶质瘤。恶性脑胶质瘤中发病率最高、侵袭性最强的当属胶质母细胞瘤（GBM）。手术切除是目前最有效、最成熟的治疗方法，手术不仅能准确切除肿瘤，还可以保留更多正常脑组织。目前脑肿瘤切除主要采用磁共振成像（MRI）、计算机断层成像（CT）和超声等技术，但存在耗时长、定位不准确的问题。因此，亟待研发非接触式、无标签的方法，以为肿瘤切除提供可靠支持。高光谱成像是一种快速、非接触、非电离、无损伤且无标签的成像方式，能够在无须造影剂的情况下实现肿瘤部位成像，满足现代医学检测前沿要求。

高光谱图像涵盖了多个连续光谱信息，其光谱分辨率远超其他遥感图像，能够提供丰富的信息，实现精准识别。高光谱图像不仅提供了详细的空间信息，还包含了大量目标特有的光谱信息，极大地增强了目标的识别、分类能力。高光谱图像在遥感领域得到广泛使用，众多图像分类算法都围绕遥感领域设计、优化。但在近几十年中，高光谱图像的应用范围已拓展到其他领域，如食品质检、国防等。自20世纪90年代以来，高光谱成像技术在医学领域得到广泛应用，在癌症检测领域，医疗高光谱图像也取得了优异的成果。目前，高光谱肿瘤图像的分类和轮廓检测模型仍然依赖于传统算法，无法解决当代图像特征丰富、信息量大、模态种类多等问题。智能辅助诊断在解决这一挑战方面具有广阔的前景。

　　该应用实例采用一种基于空谱融合深度学习的医学高光谱图像分类方法，其流程如图 10-8 所示，具体步骤包括：数据预处理；根据输入图像，得到对应特征，再与高光谱图像进行组合，采用有标签训练集，使用人工少数类过采样算法增加少数类的数量，采用扩增后的训练集对一维深度神经网络、二维卷积神经网络进行训练，采用训练好的网络对测试集进行像素级分类；融合分类结果，并采用边缘保持滤波对结果图进行优化；对三维图像采用主成分分析（PCA）技术进行降维，获取前 3 个主成分，全卷积网络（FCN）对降维后的测试集进行分割，得到背景分割结果，将优化后的分类结果与背景分割结果进行融合，最终得到人脑胶质母细胞瘤分类结果。该方法能有效分析大脑的实质区域并定位肿瘤的位置，为医生精准切除肿瘤提供辅助。

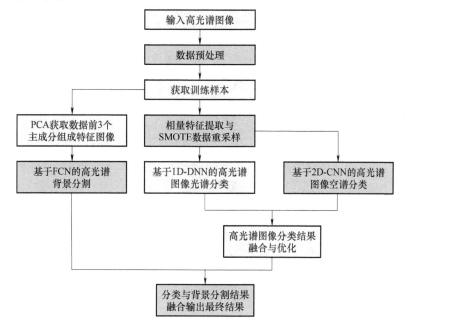

图 10-8　医学高光谱图像分类方法的流程

　　本应用实例采用英国南安普顿大学、西班牙大加那利岛拉斯帕尔马斯大学于 2015 年 3 月到 2016 年 6 月采集的 In-Vivo 人脑高光谱图像数据集，涵盖 22 位成年患者的 36 张脑部高光谱图像。一般临床实践中，患者进行开颅手术切除轴内脑肿瘤或其他脑外科手术。经过组织病理学评测，6 名患者受确诊的 IV 级胶质母细胞瘤影响。采用 Headwall 高光谱成像仪获取原始数据，其光谱范围为 400~1000nm，分辨率为 2~3nm，共 826 个波段，经预处理后波段数为 124。

10.2.1　图像预处理

　　图像预处理的步骤包括：光谱校正、HySIME 滤波器滤波、去除极端波段和图像降维，再归一化所输入的数据，可得到预处理后的三维高光谱图像。

　　所述样本数据集包括归一化处理后的患者三维高光谱图像，所述归一化处理后的患者三维高光谱图像包括训练数据集和测试数据集，训练数据集和测试数据集包括正常组织区域像素 1、胶质母细胞瘤区域像素 2、血管区域像素 3 和背景区域像素 4。

213

输入归一化后的三维高光谱图像可得到高光谱图像的相量特征，并将归一化后的三维高光谱图像相量特征与患者三维高光谱图像进行堆栈，得到训练集 1。

使用人工少数类过采样算法对训练集 1 中的正常组织区域像素 1、胶质母细胞瘤区域像素 2、血管区域像素 3 和背景区域像素 4 中的图像数量最少的样本进行数据扩增，即将这 4 类图像中数量最少的样本通过人工合成新样本的方式添加到训练集 1 中，得到训练集 2。该方法的具体流程为：首先对于少数类中样本 x，计算其欧氏距离得到 k 近邻；然后，依据样本的不平衡比例选取采样比例，以确定采样倍率，对于任意少数类样本 x，从其 k 近邻中随机选择若干样本 x_n；最后随机选出的近邻样本 x_n，与原样本 x 进行叠加，公式为 $x_{new} = x + \lambda(x_n - x), \lambda \in [0,1]$，叠加后得到新样本 x_{new}。

10.2.2　诊断方法

如图 10-9 所示，分类方法包括三个部分，首先是使用一维神经网络（1D-DNN）获取高光谱图像的光谱信息以得到分类结果，再使用二维神经网络（2D-CNN）获取高光谱图像的空间信息以得到分类结果，将这两个分类结果进行融合，再对融合后的结果进行滤波，最后使用全卷积网络（FCN）提取图像中的前景与背景，使用背景覆盖的方式对前分类结果进行处理，分类结果如图 10-10 所示，具体阐述如下。

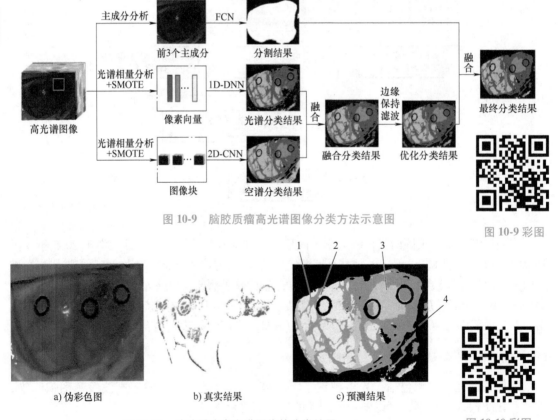

图 10-9　脑胶质瘤高光谱图像分类方法示意图

图 10-9 彩图

a) 伪彩色图　　　　b) 真实结果　　　　c) 预测结果

图 10-10　脑胶质瘤高光谱图像的分类结果

图 10-10 彩图

1—血管化组织　2—肿瘤　3—正常组织　4—背景

214

构建 1D-DNN 模型后将其输入训练集 2 进行训练，得到训练好的 1D-DNN，再输入测试集并使用一维网络实现像素级分类，得出分类结果。详细来说，基于两个隐藏层构成了该 1D-DNN，这两个隐藏层分别拥有 25 个和 50 个节点，非线性激活函数采用了修正线性单元函数，使输入数据稀疏。对高光谱图像进行边缘填充，以每个像素为中心，使用其邻域像素组成大小为 $w \times w \times d$ 的 3D 立方体作为训练集 3，其中 w 为样本宽度，d 为光谱深度；其次采用人工少数类过采样算法对训练集 3 中的正常组织区域像素 1、胶质母细胞瘤区域像素 2、血管区域像素 3 和背景区域像素 4 中数量最少的样本进行数据扩增，即根据正常组织区域像素 1、胶质母细胞瘤区域像素 2、血管区域像素 3 和背景区域像素 4 中数量最少的样本采用人工合成新样本的方式添加到训练集 3 中，得到训练集 4。

采用 2D-CNN 模型对训练集 4 进行训练，得到训练好的 2D-CNN，使用 2D-CNN 对测试集进行像素级分类，得到分类结果。详细来说，基于 ResNet-18 构建的 2D-CNN 模型引入了空谱残差，使用残差学习优化模型训练。该模型能有效学习图像光谱、空间特征，而且相比于普通网络，在网络结构上采用跳跃连接，使得梯度传播较快，优化了模型训练，避免了梯度消失的难题。

将 2D-CNN 的像素级分类结果上的胶质母细胞瘤区域像素 2、血管区域像素 3 覆盖到 1D-DNN 的像素级分类结果上，获得融合后的结果，随后通过主成分分析方法得到第一个主成分引导，再对结果进行滤波，得到优化后的结果。具体来说，采用主成分分析方法，对图像进行降维，将第一个主成分作为引导滤波的模板，随后利用引导滤波器实现边缘保持滤波。

构建全卷积网络模型，输入降维图像中的训练集，得到训练好的网络模型，利用全卷积神经网络模型对降维后的训练集进行分割操作，获得语义分割结果，再融合分类结果和背景语义分割结果，获得最后的分类结果并可视化。上述网络模型主要分为特征提取和上采样两个模块，其中特征提取模块使用去除全连接层的 ResNet-18，上采样模块采用双线性插值，生成和原图尺寸大小一致的分割结果。

本章小结

本章详细介绍了智能图像处理技术在智慧医疗领域的应用实例，主要包括视网膜光学相干断层扫描（OCT）图像智能处理技术和脑高光谱图像智能处理技术。在 OCT 图像处理方面，首先针对图像中的多种噪声问题，提出了基于对抗生成网络的去噪方法，有效地保留了视网膜的精细结构；其次，为解决 OCT 图像数据量庞大的问题，提出了利用图像的稀疏性和相似性进行压缩和自适应编码的策略，从而优化图像存储和传输效率；最后，结合自监督学习方法，实现了病灶区域的精准定位与诊断，提升了诊断的准确性和效率。在脑高光谱图像处理方面，介绍了一种基于空谱融合的深度学习方法，通过结合一维和二维神经网络对高光谱图像进行分类，并采用全卷积网络进行图像分割与融合优化，有效提升了肿瘤的识别精度。这些智能图像处理技术的应用有效地解决了医学图像处理中的噪声去除、数据压缩、病灶定位和分类等核心问题，为智慧医疗的发展提供了强有力的技术支持。

习题

10-1 为什么去噪在 OCT 图像处理中是重要的？去噪对诊断结果有何影响？OCT 图像中常用的去噪方法有哪些？

10-2 简述 OCT 图像压缩重建的原理以及在医疗图像存储和传输中的应用。

10-3 简述在 OCT 图像中进行病灶定位面临的主要挑战。

10-4 解释什么是脑高光谱图像，以及在医疗图像处理研究中有何潜在价值。

10-5 结合深度学习技术，探讨医疗图像处理领域未来可能的技术发展和创新方向。

第11章　多源图像智能融合领域应用实例

多源图像是指不同信道所采集到的关于同一目标的图像，多源图像融合通过最大限度地提取各自信道中的有利信息，实现各自间的信息互补，提高图像的质量。根据信息流的不同形式可以将多源图像融合大致分为三个层次，分别为像素级融合、特征级融合以及决策级融合。像素级融合往往是将多源图像通过算法融合成一张图像，该图像可以反映出多源图像的特点；特征级融合首先对多源图像进行特征提取，再融合这些特征以供最后决策；决策级融合则首先通过多源图像单独决策，再将决策结果综合汇总来获得最终决策。本章以三个不同的应用实例来分别阐述这三种融合方式。

11.1　红外图像与可见光图像融合　　　　　　　　　　　　　　

可见光成像传感器具有抗干扰能力强、成本低的优点，其获得的可见光图像的波段范围和人眼中的视锥细胞相同，符合人类视觉感知的习惯。但是，可见光图像对周围环境的变化具有高度敏感性，在亮度低、大雾天或其他恶劣天气条件下，图像质量会显著下降。与可见光不同，红外传感器具有在雨、雾、灰尘等恶劣条件下稳定工作的能力，其获取的红外图像能够显示出物体发出的热辐射量，但也有空间分辨率较低、细节和纹理不够丰富、颜色信息获取不足等明显缺点。所以，红外-可见光图像融合可以从可见光图像中获取丰富的场景细节信息，从红外图像中获取目标热辐射信息，从而得到包含更全面目标和场景信息的高质量融合图像。

在本应用实例中，采用的红外数据和可见光数据均为视频数据，该数据是由相关研究团队公布的公开数据，融合方法为逐帧配准后逐帧融合。在配准完成后对图像进行了数据增强，融合后的视频同时获得了可见光图像的精准细节信息和红外图像的关键目标信息。

11.1.1　图像预处理

由于没有在硬件上做特殊设计，所获取的红外数据和可见光数据在空间像素上并不匹配，因此首先需要对该数据进行配准，配准完成后，为了放大两者的优势并减少两者之间的差异性，再对数据进一步增强。在图像配准的过程中首先通过手动校准获得不同的备选转换矩阵，再利用初始配准矩阵对源图像对进行变换并得到多个候选配准结果，然后使用图像相似度评估来寻找最佳配准结果，最后将最终匹配结果对应的预配准矩阵指定为视频对的配准矩阵，对后续的每一帧进行相同的图像变换。

对红外数据和可见光数据采用了不同的数据增强方式。由于红外图像是单通道图像，融合结果存在视觉效果不显著的问题，因此在融合前将红外图像的灰度值映射为三通道伪彩色图像。由于可见光图像存在整体亮度偏低的情况，因此在融合之前对可见光图像进行了亮度增强，如直方图均衡化、增强亮度值等。

11.1.2　图像融合

红外数据和可见光数据的融合是逐帧进行的，每帧融合即为图像级融合过程。其目的是将可见光图像数据中丰富的细节信息和红外图像数据中显著的目标信息进行融合，形成高质量的融合图像。为了保留细节信息便于观测，融合图像以可见光图像为主体，并融入红外图像的目标信息。

红外-可见光图像的融合方法如图 11-1 所示，首先，使用形态学滤波从红外图像中获得形态学轮廓；然后，从红外图像中减去形态学轮廓，得到差分图，将亮、暗目标的差分图相加得到初始权重，使用边缘保持滤波对初始权重进行优化；最后，对红外图像、可见光图像以及优化后的权重图采取拉普拉斯金字塔融合策略进行融合，得到最终的融合图像。

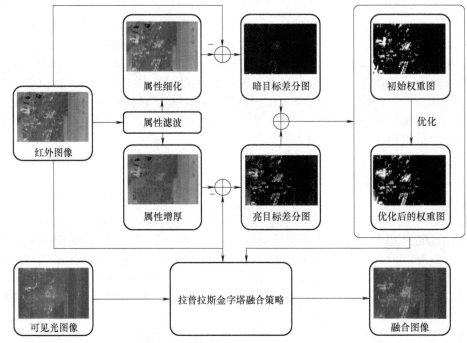

图 11-1　红外-可见光图像的融合方法

红外图像与可见光图像的融合如图 11-2 所示，红外图像可以通过探测热量反映关键目标，如图中的行人，但其缺乏细节信息以展现各物体之间的差异性。可见光图像虽然无法较好地反映关键目标的热辐射信息，但其能够提供丰富的细节信息。将红外图像和可见光图像融合后，在以可见光图像为主体的融合图像上可以较好地观测到目标。

a) 红外图像　　　　　　　b) 可见光图像　　　　　　c) 红外-可见光融合伪彩色图像

图 11-2　红外图像与可见光图像的融合　　　　　　　　　　　　
图 11-2 彩图

红外图像与可见光图像融合的参考程序如下：

1. 主函数

```
clc;
clear all;
i=num2str(9);
I=load_images(strcat('./data/',num2str(i)));
VIS=(I(:,:,:,1));
IR=(I(:,:,:,2));
IR=mat2gray(IR);
VIS_hsv=rgb2hsi(VIS);
VIS_gray=cat(3,rgb2gray(VIS),rgb2gray(VIS),rgb2gray(VIS));
OUR=AGF_FUSION_3(VIS,IR,20,5000);
figure,imshow(OUR);
figure,imshow(VIS);
imwrite(OUR,['OUR_',num2str(i),'.png']);
```

2. 子函数

```
function out=AGF_FUSION_3(VIS,IR,para_d,para_b)
d0=morph_detect(IR,para_d,para_b);
W_ir=mat2gray(d0);
thresh=graythresh(W_ir);
W_b=im2bw(W_ir,thresh);
W_bf=RF(double(W_b),30,0.1,3,IR);
ir_jet=0;
if ir_jet==1
    Jet=ind2rgb(gray2ind(IR(:,:,1),255),jet(255));
    Jet=mat2gray(Jet);
    IR=Jet;
end

for i=1:3
    pyr_VIS=laplacian_pyramid(VIS(:,:,i));
    pyr_IR=laplacian_pyramid(IR(:,:,i));
    [r,c]=size(VIS(:,:,i));
    pyr=gaussian_pyramid(zeros(r,c));
    nlev=length(pyr);
    pyr_Wir=gaussian_pyramid(W_bf,nlev);
    pyr_Wv=gaussian_pyramid(1-W_bf,nlev);
```

```
            for n=1:nlev
                pyr{n}=pyr{n} + pyr_Wv{n}. * pyr_VIS{n}+ pyr_Wir{n}. *
((pyr_IR{n}));
            end
            out(:,:,i)=reconstruct_laplacian_pyramid(pyr);
    end

    function I=load_images(path,reduce)
    if ~exist('reduce')
        reduce=1;
    end
    if (reduce > 1 || reduce <= 0)
        error('reduce must fulfill: 0 < reduce <= 1');
    end
    files=dir([path '/ *. jpg']);
    N=length(files);
    if (N == 0)
        files=dir([path '/ *. png']);
        N=length(files);
        if (N == 0)
            error('no files found');
        end
    end

    sz=size(imread([path '/' files(1). name]));
    r=floor(sz(1) * reduce);
    c=floor(sz(2) * reduce);
    I=zeros(r,c,3,N);
    for i=1:N
        filename=[path '/' files(i). name];
        im=double(imread(filename)) / 255;
        if (size(im,1) ~= sz(1) || size(im,2) ~= sz(2))
            error('images must all have the same size');
        end
        if (reduce < 1)
            im=imresize(im,[r c],'bicubic');
        end
```

```
      I(:,:,:,i)=im;
end

function hsi=rgb2hsi(rgb)
rgb=im2double(rgb);
r=rgb(:,:,1);
g=rgb(:,:,2);
b=rgb(:,:,3);
num=0.5 * ((r - g) + (r - b));
den=sqrt((r - g).^2 + (r - b). * (g - b));
theta=acos(num. /(den + eps));
H=theta;
H(b > g)=2 * pi - H(b > g);
H=H/(2 * pi);
num=min(min(r,g),b);
den=r + g + b;
den(den == 0)=eps;
S=1 - 3. * num. /den;
H(S == 0)=0;
I = (r + g + b)/3;
hsi=cat(3,H,S,I);

function Output = ConvertFromZeroToOneThousand ( InMatBand, Write-
File )
   if ischar(InMatBand)
      [~,~,ext]=fileparts(InMatBand);
      if isempty(ext)
        InMatBand=enviread(InMatBand);
      else
        InMatBand=imread(InMatBand);
      end
   end

[row,col,Bands]=size(InMatBand);
Output=zeros(row,col,Bands);
```

```
if Bands == 1
    TempRE=reshape(InMatBand,row*col,1);
    Output=reshape(TempRE*1000,row,col,1);
else
    for i=1:Bands
        TempRE=reshape(InMatBand(:,:,i),row*col,1);
        TempRE=((TempRE-mean(TempRE))/std(TempRE)+3)*1000/6;
        TempRE(TempRE<0)=0;
        TempRE(TempRE>1000)=1000;
        Output(:,:,i)=reshape(TempRE,row,col,1);
    end
end

if WriteFile
    enviwriteMURA(InMatBand,'Normalized');
end
end

function R=downsample(I,filter)
border_mode='symmetric';
R=imfilter(I,filter,border_mode);
R=imfilter(R,filter',border_mode);
r=size(I,1);
c=size(I,2);
R=R(1:2:r,1:2:c,:);

function [EMAPOutput, TimeProfile, Bands, FeatOtput] = EMAP_xdk
(varargin)
if nargin < 6
    help EMAP_help
    error('You must specify at least six inputs.');
end
if mod((nargin-4),2) ~= 0
    help EMAP_help
    error('Number of parameters/attributes wrong.');
end
```

```
InputImage=varargin{1};
OutputImage=varargin{2};
PCA=varargin{3};
WriteOutput=varargin{4};
VectorAttributes='';
long=0;

for i=5:2:nargin
    VectorAttributes=[VectorAttributes varargin{i}];
end
for i=6:2:nargin
    if ischar(varargin{i})
        In_TRAIN=varargin{i};
    else
    if length(varargin{i}) > long;
      long=length(varargin{i});
    end
    end
end


if i == 6 && ischar(varargin{i})
    MatrixLambda=0;
else
    pos=1;
    for i=6:2:nargin
        if ischar(varargin{i})
            MatrixLambda(:,pos)=padarray(0,[0 long-1],'post');
        else
            HowManyZeros=long - length(varargin{i});
            if HowManyZeros > 0
                MatrixLambda(:,pos)=padarray(varargin{i},[0 How-
ManyZeros],'post');
            else
                MatrixLambda(:,pos)=varargin{i};
            end
        end
        pos=pos + 1;
    end
```

```
end

if ischar(InputImage)
    [~,~,ext]=fileparts(InputImage);
    WriteInSameDirectory=true;
    if isempty(ext)
      I_med=freadenvi(InputImage);
      [line column band]=size(I_med);
      I=zeros(column,line,band);
      for index=1:band
          I(:,:,index)=I_med(:,:,index)';
      end
      clear I_med;
    else
      I=imread(InputImage);
    end
else
    I=InputImage;
    WriteInSameDirectory=false;
end


PCs=I;
[row,col,Bands]=size(PCs);
NumberOfEAP=length(VectorAttributes);
FirstEAP=true;

for j=1:NumberOfEAP
        Lambda=MatrixLambda(:,j);
      Auto=false;

      if max(Lambda) == 0 && min(Lambda) ==0
        && VectorAttributes(j) == 's'
          Auto=true;
      end
      if VectorAttributes(j) == 's' && Auto == false
          Percentage=Lambda;
      end
    for i=1:Bands
```

```matlab
            PC_int16=ConvertFromZeroToOneThousand(PCs(:,:,i),false);
            if VectorAttributes(j) == 's' && Auto == false
                Lambda=ComputeMean(PC_int16,Percentage);
            end
            if Auto
                [~,~,~,Lambda]=StandardDeviationAndMeanTraining(PC_
int16,In_TRAIN,false);
            end
            PC_int16=int16(PC_int16);
            Lambda=double(sort(nonzeros(Lambda))');
            disp(['Feature Number = ' num2str(i)]);
            disp(['Lambda = ' num2str(Lambda)]);
            disp(['Number of thin/thick = ' num2str(length(Lambda))]);
            disp(['Attribute    = ' VectorAttributes(j)]);

            AP=attribute_profile(PC_int16,VectorAttributes(j),Lambda);
            [~,~,WhereIsPC]=size(AP);
            WhereIsPC=(WhereIsPC+1)/2;

            if (~FirstEAP)
                AP(:,:,WhereIsPC)=[];
            end
            if(i ~= 1)
                EAP_exit=cat(3,EAP_exit,AP);
            else
                EAP_exit=AP;
            end
        end

        if(j ~= 1)
            EMAPOutput=cat(3,EMAPOutput,EAP_exit);
        else
            EMAPOutput=EAP_exit;
            FirstEAP=false;
        end
    end
end
[~,~,FeatOtput]=size(EMAPOutput);
if WriteOutput
```

225

```
        if WriteInSameDirectory
            [pathstr,~,ext]=fileparts(InputImage);
            if isempty(ext)
              hdr=[InputImage'.hdr'];
            else
                hdr=InputImage;
            end
            fullPathAndPath=which(hdr);
            [pathstr,~,~]=fileparts(fullPathAndPath);
            OutputImage=[pathstr'\'OutputImage];
        end
        enviwriteMURA(EMAPOutput,OutputImage);
end
end


function pyr=gaussian_pyramid(I,nlev)
r=size(I,1);
c=size(I,2);
if ~exist('nlev')
    nlev=floor(log(min(r,c)) / log(2));
end
pyr=cell(nlev,1);
pyr{1}=I;
filter=pyramid_filter;
for l=2:nlev
    I=downsample(I,filter);
    pyr{l}=I;
end


function pyr=laplacian_pyramid(I,nlev)
r=size(I,1);
c=size(I,2);
if ~exist('nlev')
    nlev=floor(log(min(r,c)) / log(2));
end
pyr=cell(nlev,1);
```

```
filter=pyramid_filter;
J=I;
for l=1:nlev - 1
    I=downsample(J,filter);
    odd=2 * size(I) - size(J);
    pyr{l}=J - upsample(I,odd,filter);
    J=I;
end
pyr{nlev}=J;
function [ d ]=morph_detect( f0,para_d,para_b)
x1=EMAP_xdk(f0,'',false,'','a',para_d);
x2=EMAP_xdk(f0,'',false,'','a',para_b);
d_feature=(abs(x1(:,:,1)-x1(:,:,2)));
b_feature=(abs(x2(:,:,3)-x2(:,:,2)));
d=mat2gray(d_feature+b_feature);
end


function f=pyramid_filter;
f=[.0625,.25,.375,.25,.0625];
function R=reconstruct_laplacian_pyramid(pyr)
r=size(pyr{1},1);
c=size(pyr{1},2);
nlev=length(pyr);
R=pyr{nlev};
filter=pyramid_filter;
for l=nlev - 1 : -1 : 1
    odd=2 * size(R) - size(pyr{l});
    R=pyr{l} + upsample(R,odd,filter);
end


function F=RF(img,sigma_s,sigma_r,num_iterations,joint_image)
    I=double(img);
    if ~exist('num_iterations','var')
        num_iterations=3;
    end
    if exist('joint_image','var') && ~isempty(joint_image)
```

```
        J=double(joint_image);
        if (size(I,1) ~= size(J,1)) || (size(I,2) ~= size(J,2))
            error('Input and joint images must have equal width and
height.');
        end
    else
        J=I;
    end
    [h w num_joint_channels]=size(J);
    dIcdx=diff(J,1,2);
    dIcdy=diff(J,1,1);
    dIdx=zeros(h,w);
    dIdy=zeros(h,w);
    for c=1:num_joint_channels
        dIdx(:,2:end)=dIdx(:,2:end) + abs( dIcdx(:,:,c) );
        dIdy(2:end,:)=dIdy(2:end,:) + abs( dIcdy(:,:,c) );
    end

    dHdx=(1 + sigma_s/sigma_r * dIdx);
    dVdy=(1 + sigma_s/sigma_r * dIdy);
    dVdy=dVdy';
    N=num_iterations;
    F=I;
    sigma_H=sigma_s;
    for i=0:num_iterations - 1
        sigma_H_i=sigma_H * sqrt(3) * 2^(N - (i + 1)) / sqrt(4^N - 1);
        F = TransformedDomainRecursiveFilter_Horizontal(F, dHdx,
sigma_H_i);
        F=image_transpose(F);
        F = TransformedDomainRecursiveFilter_Horizontal(F, dVdy,
sigma_H_i);
        F=image_transpose(F);
    end
    F=cast(F,class(img));
end

function F=TransformedDomainRecursiveFilter_Horizontal(I,D,sigma)
    a=exp(-sqrt(2) / sigma);
```

```
    F=I;
    V=a.^D;
    [h w num_channels]=size(I);
    for i=2:w
        for c=1:num_channels
            F(:,i,c)=F(:,i,c)+V(:,i).*(F(:,i-1,c)-F(:,i,c));
        end
    end
    for i=w-1:-1:1
        for c=1:num_channels
            F(:,i,c)=F(:,i,c)+V(:,i+1).*(F(:,i+1,c)-F(:,i,c));
        end
    end
end


function T=image_transpose(I)
    [h w num_channels]=size(I);
    T=zeros([w h num_channels],class(I));
    for c=1:num_channels
        T(:,:,c)=I(:,:,c)';
    end
end


function R=upsample(I,odd,filter)
I=padarray(I,[1 1 0],'replicate');
r=2*size(I,1);
c=2*size(I,2);
k=size(I,3);
R=zeros(r,c,k);
R(1:2:r,1:2:c,:)=4*I;
R=imfilter(R,filter);
R=imfilter(R,filter');
R=R(3:r-2-odd(1),3:c-2-odd(2),:);
```

11.2　视网膜光学相干断层扫描图像与眼底图像融合

10.1 节详细介绍了视网膜 OCT 图像，该图像展示了眼睛多个切面的深度信息，但是视网膜 OCT 图像无法从整体上观测眼睛的状态，而眼底图像可显示大面积的眼底组织，其对比如图 11-3 所示。在不同情况下，眼底图像和视网膜 OCT 图像各有优劣，所以需要根据实际影像情况，综合两种医学影像来辅助诊断。

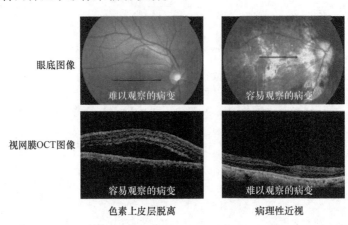

图 11-3　眼底图像和视网膜 OCT 图像的对比

在注意力机制的启发下，为了将眼底图像和视网膜 OCT 图像的模态特定特征与深度学习模型相结合，以诊断复杂的视网膜病变，提出了一种多模态注意力网络，如图 11-4 所示。具体地，多模态注意力网络包括两个模态特异性的注意力模块，其分别从眼底图像和视网膜 OCT 图像中提取模态特异性特征。对于具有多尺度特征的眼底图像，提出了多尺度注意力模块，从不同尺度提取眼底特征并生成多尺度注意力特征。对于背景区域较大的视网膜 OCT 图像，区域引导注意力模块旨在聚焦视网膜层相关区域，并忽略不相关的背景区域。最后，将两种模态中特定模态的特征融合，以产生多模态特征，并训练多模态视网膜图像分类模型。

根据表 11-1 可知，虽然仅仅使用视网膜 OCT 图像在准确率上取得了更好的效果，但是综合召回率、F_1 分数、AUC 指标来分析，使用眼底图像和视网膜 OCT 图像融合特征可以更好地辅助诊断眼科疾病。

表 11-1　单模态图像和多模态图像的辅助诊断对比

使用图像	准确率（%）	召回率（%）	F_1 分数（%）	AUC（%）
单模态（眼底图像）	59.52	61.80	59.53	66.81
单模态（视网膜 OCT 图像）	**77.97**	54.44	64.11	77.89
多模态（眼底图像+视网膜 OCT 图像）	76.85	**69.99**	**70.42**	**85.52**

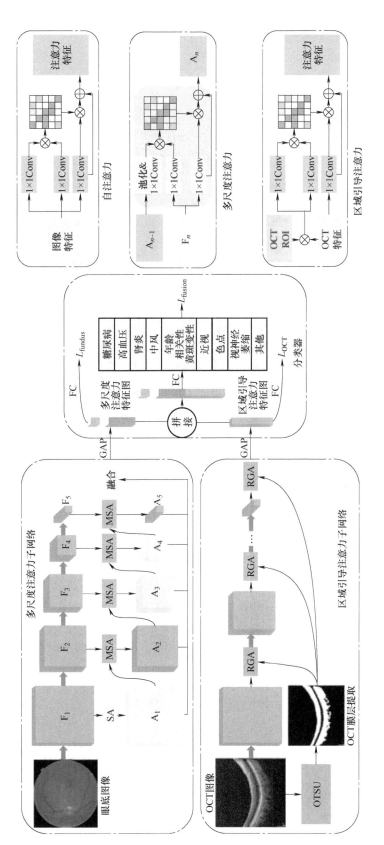

图 11-4 多模态注意力网络

视网膜 OCT 图像与眼底图像辅助诊断对应的参考代码如下：

1. 网络模型①：

```python
import torch
import torch.nn as nn
from utils.attention import PAM_Module
from model.ResNet import BasicBlock,Bottleneck,conv1x1


class resnet18_with_position_attention(nn.Module):
    def _init_(self,block=BasicBlock,layers=[2,2,2,2],num_classes=1000,zero_init_residual=False,
               groups=1,width_per_group=64,replace_stride_with_dilation=None,
               norm_layer=None):
        super(resnet18_with_position_attention,self)._init_()
        if norm_layer is None:
            norm_layer=nn.BatchNorm2d
        self._norm_layer=norm_layer
        self.inplanes=64
        self.dilation=1
        if replace_stride_with_dilation is None:
            replace_stride_with_dilation=[False,False,False]
        if len(replace_stride_with_dilation) != 3:
            raise ValueError("replace_stride_with_dilation should be None"
                             "or a 3-element tuple,got {}".format(replace_stride_with_dilation))
        self.groups=groups
        self.base_width=width_per_group
        self.conv1 = nn.Conv2d(3,self.inplanes,kernel_size=7,stride=2,padding=3,
                               bias=False)
        self.bn1=norm_layer(self.inplanes)
        self.relu=nn.ReLU(inplace=True)
        self.maxpool = nn.MaxPool2d(kernel_size=3,stride=2,padding=1)
        self.layer1=self._make_layer(block,64,layers[0])
        self.layer2=self._make_layer(block,128,layers[1],stride=2,
```

```
                                    dilate=replace_stride_with_di-
lation[0])
            self.layer3 = self._make_layer(block, 256, layers[2],
stride=2,
                                    dilate=replace_stride_with_di-
lation[1])
            self.layer4 = self._make_layer(block, 512, layers[3],
stride=2,
                                    dilate=replace_stride_with_di-
lation[2])
            self.avgpool=nn.AvgPool2d(7,stride=1)
            self.fc=nn.Linear(512 * block.expansion,num_classes)
            self.cls=nn.Sequential(
                nn.Dropout(p=0.5),
                nn.Linear(8192,9)
    )
            self.pam_attention=PAM_Module(64)

            for m in self.modules():
                if isinstance(m,nn.Conv2d):
                    nn.init.kaiming_normal_(m.weight,mode='fan_out',
nonlinearity='relu')
                elif isinstance(m,(nn.BatchNorm2d,nn.GroupNorm)):
                    nn.init.constant_(m.weight,1)
                    nn.init.constant_(m.bias,0)
            if zero_init_residual:
                for m in self.modules():
                    if isinstance(m,Bottleneck):
                        nn.init.constant_(m.bn3.weight,0)
                    elif isinstance(m,BasicBlock):
                        nn.init.constant_(m.bn2.weight,0)

    def _make_layer(self,block,planes,blocks,stride=1,dilate=
False):
            norm_layer=self._norm_layer
            downsample=None
            previous_dilation=self.dilation
            if dilate:
```

233

```
                self.dilation *= stride
                stride=1
            if stride != 1 or self.inplanes != planes * block.expan-
sion:
                downsample=nn.Sequential(
                    conv1x1(self.inplanes,planes * block.expansion,
stride),
                    norm_layer(planes * block.expansion),
                )

        layers=[]
        layers.append(block(self.inplanes,planes,stride,downsample,
self.groups,
                            self.base_width,previous_dilation,norm_
layer))
        self.inplanes=planes * block.expansion
        for_in range(1,blocks):
                layers.append(block(self.inplanes,planes,groups=
self.groups,
                                    base_width=self.base_width,
dilation=self.dilation,
                                norm_layer=norm_layer))
        return nn.Sequential(*layers)

    def forward(self,x):
        x=self.conv1(x)
        x=self.bn1(x)
        x=self.relu(x)
        x=self.maxpool(x)
        x=self.layer1(x)
        PA=self.pam_attention(x,x,x)
        x=self.layer2(PA)
        x=self.layer3(x)
        x=self.layer4(x)
        x=self.avgpool(x)
        x=x.view(x.size(0),-1)
        cls_branch=self.cls(x)
        return cls_branch,x
```

2. 网络模型②：

```
import torch
import torch.nn as nn
from utils.attention import PAM_Module,CAM_Module
from model.ResNet import BasicBlock,Bottleneck,conv1x1


class ROI_guided_OCT(nn.Module):
    def init_(self,block=BasicBlock,layers=[2,2,2,2],zero_init_
residual=False,
                groups=1,width_per_group=64,replace_stride_with_
dilation=None,
                norm_layer=None):
        super(ROI_guided_OCT,self)._init_()
        if norm_layer is None:
            norm_layer=nn.BatchNorm2d
        self._norm_layer=norm_layer
        self.inplanes1=64
        self.inplanes2=64
        self.dilation=1
        if replace_stride_with_dilation is None:
            replace_stride_with_dilation=[False,False,False]
        if len(replace_stride_with_dilation) ! = 3:
            raise ValueError("replace_stride_with_dilation should
be None"
                            "or a 3-element tuple,got {}".format(re-
place_stride_with_dilation))
        self.groups=groups
        self.base_width=width_per_group
        self.conv21 = nn.Conv2d (4, self.inplanes2, kernel_size = 7,
stride=2,padding=3,
                            bias=False)

        self.bn=norm_layer(self.inplanes1)
        self.layer21=self._make_layer2(block,64,layers[0])
        self.layer22=self._make_layer2(block,128,layers[1],stride=2,
                        dilate=replace_stride_with_dilation[0])
        self.layer23=self._make_layer2(block,256,layers[2],
```

```
stride=2,
                    dilate=replace_stride_with_dilation[1])
        self.layer24=self._make_layer2(block,512,layers[3],stri-
de=2,
                    dilate=replace_stride_with_dilation[2])
        self.conv=nn.Conv2d(512,512,kernel_size=1,stride=2,
                        bias=False)
        self.conv_fundus=nn.Conv2d(512,512,kernel_size=1,stride=2,
                        bias=False)
        self.conv_OCT=nn.Conv2d(512,512,kernel_size=1,stride=2,
                        bias=False)
        self.relu=nn.ReLU(inplace=True)
        self.maxpool=nn.MaxPool2d(kernel_size=3,stride=2,padding=1)
        self.avgpool=nn.AvgPool2d(7,stride=1)


        self.cls_OCT=nn.Sequential(
            nn.Dropout(p=0.5),
            nn.Linear(8192,9)
        )
        self.pam_attention=PAM_Module(64)
        self.pam_attention2=nn.Sequential(
            PAM_Module(128)
        )
        self.pam_attention3=nn.Sequential(
            PAM_Module(256)
        )
        self.pam_attention4=nn.Sequential(
            PAM_Module(512)
        )
        self.cam_attention=nn.Sequential(
            CAM_Module(1280)
        )
        for m in self.modules():
            if isinstance(m,nn.Conv2d):
                nn.init.kaiming_normal_(m.weight,mode='fan_out',
nonlinearity='relu')
```

236

```
        elif isinstance(m,(nn.BatchNorm2d,nn.GroupNorm)):
            nn.init.constant_(m.weight,1)
            nn.init.constant_(m.bias,0)
    if zero_init_residual:
        for m in self.modules():
            if isinstance(m,Bottleneck):
                nn.init.constant_(m.bn3.weight,0)
            elif isinstance(m,BasicBlock):
                nn.init.constant_(m.bn2.weight,0)


def _make_layer1(self,block,planes,blocks,stride=1,dilate=
False):
    norm_layer=self._norm_layer
    downsample=None
    previous_dilation=self.dilation
    if dilate:
        self.dilation *= stride
        stride=1
    if stride !=1 or self.inplanes1 != planes * block.expansion:
        downsample=nn.Sequential(
            conv1x1(self.inplanes1,planes * block.expansion,
stride),
            norm_layer(planes * block.expansion),
        )

    layers=[]
    layers.append(block(self.inplanes1,planes,stride,downsam-
ple,self.groups,
                        self.base_width,previous_dilation,norm_
layer))
    self.inplanes1=planes * block.expansion
    for_in range(1,blocks):
        layers.append(block(self.inplanes1,planes,groups=
self.groups,
                            base_width=self.base_width,
dilation=self.dilation,
                            norm_layer=norm_layer))
```

```
        return nn. Sequential (*layers)


    def_make_layer2 (self, block, planes, blocks, stride = 1, dilate =
False):
        norm_layer=self._norm_layer
        downsample=None
        previous_dilation=self. dilation
        if dilate:
            self. dilation *= stride
            stride=1
        if stride != 1 or self. inplanes2 != planes * block.expansion:
            downsample=nn. Sequential (
                conv1x1 (self. inplanes2, planes * block.expansion,
stride),
                norm_layer(planes * block.expansion),
            )

        layers=[]
        layers. append(block (self. inplanes2, planes, stride, downsam-
ple, self. groups,
                            self. base_width, previous_dilation, norm_
layer))
        self. inplanes2=planes * block. expansion
        for_in range(1, blocks):
            layers. append (block (self. inplanes2, planes, groups =
self. groups,
                                base_width = self. base_width,
dilation=self. dilation,
                                norm_layer=norm_layer))
        return nn. Sequential (*layers)


    def forward(self, ROI, x):
        x=torch. cat([x, ROI], dim=1)
        x=self. conv21 (x)
        x=self. bn(x)
        x=self. relu(x)
        x=self. maxpool(x)
        x=self. layer21(x)
```

```
            PA1=self.pam_attention(x,x,x)
            x=self.layer22(PA1)
            x=self.layer23(x)
            x=self.layer24(x)
            x=self.avgpool(x)
            x=x.view(x.size(0),-1)
            logits_OCT=self.cls_OCT(x)
            return  logits_OCT,x
```

3. 数据预处理:

```
import numbers
import random
import numpy as np
from PIL import Image,ImageOps
import torch
# 随机裁剪
class RandomCrop(object):
    def_init_(self,size):
        if isinstance(size,numbers.Number):
            self.size=(int(size),int(size))
        else:
            self.size=size
    def_call_(self,image,*args):
        w,h=image.size
        tw,th=self.size
        top=bottom=left=right=0
        if w < tw:
            left=(tw - w) // 2
            right=tw - w - left
        if h < th:
            top=(th - h) // 2
            bottom=th - h - top
        if left > 0 or right > 0 or top > 0 or bottom > 0:
            image=pad_image(
                'reflection',image,top,bottom,left,right)
        w,h=image.size
        if w == tw and h == th:
            return (image,*args)
```

```
            x1=random. randint(0,w - tw)
            y1=random. randint(0,h - th)
            results=[image. crop((x1,y1,x1 + tw,y1 + th))]
            results. extend(args)
            return results


    class DA_MA(object):
        def _init_(self,mean_1 = torch. tensor(1. 0). float(),mean_2 =
torch. tensor(0). float(),
            std=torch. tensor(0. 2). float()):
            self. mean_1=mean_1
            self. mean_2=mean_2
            self. std=std


        def _call_(self,image, * args):
            image=np. array(image). astype('float16')
            k=torch. normal(mean_1,std)
            b=torch. normal(mean_2,std)
            image=k * image + b
            image[image > 255]=0
            image[image < 0]=0
            image=image. astype('uint8')
            return Image. fromarray(image)


    class TrainMask(object):
        def _init_(self,size = (16,240,16,240)):
            assert len(size) == 4
            self. size=size


        def _call_(self,image, * args):
            Y_min,Y_max=self. size[0],self. size[1]
            X_min,X_max=self. size[2],self. size[3]
            in_size=(X_max - X_min,Y_max - Y_min)
            img_mask=image. crop((X_min,Y_min,X_max,Y_max))
            img_mask=img_mask. resize(in_size)
            return img_mask


    class TestMask(object):
```

```
    def_init_(self,size=(16,240,16,240)):
        assert len(size) == 4
        self.size=size

    def_call_(self,image,*args):
        Y_min,Y_max=self.size[0],self.size[1]
        X_min,X_max=self.size[2],self.size[3]
        in_size=(X_max - X_min,Y_max - Y_min)
        img_mask=image.crop((X_min,Y_min,X_max,Y_max))
        img_mask=img_mask.resize(in_size)
        return img_mask

class Resize(object):
    def_init_(self,size,interpolation=Image.BILINEAR):
        self.size=size
        self.interpolation=interpolation

    def_call_(self,img):
        if isinstance(self.size,int):
            w,h=img.size
            if (w <= h and w == self.size) or (h <= w and h == self.
size):
                return [img]
            if w < h:
                ow=self.size
                oh=self.size
                return [img.resize((ow,oh),self.interpolation)]
            else:
                oh=self.size
                ow=self.size
                return [img.resize((ow,oh),self.interpolation)]
        else:
            return [img.resize(self.size[::-1],self.interpolation)]

class RandomScale(object):
    def_init_(self,scale):
        if isinstance(scale,numbers.Number):
```

```
                    scale = [1 / scale, scale]
                self.scale = scale

        def_call_(self, image):
            ratio = random.uniform(self.scale[0], self.scale[1])
            w, h = image.size
            tw = int(ratio * w)
            th = int(ratio * h)
            if ratio == 1:
                return image
            elif ratio < 1:
                interpolation = Image.ANTIALIAS
            else:
                interpolation = Image.CUBIC
            return image.resize((tw, th), interpolation),
```

```
# 随机旋转
class RandomRotate(object):
    '''''' Crops the given PIL.Image at a random location to have a region of
    the given size. size can be a tuple (target_height, target_width)
     or an integer, in which case the target will be of a square
shape (size, size)
    """"""

    def_init_(self, angle):
        self.angle = angle

    def_call_(self, image, * args):
        w, h = image.size
        p = max((h, w))
        angle = random.randint(0, self.angle * 2) - self.angle
        image = pad_image('reflection', image, h, h, w, w)
        image = image.rotate(angle, resample=Image.BILINEAR)
        image = image.crop((w, h, w + w, h + h))
        return image


# 随机水平翻转
class RandomHorizontalFlip(object):
```

```
def_call_(self,image):
    if random.random() < 0.5:
        results=[image.transpose(Image.FLIP_LEFT_RIGHT)]
    else:
        results=[image]
    return results


# 归一化处理
class Normalize(object):
    def_init_(self,mean,std):
        self.mean=torch.FloatTensor(mean)
        self.std=torch.FloatTensor(std)

    def_call_(self,image,label=None):
        for t,m,s in zip(image,self.mean,self.std):
            t.sub_(m).div_(s)
        if label is None:
            return image,
        else:
            return image,label


def pad_reflection(image,top,bottom,left,right):
    if top == 0 and bottom == 0 and left == 0 and right == 0:
        return image
    h,w=image.shape[:2]
    next_top=next_bottom=next_left=next_right=0
    if top > h - 1:
        next_top=top - h + 1
        top=h - 1
    if bottom > h - 1:
        next_bottom=bottom - h + 1
        bottom=h - 1
    if left > w - 1:
        next_left=left - w + 1
        left=w - 1
    if right > w - 1:
        next_right=right - w + 1
        right=w - 1
```

```python
        new_shape=list(image.shape)
        new_shape[0] += top + bottom
        new_shape[1] += left + right
        new_image=np.empty(new_shape,dtype=image.dtype)
        new_image[top:top+h,left:left+w]=image
        new_image[:top,left:left+w]=image[top:0:-1,:]
        new_image[top+h:,left:left+w]=image[-1:-bottom-1:-1,:]
        new_image[:,:left]=new_image[:,left*2:left:-1]
        new_image[:,left+w:]=new_image[:,-right-1:-right*2-1:-1]
        return pad_reflection(new_image,next_top,next_bottom,
                            next_left,next_right)

    def pad_constant(image,top,bottom,left,right,value):
        if top == 0 and bottom == 0 and left == 0 and right == 0:
            return image
        h,w=image.shape[:2]
        new_shape=list(image.shape)
        new_shape[0] += top + bottom
        new_shape[1] += left + right
        new_image=np.empty(new_shape,dtype=image.dtype)
        new_image.fill(value)
        new_image[top:top+h,left:left+w]=image
        return new_image


    def pad_image(mode,image,top,bottom,left,right,value=0):
        if mode == 'reflection':
            return Image.fromarray(
                pad_reflection(np.asarray(image),top,bottom,left,
right))
        elif mode == 'constant':
            return Image.fromarray(
                pad_constant(np.asarray(image),top,bottom,left,right,
value))
        else:
            raise ValueError('Unknown mode {}'.format(mode))


    class Pad(object):
        """Pads the given PIL.Image on all sides with the given "pad" value"""
```

```
    def init_(self,padding,fill=0):
        assert isinstance(padding,numbers.Number)
        assert isinstance(fill,numbers.Number) or isinstance(fill,
str) or \
                isinstance(fill,tuple)
        self.padding=padding
        self.fill=fill

    def call_(self,image,*args):

        if self.fill == -1:
            image=pad_image(
                'reflection',image,
                        self.padding, self.padding, self.padding,
self.padding)
        else:
            image=pad_image(
                'constant',image,
                        self.padding, self.padding, self.padding,
self.padding,
                value=self.fill)
        return (image,*args)

class PadImage(object):
    def init_(self,padding,fill=0):
        assert isinstance(padding,numbers.Number)
        assert isinstance(fill,numbers.Number) or isinstance(fill,
str) or \
                isinstance(fill,tuple)
        self.padding=padding
        self.fill=fill

    def call_(self,image,*args):
        if self.fill == -1:
            image=pad_image(
                'reflection',image,
                        self.padding, self.padding, self.padding,
self.padding)
```

245

```
            else:
                    image = ImageOps. expand (image, border = self. padding,
fill = self. fill)
            return (image, * args)


    # 把数据转换成张量
    class ToTensor (object):
        def_call_(self, pic, label = None):
            if isinstance (pic, np. ndarray):
                img = torch. from_numpy (pic)
            else:
                img = torch. ByteTensor (torch. ByteStorage. from_buffer (pic.
tobytes ()))
                if pic. mode == 'YCbCr':
                    nchannel = 3
                else:
                    nchannel = len (pic. mode)
                img = img. view (pic. size[1], pic. size[0], nchannel)
                img = img. transpose (0,1). transpose (0,2). contiguous ()
            img = img. float (). div (255)
            if label is None:
                return img,
            else:
                return img, torch. LongTensor (np. array (label, dtype = np. int))


    class Compose (object):
        def_init_(self, transforms):
            self. transforms = transforms


        def_call_(self, * args):
            for t in self. transforms:
                args = t ( * args)
            return args


    4. 训练模块:
    import json
    import argparse
    import os
    import os. path as osp
```

```python
import torch
import torch.optim as optim
from torch.optim import lr_scheduler
from torchnet.meter import ClassErrorMeter
from tensorboardX import SummaryWriter
import torch.backends.cudnn as cudnn
from model import MSA_subnet,RGA_subnet
from trainer import Trainer
from data.dataset import datalist
from data import data_transforms as dt
from utils.logger import Logger
from utils import FocalLoss
from utils.utils import count_param


def main(args):
    if args.resume:
        logger=Logger('./logs/'+'fundus_model:'+args.model_fundus+'_'+
'OCT_model:'+args.model_OCT+'_'+args.modal+'_cross_%d'%args.cross+'_'+
args.loss+'_'+args.optimizer+'_'+'lr=%f'%args.learning_rate+'_'+'batch_
size:%d'%args.batch_size+'_'+'.log')
        else:
        logger=Logger('./logs/'+'fundus_model:'+args.model_fundus+'_'+
'OCT_model:'+args.model_OCT+'_'+args.modal+'_cross_%d'%args.cross+'_'+
args.loss+'_'+args.optimizer+'_'+'lr=%f'%args.learning_rate+'_'+'batch_
size:%d'%args.batch_size+'_'+'.log',True)


    logger.append(vars(args))

    if args.display:
        writer=SummaryWriter()
    else:
        writer=None


    gpus=args.gpu.split(',')
    info=json.load(open(osp.join(args.list_dir,'fundus'+'_'+'in-
fo.json'),'r'))
    normalize=dt.Normalize(mean=info['mean'],std=info['std'])
    # 数据转换
```

247

```
t_fundus=[]
if args.resize:
    t_fundus.append(dt.Resize(args.resize))
if args.random_rotate > 0:
    t_fundus.append(dt.RandomRotate(args.random_rotate))
if args.random_scale > 0:
    t_fundus.append(dt.RandomScale(args.random_scale))
if args.crop_size:
    t_fundus.append(dt.RandomCrop(args.crop_size))
t_fundus.extend([dt.RandomHorizontalFlip(),
        dt.ToTensor(),
        normalize])

info=json.load(open(osp.join(args.list_dir,'OCT'+'_'+'info.json
'),'r'))
normalize=dt.Normalize(mean=info['mean'],std=info['std'])
t_OCT=[]
if args.resize:
    t_OCT.append(dt.Resize(args.resize))
if args.random_rotate > 0:
    t_OCT.append(dt.RandomRotate(args.random_rotate))
if args.random_scale > 0:
    t_OCT.append(dt.RandomScale(args.random_scale))
if args.crop_size:
    t_OCT.append(dt.RandomCrop(args.crop_size))
t_OCT.extend([dt.RandomHorizontalFlip(),
        dt.ToTensor(),
        normalize])

t_ROI=[]
if args.resize:
    t_ROI.append(dt.Resize(args.resize))
if args.random_rotate > 0:
    t_ROI.append(dt.RandomRotate(args.random_rotate))
if args.random_scale > 0:
    t_ROI.append(dt.RandomScale(args.random_scale))
if args.crop_size:
    t_ROI.append(dt.RandomCrop(args.crop_size))
```

```
        t_ROI.extend([dt.RandomHorizontalFlip(),
                dt.ToTensor(),
                normalize])

        train_dataset = datalist(args.data_dir, args.phase, 'train',
dt.Compose(t_OCT),dt.Compose(t_fundus),dt.Compose(t_ROI),list_dir=
args.list_dir,cross=args.cross)
        val_dataset = datalist(args.data_dir, args.phase, 'val',
dt.Compose(t_OCT),dt.Compose(t_fundus),dt.Compose(t_ROI),list_dir=
args.list_dir,cross=args.cross)
        train_dataloaders=torch.utils.data.DataLoader(train_dataset,
batch_size=args.batch_size,
                                            shuffle=True,num_
workers=args.workers,pin_memory=True,
                                            drop_last=True)
        val_dataloaders = torch.utils.data.DataLoader(val_dataset,
batch_size=args.batch_size,
                                            shuffle=True,num_
workers=args.workers,pin_memory=True,
                                            drop_last=True)


        os.environ['CUDA_VISIBLE_DEVICES']=args.gpu
        is_use_cuda=torch.cuda.is_available()
        cudnn.benchmark=True
        model_fundus=MSA_subnet()
        model_OCT=RGA_subnet()
        if is_use_cuda and 1 == len(gpus):
            model_fundus=model_fundus.cuda()
            model_OCT=model_OCT.cuda()

        param_fundus=count_param(model_fundus)
        print(model_fundus.modules())
        print('Model #%s# parameters: %.2f M'%(args.model_fundus,param
_fundus / 1e6))

        param_OCT=count_param(model_OCT)
        print(model_OCT.modules())
        print('Model #%s# parameters: %.2f M'%(args.model_OCT,param_
```

```
OCT / 1e6))

        loss_fn=FocalLoss(gamma=2)
        optimizer_fundus = optim.Adam(model_fundus.parameters(),lr=
args.learning_rate)
        optimizer_OCT = optim.Adam(model_OCT.parameters(),lr=
args.learning_rate)

        lr_schedule_fundus = lr_scheduler.MultiStepLR(optimizer_
fundus,milestones=[30,60],gamma=0.1)
        lr_schedule_OCT=lr_scheduler.MultiStepLR(optimizer_OCT,mile-
stones=[30,60],gamma=0.1)

        metric=[[ClassErrorMeter([1,9],True)],[ClassErrorMeter([1,
9],True)],[ClassErrorMeter([1,9],True)]]
        start_epoch=0
        num_epochs  = args.epochs
        if args.phase == 'train':
            if args.model_path ! =None:
                checkpoint=torch.load(args.model_path)
                model_fundus.load_state_dict(checkpoint['state_dict_
fundus'])
                model_OCT.load_state_dict(checkpoint['state_dict_OCT'])
            my_trainer=Trainer(args,model_fundus,model_OCT,  loss_fn,
optimizer_fundus,optimizer_OCT,lr_schedule_fundus,lr_schedule_OCT,
args.log_batch,is_use_cuda,train_dataloaders,
                            val_dataloaders,metric,start_epoch,num_
epochs,args.debug,logger,writer)
            my_trainer.fit()
            logger.append('Optimize Done! ')
        elif args.phase == 'val':
            if args.model_path:
                checkpoint=torch.load(args.model_path)
                model_fundus.load_state_dict(checkpoint['state_dict_
fundus'])
                model_OCT.load_state_dict(checkpoint['state_dict_OCT'])
            my_valer=Trainer(args,model_fundus,model_OCT,loss_fn,op-
timizer_fundus,optimizer_OCT,lr_schedule_fundus,lr_schedule_OCT,args.
```

```
log_batch,is_use_cuda,train_dataloaders,
                            val_dataloaders,metric,start_epoch,num_
epochs,args.debug,logger,writer)
        my_valer._valid()


    # 设置训练参数
    if __name__ == '__main__':
        parser=argparse.ArgumentParser(description='PyTorch Template')
        parser.add_argument('-r','--resume',default=None,type=str,
                            help ='path to latest checkpoint (default:
None)')
        parser.add_argument('-g','--gpu',default='0',type=str,
                            help='GPU ID Select')
        parser.add_argument('--batch_size',default=8,
                            type='int,help='model train batch size')
        parser.add_argument('--display',default=False,dest ='display',
                            help='Use TensorboardX to Display')
        parser.add_argument('-d','--data-dir',default='data')
        parser.add_argument('-l','--list-dir',default='data',
                             help ='List dir to look for train_images.txt
etc. '
                                'I  t is the same with --data-dir if not set.')
        parser.add_argument('--modal',default ='multi',type=str,help ='
choice: OCT,fundus,multi')
        parser.add_argument('-j','--workers',type=int,default=8)
        parser.add_argument('--random-rotate',default=0,type=int)
        parser.add_argument('--random-scale',default=0,type=float)
        parser.add_argument('--resize',default =(300,300),type=int)
        parser.add_argument('-s','--crop-size',default=0,type=int)
        parser.add_argument('--epochs',default=150,type=int)
        parser.add_argument('--phase',default='train')
        parser.add_argument('--model_fundus',default ='resnet18_with_
position_attention')
        parser.add_argument('--model_OCT',default='ROI_guided_OCT')
        parser.add_argument('--loss',default='Focal',help='BCE,softMar-
gin,logitsBCE')
        parser.add_argument('--optimizer',default='Adam')
        parser.add_argument('--debug',default=0,dest='debug',
```

```
                    help='trainer debug flag')
parser.add_argument('--log-batch',default=200)
parser.add_argument('--cross',default=1,type=int)
parser.add_argument('--model-path',default=None)
parser.add_argument('--num-cls',default=1,type=int)
parser.add_argument('--describe',default='')
parser.add_argument('--learning-rate',default=0.001)
args=parser.parse_args()
main(args)
```

11.3 多源遥感图像融合

对于地物分类任务而言，由于地物之间不同的特性，因此需使用不同电磁波进行观测。通过多源图像对地物进行观测一直是遥感对地观测领域重要的研究方向，2018 年电气电子工程师学会（IEEE）地球科学与遥感学会（GRSS）举办了基于多源数据的地物分类国际比赛。

本次比赛所给出的数据集如图 11-5 所示，影像拍摄区域为休斯敦大学及其附近，采用了三种模态对该区域进行成像，分别为多光谱 LiDAR 成像、高光谱成像和高空间分辨率可见光成像，公布图像已完成配准。其中多光谱 LiDAR 点云数据分别使用来自 1550nm、1064nm 和 532nm 的雷达波第一次回波成像，点云数据地面采样距离为 1cm，数字高程图分辨率为 0.5m/像素；高光谱图像成像光谱范围为 380～1050nm，共 48 个波段，空

图 11-5 彩图

间分辨率为 1m/像素；高空间分辨率可见光图像为红绿蓝三波段图像，空间分辨率为 5cm/像素，其对应的标签数据包含 20 个地物类别，采用了 0.5m/像素的空间分辨率标注完成。

a) 训练集（红色区域）和测试集（除红色区域外的整个图像）　　b) 标签映射图

c) 多光谱LiDAR强度伪彩图　　d) 地物高程图　　e) 高光谱图像伪彩图　　f) 高空间分辨率可见光图像

图 11-5 数据集

11.3.1　图像预处理

由于标签数据的空间分辨率为 0.5m/像素，所以对多光谱 LiDAR 点云数据通过中值采样降采样至 0.5m/像素，点云缺失的地方采用双三次插值补充边缘像素。对高光谱数据则通过双三次插值上采样至 0.5m/像素，最终获得和标签数据一致的空间分辨率，最后对所有的数据进行逐波段的标准归一化。

通过高光谱数据计算归一化植被指数（NDVI）和归一化建筑指数（NDBI），通过高空间分辨率图像计算亮度值和三通道之间的比值，并对所有图像的每个通道均采用形态学滤波以获取其纹理信息并消除部分带来负面影响的噪声点，再对多源数据分别做超像素处理，每个超像素块内的多数标签认定为该超像素块的标签（同时针对训练和测试），最后对训练数据集采取五折-交叉验证以提升分类器的鲁棒性。

11.3.2　地物分类

在该应用实例中，地物分类采用了三种不同的分类器，分别是随机森林分类器、梯度提升机和卷积神经网络。随机森林分类器是一种强大的分类器，它通过构建多个决策树，然后对其进行平均以产生分类输出；梯度提升机是一种集成分类的方式，也可应用于决策树的集成；由于卷积神经网络在大数据上具有优异的性能，因此也是一种代表性的分类方法。

随机森林的决策树通常能够实现高度的多样性，但当训练数据中的类分布显著倾斜时，随机森林可能会出现类不平衡问题，这将导致分类器无法精准识别训练样本少的类别。为了解决上述问题，该应用实例中使用了多个随机森林分类器，每个分类器都在原始训练数据集的子集上进行训练，每个子集都是通过将多数类随机欠采样到少数类的级别来创建的。为了集成多个分类器，将原始数据空间划分为多个区域并使用动态分类器选择机制。为了划分多个区域，使用 K-means 算法将原始数据集在不考虑类别标签的情况下分为多个集群。对于每个区域，分类器的性能是根据其在验证集上的准确度得分来挑选的。在预测阶段，计算多个簇质心与数据对象之间的距离以获得相应随机森林分类器的输出。梯度提升机是另一个基于集成的分类器，它是由许多顺序创建的决策树组成的，利用梯度下降算法将自定义损失函数降至最低。梯度提升机结合了提升算法和基于树算法的优点，使其成为强大而可靠的分类器。卷积神经网络本身不仅是分类器，还是特征提取器，其最大的特点就是可以自主提取高效的特征并用于分类，所以输入卷积神经网络的为原始图像。每个模态的数据分别用于训练各自的卷积神经网络。

模型最终可以得到 6 个分类结果，其中 4 个分类结果来自卷积神经网络，1 个来自随机森林分类器，1 个来自梯度提升机。基于五折-交叉验证的概率结果，采用保序回归算法获得后验概率，从而获取各个分类器的权重，然后将权重进行累加得到融合决策结果，并使用窗口阈值滤波和形态学滤波区分易混淆区域和消除杂点，最后采用马尔可夫随机场进一步增强分类结果的连续性以优化结果，分类结果如图 11-6 所示。

本节展示了一个较为复杂的融合分类方法，以决策级融合为主。其中在数据层面上，采用了多源数据，包括 LiDAR 的点云数据、数字高程数据和高光谱数据，这些数据不仅体现了地物不同的特性，还在结构上有很大差异，数据融合首先应对数据进行处理，然后将异构数据转换为同构数据。在分类器上，决策树是一种弱分类器，本节采用了两种不同的方式对

图 11-6　分类结果

多个决策树的结果进行融合，以获取高置信度的分类结果，将多个弱分类器融合成一个强分类器是一种常用策略。对于不同的类别采取不同的方法，会得到这些类别的分类结果，最终的结果则是这些分类结果的融合。这是一种"硬"方法，通过总结提炼出其中的规律，再将规律应用到最终的输出结果上。

图 11-6 彩图

11.4　多源大模型遥感图像解译

近年来，以 ChatGPT-3 为代表的大语言模型（Large Language Model，LLM）成为人工智能领域中的一大热点，其通过在海量的文本数据上进行预训练，使模型学习到丰富的语言知识和上下文理解能力，能够生成高质量的文本、理解复杂的语义关系，在各种自然语言处理任务中表现优异，因此在全球范围受到了广泛关注，甚至引发了通用人工智能的热烈讨论。受大语言模型的启发，视觉语言大模型（Vision-Language Large Model，VLLM）也相继出现并迅速成为研究热点，其结合了计算机视觉和自然语言处理两大领域的技术，旨在实现图像和文本之间的跨模态理解和生成。CLIP（Contrastive Language-Image Pre-Training，对比语言图像预训练）是视觉语言大模型的代表性工作，其利用大量的图像-文本对进行对比学习，将图像和文本映射到同一特征空间，使相似的图像和文本具有相近的表示，从而实现图像和文本的跨模态匹配。CLIP 具有强大的泛化能力和迁移能力，在图像检索、图像文本描述生成、视觉问答等多个视觉语言任务中表现出色。

随着遥感技术的快速发展，遥感图像数据呈现出爆炸性增长的趋势，传统解译方法已无法满足处理大量数据和地物精准感知的需求。另外，遥感图像和文本数据的跨模态分析需求日益加重，单一模态的数据或分析方法往往难以全面理解问题的本质。跨模态分析能够提供多角度、多层次的视角，从而更全面地理解和挖掘遥感数据中的信息。因此，遥感视觉语言大模型激起了众多学者的研究兴趣，通过智能化和自动化的方式，实现对遥感图像的快速信息提取和解译，提高了遥感数据处理的效率和精度。遥感视觉语言大模型也能够实现图像和文本多模态数据的深度理解和关联分析，以更全面地获取遥感数据中的信息。此外，遥感视觉语言大模型可以通过交互式反馈功能，根据用户提供的反馈信息自动调优识别结果，提高识别结果的准确性和可靠性。同时，它还可以实现"零样本"快速提取，即使面对全新的遥感图像，也可以快速适应并完成分析任务。在接下来的两小节中，将详细介绍遥感领域的大模型。

11.4.1　多源遥感大模型

自然图像领域的大模型的显著进展推动了遥感领域大模型研究的新范式。具体地，2022 年中科院空天信息创新研究院成功研发出了首个名为"空天·灵眸"（RingMo，Remote Sensing Foundation Model）的面向跨模态遥感数据的生成式预训练大模型。为了构建一个具有通用遥感特征表示的基础模型，首先构建了一个包含 200 多万幅遥感影像的数据集，汇聚了来源于中国遥感卫星地面站、航空遥感飞机、高分系列卫星、吉林卫星、QuickBird 卫星等不同平台的遥感影像数据，覆盖了亚洲、欧洲、北美洲、南美洲、非洲和大洋洲共六大洲不同的场景，拍摄时间包括不同季节和不同时间，空间分辨率从 0.1~30m 不等，图像尺寸为 448×448 像素。RingMo 模型的结构如图 11-7 所示，它采用掩码自编码结构，对输入的图像随机地加上掩码，将展平的掩码和图像块输入到编码-解码器中，输出复原的图像块。在训练的过程中使用 $L1$ 损失函数。为捕获遥感数据的局部和全局特征的依赖关系，解码器中采用 ViT 和 Swin Transformer 等 Transformer 骨干网络。RingMo 模型以其卓越的性能，不仅能够深入理解遥感数据并进行有效的数据复原，还具备将跨模态遥感数据映射到共性语义空间的能力。RingMo 模型通过微调即可高效应对多目标细粒度分类、小目标检测识别以及复杂地物提取等复杂任务，展现了其强大的适应性和实用性。

255

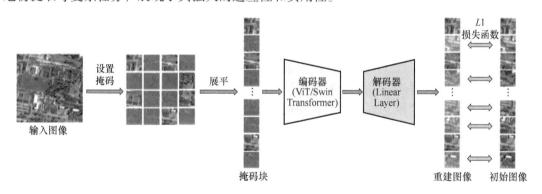

图 11-7　RingMo 模型的结构

在图像分割领域，Segment Anything Model（SAM）为基于深度学习的语义分割任务建立了新范式，SAM 具有强大的泛化性，在自然图像下游任务中取得了良好的性能。然而，它在多模态遥感图像分割任务中却表现不佳。为此，2023 年中科院空天信息创新研究院在SAM 的基础上构建了多模态遥感图像分割基础模型（RingMo-SAM，A Foundation Model for Segment Anything in Multimodal Remote-Sensing Images），旨在构建一个具有通用遥感分割特征表示的基础模型。RingMo-SAM 模型的结构如图 11-8 所示，包含了图像编码器、提示编码器和掩码解码器三部分。RingMo-SAM 训练数据集包括光学遥感图像和合成孔径雷达（SAR）图像，共包含数百万个分割实例。

与自然图像相比，遥感图像中的目标主要分为两类：实例类别（如车辆、飞机、船舶等）和地形类别（如植被、土地、河流等）。但这两种类型之间存在显著的类别不平衡，这将使模型训练具有挑战性。为了解决这个问题，研究人员提出了类别解耦掩码解码器，用于对不同类型的数据进行单独解码和优化。在训练的过程中，这两种类别的数据交替地分批输

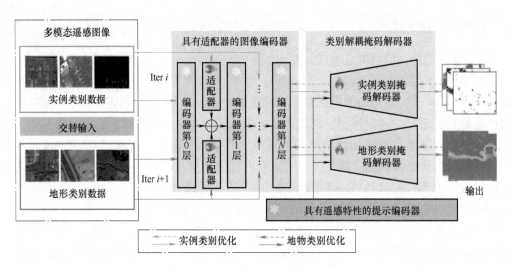

图 11-8　RingMo-SAM 模型的结构图

入模型并进行前向传播和后向梯度更新。每批只输入一种类型的数据，即只输入实例类别数据或地形类别数据。图像编码器和提示编码器是共享的，在训练期间每批数据只经过与用于前向传播和后向梯度更新数据类型相对应的掩码解码器。这样的训练策略避免了地形类别数据和实例类别数据之间的像素数差异过大的问题。对于提示编码器，考虑到遥感图像的尺寸很大，包含多个目标对象，因此将 SAM 的单框提示改为多框提示，考虑到 SAR 图像不同的目标具有不同的散射特性，因此将散射信息嵌入到提示编码器中。RingMo-SAM 模型不仅可以分割光学和 SAR 遥感数据中的地物目标，还可以识别对象类别。

随后，遥感领域的视觉语言大模型 RemoteCLIP（A Vision Language Foundation Model for Remote Sensing）出现，旨在学习蕴含丰富语义并与文本嵌入精准对齐的视觉特征，为后续的遥感任务提供强大且鲁棒的视觉特征支持。遥感视觉语言大模型不仅提升了遥感数据解析能力，也促进了多源遥感数据融合，进一步推动了遥感领域智能化发展，这种智能化处理能力不仅提高了遥感技术的自动化水平，也降低了对专业人员的依赖，使得遥感技术更易于普及和应用。

11.4.2　基于大模型的多源遥感图像解译

随着 ChatGPT-4 的发布，大模型技术在人工智能领域的重要性再次得到了凸显。ChatGPT-4 在自然语言处理领域展现了令人瞩目的性能，同时，其影响力也逐步扩展至计算机视觉、语音识别及推荐系统等跨学科领域，从而进一步夯实了其在人工智能领域中的核心地位。尽管 ChatGPT-4 及其同类大模型技术展现了广泛的应用前景，但在遥感领域，其性能表现尚显不足。因此，学术界的研究者们开始致力于探索如何有效运用这些大模型技术来实现遥感图像解译，以期在遥感领域开辟新的研究路径并推动相关技术的突破。

最近，GeoChat（Grounded Large Vision-Language Model for Remote Sensing）模型的出现引起了广泛的关注，该模型将遥感图像的解译能力与自然语言处理的能力相结合，能够智能地解析遥感图像中的复杂信息。用户只需用自然语言描述需求或问题，GeoChat 就能够快速给出相应的解答或建议，极大地提高了遥感数据解译的效率和准确性。GeoChat 的模型框架如图 11-9 所示，具体地，包含了图像编码器、跨模态适配器和语言大模型三个模块。图像编码器采用预训练的 CLIP-ViT（L-14）图像编码模块作为网络主干，并在 CLIP 模块中插入位置编码，将图像尺寸由 336×336 像素扩放到 504×504 像素，以更好地捕获图像中的全局特征和空间特征。跨模态适配器在图像编码器和语言大模型之间起到了桥梁作用，其接收来自图像编码器的图像编码特征，并通过两个线性层进行转换，将图像编码特征映射到语言大模型的词嵌入空间中，实现图像与文本的跨模态理解。语言大模型采用的是预训练的 Vicuna-v1.5（7B）模型，其能够处理文本信息并生成相应的响应，能够与图像信息进行交互，实现基于图像的文本生成和对话。

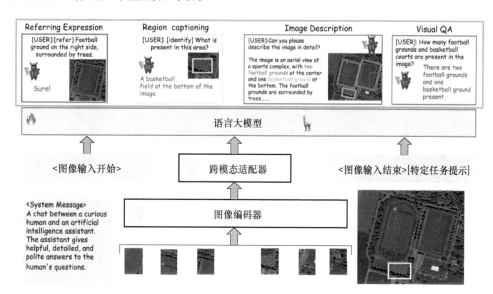

图 11-9　GeoChat 的模型框架

257

总的来说，GeoChat 模型通过结合图像编码器、跨模态适配器和语言大模型这三个核心组件，实现了遥感图像的跨模态理解和基于图像的文本生成与对话。GeoChat 模型满足了遥感领域的多样化需求，提高了遥感数据处理的效率和准确性，推动了遥感领域的技术进步。

本章小结

本章主要介绍了多源图像融合技术和多源大模型遥感图像解译。多源图像融合技术分别从像素级融合、特征级融合和决策级融合进行阐述。具体地，首先以红外图像和可见光图像融合的实例详细地介绍了像素级融合，像素级图像融合提升了人眼信息量，增强了特定算法的准确性；其次以医学影像中的视网膜光学相干断层扫描图像与眼底图像融合的例子阐述了特征级融合的过程，特征级图像融合增大了特征空间的维数，提高了识别率；最后以基于多源数据的地物分类为例介绍了决策级融合，其能够兼容多传感器的环境特征信息，增强了特定算法的鲁棒性。多源大模型遥感图像解译部分分别介绍了多源遥感大模型的具体结构和基于大模型的多源遥感图像解译技术，展示了遥感领域大模型研究的新范式和显著进展，这些大模型通过深度学习和多模态数据处理技术，提高了遥感数据的解析能力和处理效率，为遥感领域带来了智能化、自动化的新发展机遇。

习题

11-1　什么是多源图像智能融合？它在实际应用中有哪些优势？

11-2　多源图像智能融合在医学图像处理中有哪些具体的应用实例？

11-3　在应急响应和灾害管理中，多源图像融合有哪些应用场景？

11-4　结合深度学习技术，探讨多源图像融合在工业制造中未来的发展方向。

11-5　遥感大模型在环境保护、城市规划、农业监测等领域有哪些具体应用场景？这些应用是如何实现和验证的？

11-6　遥感大模型的未来发展方向是什么？有哪些潜在的技术突破和应用前景？

附录　相关术语

半监督学习（Semi-Supervised Learning）

傅里叶变换（Fourier Transform）

机器学习（Machine Learning）

监督学习（Supervised Learning）

卷积神经网络（Convolutional Neural Network，CNN）

快速傅里叶变换（Fast Fourier Transform，FFT）

离散傅里叶变换（Discrete Fourier Transform，DFT）

离散小波变换（Discrete Wavelet Transform，DWT）

离散余弦变换（Discrete Cosine Transform，DCT）

人工智能（Artificial Intelligence，AI）

深度学习（Deep Learning）

深度置信网络（Deep Belief Network，DBN）

图像变换（Image Transformation）

图像处理（Image Processing）

图像融合（Image Fusion）

图像增强（Image Enhancement）

无监督学习（Unsupervised Learning）

稀疏表示（Sparse Representation）

小波变换（Wavelet Transform）

循环神经网络（Recurrent Neural Network，RNN）

感兴趣区域（Region of Interest，ROI）

直方图均衡化（Histogram Equalization）

匹配追踪（Matching Pursuit）

正交匹配追踪（Orthogonal Matching Pursuit，OMP）

概率密度函数（Probability density function，PDF）

最小角回归（Least Angle Regression，LAR）

两步迭代收缩（Two-Step Iterative Shrinkage Thresholding，TwIST）

梯度投影稀疏重建（Gradient Projection Sparse Reconstruction，GPSR）

焦点非确定性系统求解（Focal Underdetermined System Solver，FOCUSS）

迭代重加权最小二乘（Iteratively Reweighted Least Square，IRLS）

离散余弦变换（Discrete Cosine Transform，DCT）

曲波（Curvelets）

轮廓波（Contourlets）

加权核范数最小化（Weighted Nuclear Norm Minimization，WNNM）

自动编码器（Auto-Encoder，AE）

去噪自编码器（Denoising Auto-Encoder，DAE）

深度残差神经网络（Deep Residual Neural Network，ResNet）

去噪卷积神经网络（Denoising Convolutional Neural Network，DnCNN）

均方误差（Mean Square Error，MSE）

峰值信噪比（Peak Signal to Noise Ratio，PSNR）

结构相似性指数（Structural Similarity Index，SSI）

平均结构相似性指数（Mean Structural Similarity Index，MSSI）

霍夫曼编码（Huffman Encoding）

行程编码（Run Length Encoding，RLE）

预测编码（Predictive Coding）

增量调制（Delta Modulation，DM）

差分脉冲编码调制（Differential Pulse Code Modulation，DPCM）

沃尔什-哈达玛变换（Walsh-Hadamard Transform）

生成对抗网络（Generative Adversarial Network，GAN）

长短期记忆（Long Short-Term Memory，LSTM）

门控循环单元（Gated Recurrent Unit，GRU）

大津法（Otsu Thresholding Method，OTSU）

全卷积网络（Fully Convolutional Network，FCN）

金字塔场景解析网络（Pyramid Scene Parsing Network，PSPNet）

多孔空间金字塔池化（Atrous Spatial Pyramid Pooling，ASPP）

掩模区域卷积神经网络（Mask Region Convolutional Neural Network，Mask R-CNN）

区域建议网络（Region Proposal Network，RPN）

局部二值模式（Local Binary Pattern，LBP）

主成分分析（Principal Component Analysis，PCA）

恒等映射（Identity Mapping）

批量归一化（Batch Normalization，BN）

参 考 文 献

［1］ RAFAEL C G, RICHARD E W. 数字图像处理［M］. 阮秋琦，阮宇智，译. 4版. 北京：电子工业出版社，2020.

［2］ 杨露菁，吉文阳，郝卓楠，等. 智能图像处理及应用［M］. 北京：中国铁道出版社，2019.

［3］ 李弼程，彭天强，彭波. 智能图像处理技术［M］. 北京：电子工业出版社，2004.

［4］ 黄鹏，郑淇，梁超. 图像分割方法综述［J］. 武汉大学学报（理学版），2020，66（6）：519-531.

［5］ 于恒，梅红岩，许晓明，等. 基于深度学习的图像压缩算法研究综述［J］. 计算机工程与应用，2020，56（15）：15-23.

［6］ JIANG F, TAO W, LIU S, et al. An end-to-end compression framework based on convolutional neural networks［J］. IEEE Transactions on Circuits and Systems for Video Technology，2018，28（10）：3007-3018.

［7］ TODERICI G, O'MALLEY S M, HWANG S J, et al. Variable rate image compression with recurrent neural networks［J］. arXiv preprint arXiv：1511. 06085，2015.

［8］ TODERICI G, VINCENT D, JOHNSTON N, et al. Full resolution image compression with recurrent neural networks［C］//Proceedings of the IEEE Conference on Computer Vision and Pattern Recognition. Honolulu：IEEE，2017：5435-5443.

［9］ AGUSTSSON E, TSCHANNEN M, MENTZER F, et al. Generative adversarial networks for extreme learned image compression［C］//Proceedings of the IEEE/CVF International Conference on Computer Vision. Seoul：IEEE，2019：221-231.

［10］ CHEN J W, CHEN J W, CHAO H Y, et al. Image blind denoising with generative adversarial network based noise modeling［C］//Proceedings of the IEEE/CVF Conference on Computer Vision and Pattern Recognition. Salt Lake City：IEEE，2018：3155-3164.

［11］ ANWAR S, BARNES N. Real image denoising with feature attention［C］// Proceedings of the IEEE/CVF International Conference on Computer Vision. Seoul：IEEE，2019：3155-3164.

［12］ DONG C, LOY C C, TANG X. Accelerating the super-resolution convolutional neural network［C］//Proceedings of the European Conference on Computer Vision. Amsterdam：Springer，2016：391-407.

［13］ NAH S, HYUN KIM T, MU LEE K. Deep multi-scale convolutional neural network for dynamic scene deblurring［C］//Proceedings of the IEEE Conference on Computer Vision and Pattern Recognition. Honolulu：IEEE，2017：257-265.

［14］ PATHAK D, KRAHENBUHL P, DONAHUE J, et al. Context encoders：feature learning by inpainting［C］//Proceedings of the IEEE Conference on Computer Vision and Pattern Recognition. Las Vegas：IEEE，2016：2536-2544.

［15］ HE K, CHEN X, XIE S, et al. Masked autoencoders are scalable vision learners［C］//Proceedings of the IEEE/CVF Conference on Computer Vision and Pattern Recognition. New Orleans：IEEE，2022：

5979-5988.

［16］ ZENG Y H, FU J L, CHAO H Y, et al. Learning pyramid-context encoder network for high-quality image inpainting ［C］//Proceedings of the IEEE/CVF Conference on Computer Vision and Pattern Recognition. Long Beach：IEEE, 2019：1486-1494.

［17］ SHELHAMER E, LONG J, DARRELL T. Fully convolutional networks for semantic segmentation ［J］. IEEE Transactions on Pattern Analysis and Machine Intelligence, 2016, 39 (4)：640-651.

［18］ ZHAO H S, SHI J P, QI X J, et al. Pyramid scene parsing network ［C］//Proceedings of the IEEE Conference on Computer Vision and Pattern Recognition. Honolulu：IEEE, 2017：6230-6239.

［19］ CHEN L C, PAPANDREOU G, KOKKINOS I, et al. Deeplab：semantic image segmentation with deep convolutional nets, atrous convolution, and fully connected CRFs ［J］. IEEE Transactions on Pattern Analysis and Machine Intelligence, 2017, 40 (4)：834-848.

［20］ CHEN L C, ZHU Y, PAPANDREOU G, et al. Encoder-decoder with atrous separable convolution for semantic image segmentation ［C］//Proceedings of the European Conference on Computer Vision. Munich：Springer, 2018：833-851.

［21］ HE K, GKIOXARI G, DOLLAR P, et al. Mask R-CNN ［C］//Proceedings of the IEEE International Conference on Computer Vision. Venice：IEEE, 2017：2980-2988.

［22］ FU J, LIU J, TIAN H J, et al. Dual attention network for scene segmentation ［C］//Proceedings of the IEEE/CVF Conference on Computer Vision and Pattern Recognition. Long Beach：IEEE, 2019：3141-3149.

［23］ TODERICI G, VINCENT D, JOHNSTON N, et al. Full resolution image compression with recurrent neural networks ［C］//Proceedings of the IEEE Conference on Computer Vision and Pattern Recognition. Honolulu：IEEE, 2017：5435-5443.

［24］ 陈天华. 数字图像处理 ［M］. 2 版. 北京：清华大学出版社, 2014.

［25］ 蓝章礼, 李益才, 李艾星. 数字图像处理与图像通信 ［M］. 北京：清华大学出版社, 2009.

［26］ 贾永红. 数字图像处理 ［M］. 武汉：武汉大学出版社, 2003.

［27］ 唐子惠. 医学人工智能导论 ［M］. 上海：上海科学技术出版社, 2020.

［28］ ZHANG K, ZUO W M, CHEN Y J, et al. Beyond a gaussian denoiser：residual learning of deep CNN for image denoising ［J］. IEEE Transactions on Image Processing, 2017, 26 (7)：3142-3155.

［29］ DING J, XUE N, LONG Y, et al. Learning RoI transformer for oriented object detection in aerial images ［C］//Proceedings of the IEEE/CVF Conference on Computer Vision and Pattern Recognition. Long Beach：IEEE, 2019：2844-2853.

［30］ IGNATOV A, KOBYSHEV N, TIMOFTE R, et al. DSIR-quality photos on mobile devices with deep convolutional networks ［C］//Proceedings of the IEEE International Conference on Computer Vision. Venice：IEEE, 2017：3297-3305.

［31］ IGNATOV A, KOBYSHEV N, TIMOFTE R, et al. WESPE：Weakly supervised photo enhancer for digital cameras ［C］//Proceedings of the IEEE/CVF Conference on Computer Vision and Pattern Recognition Workshops. Salt Lake City：IEEE, 2018：691-700.

［32］ CHEN Y S, WANG Y C, KAO M H, et al. Deep photo enhancer：unpaired learning for image enhancement from photographs with GANs ［C］//Proceedings of the IEEE/CVF Conference on Computer Vision and Pattern Recognition. Salt Lake City：IEEE, 2018：6306-6314.

［33］ TANG H, XIAO B, LI W S, et al. Pixel convolutional neural network for multi-focus image fusion ［J］. Information Sciences, 2018, 433-434：125-141.

［34］ MA J Y, YU W, LIANG P W, et al. FusionGAN：a generative adversarial network for infrared and visible image Fusion［J］. Information Fusion，2019，48：11-26.

［35］　RAM PRABHAKAR K，SAI SRIKAR V，VENKATESH BABU R. Deepfuse：a deep unsupervised approach for exposure fusion with extreme exposure image pairs［C］//Proceedings of the IEEE International Conference on Computer Vision. Venice：IEEE，2017：4724-4732.

［36］　曹珊，何宁. 运动模糊图像复原的研究进展［C］//中国计算机用户协会网络应用分会 2017 年第二十一届网络新技术与应用年会论文集. 雄安：《计算机科学》编辑部，2017：153-155.

［37］　王宗跃，夏启明，蔡国榕，等. 自适应图像组的稀疏正则化图像复原［J］. 光学精密工程，2019，27（12）：2713-2721.

［38］　李俊山，杨亚威，张姣，等. 退化图像复原方法研究进展［J］. 液晶与显示，2018，33（8）：676-689.

［39］　严珍珍，刘建军. 基于离散余弦变换的图像压缩编码方法及改进［J］. 计算机技术与发展，2016，26（1）：147-149+154.

［40］　冯飞，刘培学，李晓燕，等. 离散余弦变换在图像压缩算法中的研究［J］. 计算机科学，2016，43（增刊 2）：240-241+255.

［41］　刘宇，刘伟. 基于改进小波的图像压缩算法设计与实现［J］. 现代电子技术，2017，40（10）：99-102.

［42］　王涛，顾治华. 基于小波变换的图像压缩［J］. 交通与计算机，2004（4）：30-33.

［43］　宫泽林. 基于 JPEG 图像压缩及其仿真实现［J］. 中国科技信息，2013（13）：84.

［44］　LIU D Y，HUANG X P，ZHAN W F，et al. View synthesis-based light field image compression using a generative adversarial network［J］. Information Sciences，2021，545：118-131.

［45］　聂莉娟. 基于人工智能的图像识别研究［J］. 无线互联科技，2022，19（2）：112-115.

［46］　翟俊海，赵文秀，王熙照. 图像特征提取研究［J］. 河北大学学报（自然科学版），2009，29（1）：106-112.

［47］　张家怡. 图像识别的技术现状和发展趋势［J］. 电脑知识与技术，2010，6（21）：6045-6046.

［48］　曲海成，田小容，刘腊梅，等. 多尺度显著区域检测图像压缩［J］. 中国图象图形学报，2020，25（1）：31-42.

［49］　张雪峰，许华文，杨棉子美. 一种基于条件生成对抗网络的高感知图像压缩方法［J］. 东北大学学报（自然科学版），2022，43（6）：783-791.

［50］　韩思奇，王蕾. 图像分割的阈值法综述［J］. 系统工程与电子技术，2002（6）：91-94.

［51］　张蕊，李锦涛. 基于深度学习的场景分割算法研究综述［J］. 计算机研究与发展，2020，57（4）：859-875.

［52］　刘丹，刘学军，王美珍. 一种多尺度 CNN 的图像语义分割算法［J］. 遥感信息，2017，32（1）：57-64.

［53］　罗会兰，卢飞，孔繁胜. 基于区域与深度残差网络的图像语义分割［J］. 电子与信息学报，2019，41（11）：2777-2786.

［54］　龚声蓉，刘纯平，王强. 数字图像处理与分析［M］. 北京：清华大学出版社，2006.

［55］　李红俊，韩冀皖. 数字图像处理技术及其应用［J］. 计算机测量与控制，2002，10（9）：620-622.

［56］　陈书海，傅录祥. 实用数字图像处理［M］. 北京：科学出版社，2005.

［57］　胡志萍. 数字图像处理技术研究进展［J］. 中国新通信，2020，22（24）：72-73.

［58］　李德伟，裴震宇. 数字图像处理的关键技术及应用［J］. 电子技术与软件工程，2018（6）：65.

［59］　李娜. 数字图像处理中的图像分割技术及其应用［J］. 信息与电脑（理论版），2020，32（12）：38-39.

［60］　刘中合，王瑞雪，王锋德，等. 数字图像处理技术现状与展望［J］. 计算机时代，2005（9）：6-8.

［61］ 朱秀昌，刘峰，胡栋. 数字图像处理与图像通信［M］. 北京：北京邮电大学出版社，2002.

［62］ 王剑平，张捷. 小波变换在数字图像处理中的应用［J］. 现代电子技术，2011，34（1）：91-94.

［63］ 张铮，徐超，任淑霞，等. 数字图像处理与机器视觉［M］. 2版. 北京：人民邮电出版社，2014.

［64］ 范丽丽，赵宏伟，赵浩宇，等. 基于深度卷积神经网络的目标检测研究综述［J］. 光学精密工程，2020，28（5）：1152-1164.

［65］ HE K M, ZHANG X Y, REN S Q, et al. Deep residual learning for image recognition［C］//Proceedings of the IEEE Conference on Computer Vision and Pattern Recognition. Las Vegas：IEEE, 2016：770-778.

［66］ ZHANG N, DONAHUE J, GIRSHICK R, et al. Part-based R-CNNs for fine-grained category detection［C］//Proceedings of the European Conference on Computer Vision. Zurich：Springer, 2014：834-849.

［67］ SUN M, YUAN Y C, ZHOU F, et al. Multi-attention multi-class constraint for fine-grained image recognition［C］//Proceedings of the European Conference on Computer Vision. Munich：Springer, 2018：834-850.

［68］ BROWN T, MANN B, RYDER N, et al. Language models are few-shot learners［J］. Advances in Neural Information Processing Systems, 2020, 33：1877-1901.

［69］ RADFORD A, KIM J W, HALLACY C, et al. Learning transferable visual models from natural language supervision［C］//Proceedings of the International Conference on Machine Learning.［S. l.：s. n.］, 2021：8738-8753.

［70］ SUN X, WANG P J, LU W X, et al. RingMo：a remote sensing foundation model with masked image modeling［J］. IEEE Transactions on Geoscience and Remote Sensing, 2022, 61：1-22.

［71］ KIRILLOV A, MINTUN E, RAVI N, et al. Segment anything［J］. arXiv preprint arXiv：2304. 02643, 2023.

［72］ YAN Z Y, LI J X, LI X X, et al. RingMo-SAM：a foundation model for segment anything in multimodal remote-sensing images［J］. IEEE Transactions on Geoscience and Remote Sensing, 2023, 61：1-16.

［73］ LIU F, CHEN D L, GUAN Z Q Y, et al. RemoteCLIP：a vision language foundation model for remote sensing［J］. IEEE Transactions on Geoscience and Remote Sensing, 2024, 62：1-16.

［74］ KUCKREJA K, DANISH M S, NASEER M, et al. GeoChat：grounded large vision-language model for remote sensing［C］//Proceedings of the IEEE/CVF Conference on Computer Vision and Pattern Recognition. Seattle：IEEE, 2024：27831-27840.

［75］ TAY Y, PHAN M C, TUAN L A, et al. Learning to rank question answer pairs with holographic dual LSTM architecture［C］//Proceedings of the 40th International ACM SIGIR Conference on Research and Development in Information Retrieval. New York：Association for Computing Machinery, 2017：695-704.

［76］ XIA G S, BAI X, DING J, et al. DOTA：a large-scale dataset for object detection in aerial images［C］//Proceedings of the IEEE/CVF Conference on Computer Vision and Pattern Recognition. Salt Lake City：IEEE, 2018：3974-3983.

［77］ KERMANY D S, ZHANG K, GOLDBAUM M H. Labeled optical coherence tomography（oct）and chest x-ray images for classification［J］. Mendeley Data, 2018.

［78］ HAO Q, PEI Y, ZHOU R, et al. Fusing multiple deep models for in vivo human brain hyperspectral image classification to identify glioblastoma tumor［J］. IEEE Transactions on Instrumentation and Measurement, 2021, 70：1-14.

［79］ LECUN Y, BOTTOU L, BENGIO Y, et al. Gradient-based learning applied to document recognition［J］. Proceedings of the IEEE, 1998, 86（11）：2278-2324.

［80］ SIMONYAN K, ZISSERMAN A. Very deep convolutional networks for large-scale image recognition［J］.

arXiv preprint arXiv：1409. 1556，2014.

［81］ HE K，ZHANG X，REN S，et al. Deep residual learning for image recognition［C］//Proceedings of the IEEE Conference on Computer Vision and Pattern Recognition. Las Vegas：IEEE，2016：770-778.

［82］ KUPYN O，BUDZAN V，MYKHAILYCH M，et al. Deblurgan：Blind motion deblurring using conditional adversarial networks［C］//Proceedings of the IEEE/CVF Conference on Computer Vision and Pattern Recognition. Salt Lake City：IEEE，2018：8183-8192.

［83］ LEDIG C，THEIS L，HUSZAR F，et al. Photo-realistic single image super-resolution using a generative adversarial network ［C］//Proceedings of the IEEE Conference on Computer Vision and Pattern Recognition. Honolulu：IEEE，2017：4681-4690.

［84］ JIANG F，TAO W，LIU S，et al. An end-to-end compression framework based on convolutional neural networks［J］. IEEE Transactions on Circuits and Systems for Video Technology，2017，28（10）：3007-3018.